本书研究获国家自然科学基金项目"供给视角下典型行业特色高校创新型人才培养模式研究"(项目批准号:72041005)支持

行业大学与产业强国

高校农业技术推广模式重构研究

陈新忠　著

科学出版社
北京

内容简介

行业大学在行业产业现代化进程中产生，与行业产业互促共进。面对农业科技快速升级更新的趋势和农业现代化不断增长的技术需求，我国农业技术推广模式亟待改进和完善。与此同时，产教"两张皮"已成为制约我国农业高校发挥社会作用的最大问题，农业高校急需合法合理地面向产业谋求高质量发展。为破解农业现代化"短板"问题，本书针对高校农业技术推广服务体系现状及问题，借鉴美国和国内部分地区高校主导农业技术推广模式的经验，依据管理与生产力关系理论、传统农业改造进化理论、现代农业科技应用理论和农技推广模式演进理论，遵循农业演进规律、农技进步规律、推广成才规律、政府推动规律、群众需求规律、技术适用规律、教育塑造规律和技企合作规律，构建我国高校主导实施农业技术推广的新模式。

本书可供农业技术推广相关领域的研究人员、管理人员、科技工作者和农村科技服务人员及高校师生等参考使用。

图书在版编目(CIP)数据

行业大学与产业强国：高校农业技术推广模式重构研究/陈新忠著. —北京：科学出版社，2022.1

ISBN 978-7-03-071296-7

Ⅰ.①行… Ⅱ.①陈… Ⅲ.①高等学校–农业科技推广–案例–中国 Ⅳ.①S3-33

中国版本图书馆 CIP 数据核字（2022）第 010196 号

责任编辑：林　剑 / 责任校对：樊雅琼
责任印制：吴兆东 / 封面设计：无极书装

科 学 出 版 社 出版
北京东黄城根北街 16 号
邮政编码：100717
http://www.sciencep.com

北京中科印刷有限公司 印刷
科学出版社发行　各地新华书店经销

*

2022 年 1 月第　一　版　开本：720×1000　1/16
2022 年 1 月第一次印刷　印张：14 1/2
字数：300 000

定价：188.00 元
（如有印装质量问题，我社负责调换）

前言

建立农业高校强力服务乡村振兴的体制机制

习近平总书记曾多次指出：没有农业农村现代化，就没有整个国家现代化。我国农业及农产品加工产值占 GDP 的 30% 左右，是全国最大的基础性支柱产业。农业高校因农而生，是农业人才的培养基地、农业科技的动力源和农业农村发展的引擎。然而，目前我国农业高校为乡村振兴服务仍属自愿性而非职责性行为，服务农业产业的能力与高校"双一流"建设没有有机衔接，服务乡村振兴的活力远远没有得到释放。为解决高等农业教育与农业农村现代化发展"两张皮"问题，补齐乡村振兴短板，建议国家尽快建立农业高校服务农业产业发展的体制机制。

一、农业高校助力乡村振兴面临的严峻问题

（一）高等农业教育与农业产业发展严重脱节

当前，我国农业产业发展主要依赖政府农业部门及其所辖农业技术推广队伍来推进，仅将农业高校作为农业人才的培养基地和农业科研的有益补充。我国农业高校教师的主要职能定位是教书育人和科学研究，从事高等农业教育的教师与农业产业实践不挂钩，对农业产业实践问题的认知和体验不深，人才培养很大程度局限于书本和实验室，科学研究的实践问题导向差，成果多停留在发表论文层面。据项目组调研，农业高校生均校内基地面积仅 0.013 公顷，到达校外基地平均耗时 2.5 小时；受办学条件所限，师生很少参与产业实习实践；农业高校农科

专业负责人或学院主管教学科研负责人86%以上认为高等农业教育培养结构与产业结构协调程度不强，认为较弱和很弱者高达55%。由于农业高校的人才培养与农业产业匹配度不高，培养的人才难以适应和引领农业产业发展；科学研究没有针对农业产业发展亟需的"真问题"进行破解，对制约农业现代化的种质资源、农产品质量、农产品品牌、农业产业化、农业机械化及信息化等方面的"卡脖子"技术聚焦和攻关不足。

（二）农业高校对农业产业直接服务十分有限

目前，我国农业高校为农业产业提供人才、科技和服务，是农业现代化的重要力量。然而，除承担国家相关农业科技服务专项外，农业高校对农业产业的社会服务主要目的在于满足学生实习和教师科研的需要。尽管一定程度上促进了产业发展，但农业高校将人才培养作为核心目标，服务农业产业旨在让学生得到实习机会，使教师获得一些科研数据和服务经历，不足以促进产业巨大发展。据项目组调研，农业高校教师科技服务以促进教育本职工作为根本目的者达91%以上。作为农业科技的来源地和指导者，农业高校没有将促进农业产业发展和农业现代化作为自己的第一要务和核心职责，而是主要围绕自己的本职工作参与农业服务。由于没有与产业进步的实际效果联系起来，农业高校的社会服务对农业产业发展发挥的促进作用较小。

（三）农业高校对农业现代化和农业强国支撑远远不够

近年来，我国农业尽管取得巨大进步，实现了粮食生产连续16年丰收和主粮完全自给，但农业现代化水平仍然较低。中国科学院现代化研究中心研究显示，我国农业现代化水平仅仅相当于发达国家的1/3，农业劳动生产率仅为国内工业劳动生产率的1/10，农产品国际竞争力弱，农业现代化成为国家现代化的最大短板。以中国农业大学为代表的农业高校近年在世界大学农业科学、农林专业排名中跻身前列，但农业科研成果多体现为论文，农业科技成果有效转化率很低，农业科技转化为先进生产力的极少，农业高校对农业现代化的支持力度仍然极大不足。当今，我国农业面临着"效益低下、食品安全问题突出、环境污染严重"等难题，制约着农业的可持续发展。而西方发达国家掌握着从动植物育种、疾病防控、收获机械研发到产后保鲜处置等系列产业链上的关键技术，对农业核心技术及人才的限制加大了我国赶超的难度。

| 前　言 |

二、农业高校助力乡村振兴存在问题的深层原因

（一）管理体制上各自为政

2000 年以来，农业高校从原农业部或地方农业厅划归教育部或地方教育厅管理。归属教育系统管理之后，农业高校在规范办学、教书育人、学科建设等方面成效显著，但与农业产业愈行愈远。目前，以乡村振兴为中心的农业产业归属农业农村部（厅、局）及各级政府，主要依赖农业农村部门管理的农业技术推广人员和各级政府管理的农业科学院所提供农业科技支撑。现有管理体制使得农业高校与农业管理部门各自为政，农业高校中"教农不务农""研农不为农"现象常见，高等农业教育及其农业科研与农业产业"两张皮"问题突出。

（二）服务属性的非职责性

从产生缘由看，中外农业高校都是为了以科技振兴农业而建办。从主体素质看，农业高校具有为农业服务的知识、人才、科技和基本设施储备。从服务能力看，农业高校在培养涉农人才过程中历练出一批批能够解决一定农业问题的教师和学生群体。然而，目前我国无论从管理制度还是从法律政策上都没有规定农业高校或农业高校教师必须为农业产业服务，必须将为农业产业服务视为自己的本职工作。当前，农业高校为农业产业服务依然只是自愿自觉行为，不属于工作职责，因而农业高校及其教师更多关注教书育人和科技研究本身，而不是农业产业的发展程度如何提升。

（三）组织方式的有限性和短暂性

2000 年以来，为吸引农业高校为农业产业服务，我国政府和农业农村部门主要采取如下组织方式：一是设立科研项目，二是建立现代农业产业技术体系，三是设置专项项目，四是鼓励号召，五是行政要求。所有这些方式调动农业高校及其教师参与的积极性十分有限，参与的人员较少，参与的可持续性也较差，不能从根本上促进农业高校与农业产业密切融合。从制度或体制上设计出两者的依

附关系和制约框架,才能保持两者依存的参与面、参与度、长期性和可持续性。

三、强化农业高校服务乡村振兴的改革建议

习近平总书记深刻指出,对科技创新来说,科技资源优化配置至关重要。要狠抓创新体系建设,进行优化组合,克服分散、低效、重复的弊端。为推动创新要素向产业集聚,形成产学研深度融合的统一体,发挥农业高校服务乡村振兴、引领农业科技的应有作用,亟须在体制机制方面进行重大改革。

(一) 建立责权利一致的管理体制

充分利用和挖掘农业高校为农业产业服务的潜力,赋予农业高校主导农业技术推广的权力和职责,建立以农业高校为主导的国家公益性农业技术推广体制,促使高等农业教育的人才培养、科学研究、社会服务与农业产业发展融为一体。以省域为边界,以产业为纽带,以科技为桥梁,构架农业高校主导农业技术推广的管理体系,农业高校由教育部门和农业农村部门双重领导,推广经费由中央财政和地方财政分担,主要职责包括农业技术指导、科技研究及成果转化、农业推广人员选用和培训、农业后继人才培养等,所有工作由政府监督,社会组织开展第三方评价。体制运行中要以科技创新为核心,以做强产业为目标,理顺工作范畴和关系机制,以及人事、财政、监督、评价等归属及统一问题,充分发挥农业高校的禀赋优势。

(二) 设计持续推进产业的系统项目

针对农业产业全面现代化进程中的重要方面和主要短板,教育部、农业农村部、科学技术部、财政部等部门要联合推进农业高校循序设计实施渐进性产业科技化项目,逐步实现我国农业产业现代化的系统提升。教育部、农业农村部、科学技术部、财政部等部门要支持农业高校逐项开展省域内农业产业的设施现代化、技术现代化、加工现代化、营销现代化等专项现代化的全面改造工程,彻底提升农业现代化水平。政府部门尤其要资助农业高校开展农业种质资源更新、农产品提质增效等方面的研究攻关,促进我国逐步摆脱西方发达国家在农业产业方面对我们"卡脖子"的技术。在推进农业产业的项目设计中,政府部门要注重推动农业高校从农业产业本身向加工业、服务业延伸,形成一二三产业融合的新

| 前　言 |

型农业现代化。

（三）激励学校和师生投入产业振兴

政府应安排稳定的经费，在农业高校设立农业技术推广岗位，遴选相关教师作为农业科技专家，专门开展农业科技成果转化、优势特色农业产业开发、农业科技园区和产业化基地建设等，促进农业高校实质性推进和引领农业产业发展。转变学术导向的传统评价方式，完善以产业促进和产业贡献为导向的评价激励机制，充分释放农业高校服务农业现代化的动能。将农业高校"双一流"建设成效等评价与农业产业贡献密切关联，健全农业高校农业科技服务考核机制，将服务"三农"和科技成果转移转化的成效作为学科评估、人才评价等各类评估评价和项目资助的重要依据，促进农业特色院校回归服务农业、回归服务基层、回归服务农村，真正成为农业强国的引领者。

陈新忠
2021 年 10 月 8 日

目　　录

前言

1 高校农业技术推广模式重构的时代需求 ································· 1
  1.1　农业现代化提质的需求 ··· 1
  1.2　涉农行业高校发展的需求 ······································ 10
  1.3　教与产供求矛盾化解的需求 ···································· 15
  1.4　三产融合与产业强国的需求 ···································· 21
  1.5　本章小结 ·· 26

2 高校农业技术推广模式重构的理论基础 ······························· 28
  2.1　高校农业技术推广模式重构的内涵与特征 ························ 28
  2.2　高校农业技术推广模式重构的依据与理论 ························ 36
  2.3　高校农业技术推广模式重构的原则与规律 ························ 48
  2.4　高校农业技术推广新模式运行主体与机理 ························ 59
  2.5　本章小结 ·· 65

3 我国高校农业技术推广模式的现状分析 ······························· 67
  3.1　我国高校农业技术推广模式概况与调研设计 ······················ 67
  3.2　我国高校农业技术推广现行模式的成效分析 ······················ 75
  3.3　我国高校农业技术推广现行模式的问题分析 ······················ 81
  3.4　我国高校农业技术推广现行模式的症因分析 ······················ 90
  3.5　本章小结 ·· 99

4 美国高校农业技术推广模式的历史与经验 ···························· 101
  4.1　历史演变与模式形成 ··· 102
  4.2　主要做法及双赢效果 ··· 108
  4.3　值得借鉴的模式经验 ··· 123
  4.4　对我国模式改革的启示 ······································· 126

    4.5 本章小结 …………………………………………………… 130
5 我国高校主导农业技术推广的新模式案例 ………………………… 132
    5.1 西北农林科技大学主导的农业技术推广模式 ……………… 133
    5.2 青海大学主导的农业技术推广模式 ………………………… 144
    5.3 山西农业大学主导的农业技术推广模式 …………………… 154
    5.4 高校主导的农业技术推广模式对我国高校的启示 ………… 164
    5.5 本章小结 …………………………………………………… 168
6 我国高校农业技术推广模式重构的逻辑与保障 …………………… 170
    6.1 我国高校农业技术推广模式重构的基本框架 ……………… 170
    6.2 我国高校农业技术推广模式的管理体制 …………………… 180
    6.3 完善高校农业技术推广模式的法律政策 …………………… 184
    6.4 我国高校农业技术推广模式的运行保障 …………………… 186
    6.5 本章小结 …………………………………………………… 202
参考文献 …………………………………………………………………… 204
后记 ………………………………………………………………………… 213

1 高校农业技术推广模式重构的时代需求

行业大学起源于行业产业现代化的诉求，与行业产业互促共进。农业技术推广在提升农业科技含量的需求中产生，随着农业现代化需求提高而亟须进一步改进和完善。纵观农业产业发展历史，农业技术推广逐渐由政府农业部门主导向专业技术单位主导转变，集人才、科研、育才和服务于一体的农业高校在农业技术推广中的优势日益彰显。

1.1 农业现代化提质的需求

中华人民共和国成立尤其改革开放以来，我国农业现代化取得了举世瞩目的伟大成就，不仅依靠自己力量稳定解决了14亿人的吃饭问题，而且科技对农业的贡献率也超过50%，机械化和集约化水平快速推进。然而，我国农业现代化水平仍与世界发达国家存在较大差距，农业领域的"卡脖子"技术制约着我国农业现代化进一步发展的步伐。

1.1.1 我国农业现代化发展现状

农业现代化按时间可分为两次现代化，第一次农业现代化约在1763至1970年，主要是由传统农业向初级现代化农业、从自给型农业向市场化农业转变；第二次农业现代化约在1970至2100年，主要是指从初级现代农业向高级现代农业、从工业化农业向知识化农业转变。第一次农业现代化模式主要是农业与工业化、农业与城市化的组合，包括种植业与畜牧业、劳动与土地、土地类型、气候类型、地理区位等的不同组合和选择；第二次农业现代化模式主要是信息农业、有机农业、高效农业、自然农业之间的相互组合（中国科学院现代化研究中心，2012）。

竺可桢在中华人民共和国成立之初指出，"中国之有近代科学，不过近四十年来的事"（竺可桢，1979）。清朝大臣、洋务派代表张之洞在一份奏折中指出："近年工商皆间有进益，惟农事最疲，有退无进。大凡农家率皆谨愿愚拙、不读书识字之人。其所种之物，种植之法，止系本乡所见，故老所传，断不能考究物产，别悟新理新法，惰陋自安，积成贫困。"（杨直民，1990）作为后发追赶型现代农业，我国农业现代化缘起于19世纪末对国外农业技术的引进（费孝通，1981）。在100余年的求索中，我国农业现代化既经历了中华人民共和国成立前京师大学堂农科大学的筹建和农业科技的初步研究及推广，也经历了中华人民共和国成立后传统农业向农业现代化的全面推进（张法瑞和杨直民，2012）。尽管中华人民共和国成立70余年来，我国以占世界7%的耕地养活了占世界22%的人口，实现了自2004年以来粮食产量和农民收入十余年"连增"；但从发展状况看，我国农业和农村现代化不仅明显滞后于西方发达国家，而且国内农业劳动生产率比工业劳动生产率低约10倍（陈新忠，2013）。

具体而言，我国农业现代化起步在1880年左右，比发达国家晚了100年左右。我国农业现代化可以分为三个阶段：第一阶段是清朝末年农业现代化起步；第二阶段是民国时期的局部农业现代化；第三阶段是中华人民共和国的全面农业现代化。那么我国农业发展水平究竟如何呢？中国科学院现代化研究中心中国现代化战略研究课题组对1970年、2000年和2008年的指标进行了国际比较认为，2008年我国农业大约有12%的指标达到发达国家水平，4%的指标为中等发达国家水平，34%的指标为初等发达国家水平，51%的指标为欠发达国家水平，即一半指标属于欠发达国家水平（表1.1）。我国农业指标中表现较好的是谷物单产，如水稻单产排世界第15位，小麦单产排22位，玉米单产排34位，但是农业劳动生产率位列91位，农业相对生产率排至92位。与发达国家相比，美国农业劳动生产率是我国的90多倍，日本和法国是我国的100多倍，甚至巴西也比我国高。我国农业发展水平与发达国家差距更大，以农业增加值比例、农业劳动力比例和农业劳动生产率三项指标计算，2008年我国农业水平与英国相差约150年，与美国相差108年，与德国相差86年，与法国相差64年，与日本相差60年，与韩国相差36年。我国农业现代化水平有多高呢？2008年第一次农业现代化指数为76%，第二次农业现代化指数为35%，相当于发达国家的三分之一（何传启，2012）。

1 高校农业技术推广模式重构的时代需求

表1.1 2008年国际视野下中国农业现代化水平

发展水平	农业生产指标	农业经济指标	农业要素指标	合计	比例（%）
发达国家水平	4	4	1	9	11.69
中等发达国家水平	1	1	1	3	3.90
初等发达国家水平	6	17	3	26	33.77
欠发达国家水平	16	15	8	39	50.65

资料来源：何传启，2012

1960年以来，我国人均可耕地面积、人均谷物种植面积均下降了约一半，农业劳动力比例、农业增加值比例也下降了大约一半，而农民的人均生产肉食、人均生产粮食1961年以来分别提高了26倍和3倍。2008年，我国8种人均农业资源都低于世界平均值。在这一发展过程中，我国农业基本处于"一条腿长"（谷物单产高）、"一条腿短"（农业劳动生产率低）的状态。1960~2008年，我国第一次农业现代化指数提高了42个百分点，国家农业现代化建设取得了很大成绩。然而，我国农业现代化是一种工业优先型农业现代化，地区多样性和不平衡性很明显。1990年以来，我国的农业现代化指数均低于我国的国家现代化指数；农业和工业劳动生产率的剪刀差在扩大，2008年达到11倍（何传启，2012）。由表1.2可以看出，2008年我国第一次农业现代化指数为76，比同年我国第一次现代化指数（89）低13；我国第二次农业现代化指数为35，比同年我国第二次现代化指数（43）低8；我国综合农业现代化指数为38，比同年我国综合现代化指数（41）低3。

表1.2 2008年中国农业现代化水平的国际比较

项目	第一次农业现代化	第二次农业现代化	综合农业现代化	第一次现代化	第二次现代化	综合现代化
中国指数	76	35	38	89	43	41
中国排名	75	62	65	69	60	69
高收入国家	100	100	100	100	100	100
中等收入国家	71	26	29	89	38	40
低收入国家	53	15	21	58	20	24
世界平均	74	38	36	94	50	54
国家样本数	131	130	131	131	131	131

资料来源：何传启，2012

中国科学院现代化研究中心中国现代化战略研究课题组（2012）认为，我国农业劳动生产率比我国工业劳动生产率低约 10 倍，我国农业现代化水平比国家现代化水平低约 10%。显然，农业现代化已经成为中国现代化的一块短板，农业现代化水平亟待提高。原农业部副部长、国务院研究室副主任尹成杰认为，21 世纪以来我国农业科技创新与应用发挥了重大作用，粮食产量和农民收入连创新高，但是仍然面临着许多问题，特别是基层农业技术推广体系薄弱，公益性服务体系建设严重滞后，这是我国农业现代化这个"木桶"的"短板"，是我国现代农业建设的内伤（宁启文，2012）。基于此，提高以科技为核心的农业劳动生产率，提升农业和农村现代化水平，我国必须以农业科技创新和农业科技推广为抓手，进行发展方式的转型，即由部分机械操作向全面现代装备转变、由依赖资源投入向依靠创新驱动转变、由重抓产品产业向重抓品牌精品转变、由小农粗放经营向规模集约经营转变，推动我国农业从初级现代农业向高级现代农业、从工业化农业向知识化农业转变（陈新忠，2013）。

我国不仅农业经济水平比美国等发达国家平均落后约 100 年，而且人均占有资源少、经营规模小、现代农业发展缓慢，对高水平农业技术成果及其推广的需求尤为急切。内外部环境的急剧变化要求我们不断挖掘农业技术推广主体潜力，时刻关注和研究农业技术推广的改进与完善。赶超发达国家农业现代化先进水平，我国急需依靠创新潜能巨大的高校，推广应用前沿科技成果，协调推进两次农业现代化，加速传统农业向现代农业转型。

1.1.2 我国农技推广队伍建设状况

根据《中华人民共和国农业技术推广法》（以下简称《农业技术推广法》），我国现行农业技术推广实行国家农业技术推广机构与农业科研单位、有关学校、农民专业合作社、涉农企业、群众性科技组织、农民技术人员等相结合的推广体系。经过多年发展和完善，截至 2019 年底，中央、省、市、县、乡五级国家公益性农业技术推广机构共有 3 万多个，在编人员近 40 万人。与此同时，农业高校、科研院所、农民专业合作社、农业企业及社会化服务组织等也积极开展农业技术服务，农业技术推广供给主体呈现"一主多元"的发展态势，农业技术推广服务逐步走向多元化、社会化。

在农业技术推广队伍建设方面，我国 2006 年出台的《国务院关于深化改革加强基层农业技术推广体系建设的意见》对农业技术推广人员的考评、分配、职称和评聘等予以明确。2012 年修订的《农业技术推广法》对农业技术推广机构人员编制、条件和管理等从法律层面做出规定，随后国家相关部门也出台了相

1 高校农业技术推广模式重构的时代需求

关配套政策。2013年原农业部等4部门联合印发《关于实施农业技术推广服务特设岗位计划的意见》，引导鼓励高校毕业生到基层从事农业技术推广服务工作；2017年中共中央组织部等5部门共同启动实施《高校毕业生基层成长计划》，支持毕业生到基层创新创业；原农业部实施了农业技术推广人员知识更新工程和学历提升计划，基层农业技术推广人员专业知识结构不断优化，学历层次不断提高，综合能力持续提升。

全国农业系统国有单位人事劳动统计数据（港澳台除外）显示，2000~2019年全国农业技术推广机构核定人员编制呈逐年下降趋势，人员年平均工资呈上升态势。根据国家统计局发布的国民经济和社会发展统计年度公报，2000~2019年我国粮食种植面积相对稳定且处于缓慢上升态势，而农业技术推广人员编制呈逐年减少趋势（图1.1）。同一时期，全国农业技术推广人员总人数呈逐年下降趋势，年平均工资呈上升态势（图1.2）。2010年全国农业技术推广人员年平均工资为24 340元，与同年度全国城镇非私营单位就业人员年平均工资（37 147元）相比，相差12 807元；到2015年全国农业技术推广人员年平均工资提高到51 760元，与同年度全国城镇非私营单位就业人员年平均工资62 029元相比，两者仍相差10 269元；2019年全国农业技术推广人员年平均工资提高到80 920元，同期全国城镇非私营单位就业人员平均工资90 501元，两者相差9581元。农业技术推广人员与全国职工平均工资的差距虽然不断缩小，但年均收入差距仍在万元左右。

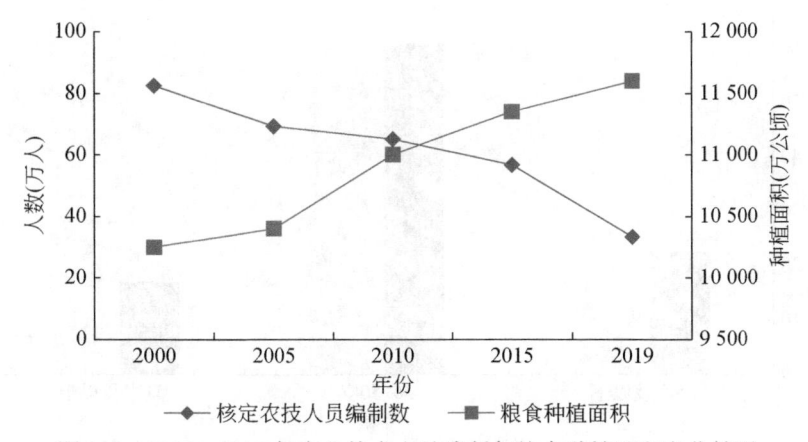

图1.1 2000~2019年农业技术人员编制与粮食种植面积变化情况

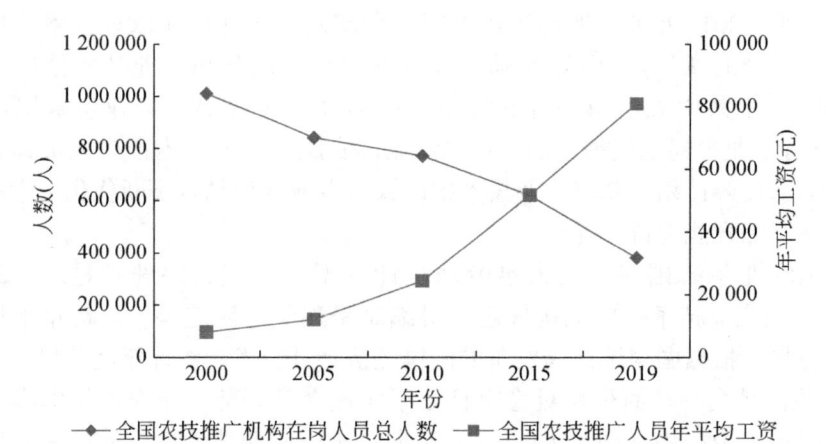

图 1.2 2000~2019 年全国农业技术推广机构在岗人员数和年均工资变化

此外，从年龄分布看，2014 年和 2019 年全国农业系统国有单位农业技术推广人员中 36~50 岁年龄段人员分别占 60.4% 和 53.1%，但 51 岁及以上人员所占比例在逐年增加（图 1.3）。从层级分布看，2000~2019 年全国农业系统国有单位地级市及以上农业技术推广机构农业技术推广人员逐渐增加，而乡镇工作的农业技术推广人员逐年减少（图 1.4）。从学历分布看，2000~2019 年全国农业系统国有单位农业技术推广人员中本科及以上学历人员快速提升，所占比例从

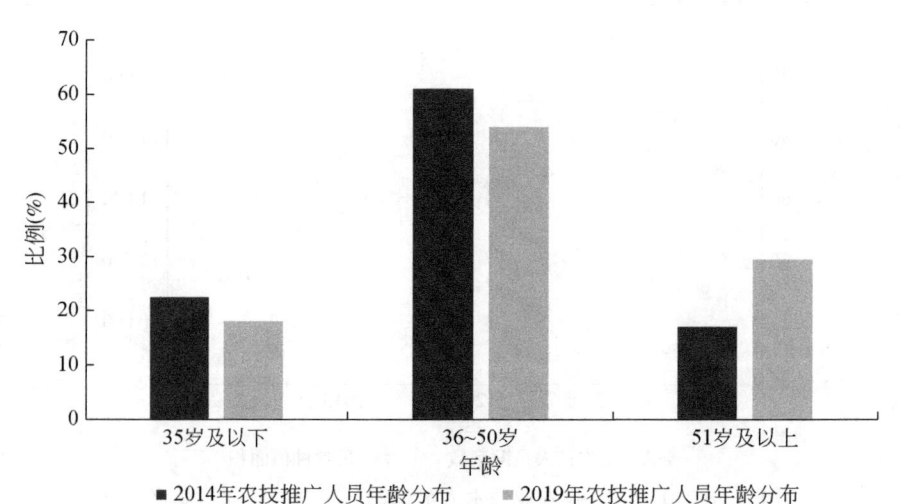

图 1.3 2014 年、2019 年农业技术推广人员年龄分布

| 6 |

2000年的9.9%增至2019年的48%,但仍然不足50%。从职称分布看,2000~2019年全国农业系统国有单位农业技术推广人员中具有高级专业技术职称的人员逐步增多,占比从2000年的3.4%增至2019年的22.8%,但仍然偏少(莫广刚和周雪松,2021)。

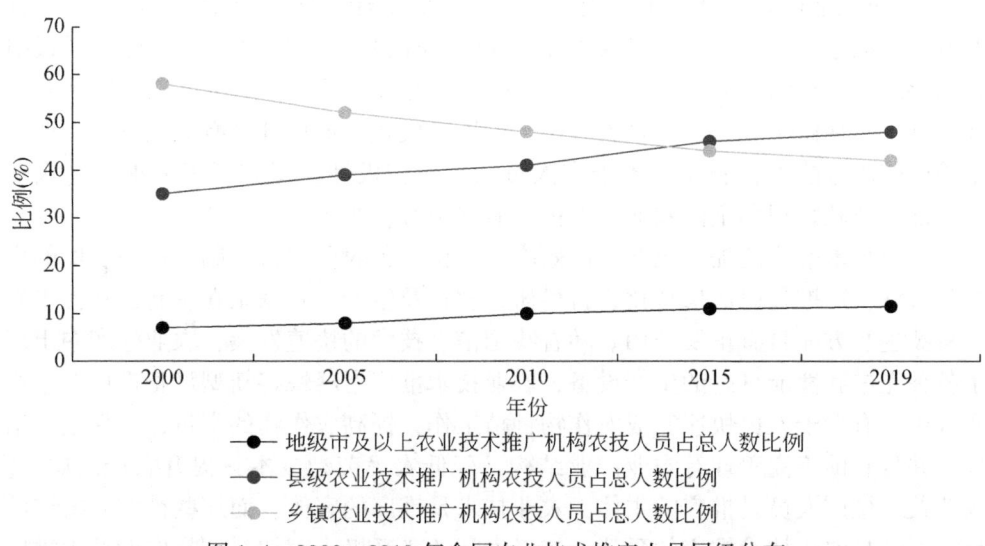

图1.4 2000~2019年全国农业技术推广人员层级分布

近年来,我国在加强农业技术推广体系建设、完善农业技术推广人员管理等方面进行了多种有益探索,取得了良好效果。从2017年开始,我国12个省份36个县市区,围绕建立农业技术推广增值服务机制、探索农业技术推广机构与经营性服务组织融合发展、鼓励农业技术推广人员离岗创新创业、完善农业技术推广人员考评激励机制等方面进行改革创新试点,试点单位农业技术推广人员收入水平、工作积极性和服务效能都得到进一步提升,农业技术推广活力得到增强。浙江、安徽等地出台了鼓励农业技术推广人员提供增值服务,合理取酬规定;四川、宁夏等地农业技术推广人员通过领办专业合作社、技术入股等方式,既助推了农业经营主体的发展,也提高了农业技术推广人员收入。针对贫困地区基层农业技术推广人员严重短缺问题,我国2017年开始在贫困地区及其他有需求的地区,面向农业乡土专家、种养能手、新型农业经营主体当中的技术骨干,以及涉农教学科研单位中长期在生产一线从事成果转化与技术服务的科技人员,遴选、招聘农业技术员充实到农业技术推广队伍之中,有效突破了编制管理的限制及农业技术推广人员来源的局限性和现有农业技术推广队伍管理的束缚,增强了农业技术推广服务供给能力，有力促进了贫困地区产业发展，实现了以人才和科技助力脱贫攻坚。2018年以来，我国在8个省份试点开展了农业重大技术协同推广计划。该计划主要内容有三个方面：一是"对症下药"，根据农业经营主体或农民发展需求提供技术咨询指导，即需要什么提供什么；二是"按需组团"，根据农业经营主体产业发展或经营情况需要什么样的专家，就将符合条件的专家组织起来建立产业技术团队，提供相应的技术指导服务；三是"样板引领"，就是建立示范展示基地，集成示范先进技术、新品种，通过现场展示和实地演练，实现做给农民看、带着农民干的推广模式。该项计划有力提升了农业技术推广的服务能力，农业技术推广人员的工作积极性也得到了极大提升（农业农村部科技教育司和全国农业技术推广服务中心，2019）。

  农业技术推广能提高农业生产效率，加快完善农业运行机制，提高农民的生产积极性，助推科研成果转化，将科研、教育及生产三者联系在一起，在促进农业科技进步方面具有重要作用。随着我国信息技术的快速发展，农业生产中出现了各种先进性能良好的生产设备，农业技术推广者尽快将新型设备推广至生产实践中，有助于农民快速完成农作物种植工作，提高农作物的产量，确保收入增加，并且有助于完善现有农业产业结构，降低农民劳动成本，提升农产品质量。农业技术推广人员是推广的主体，农业技术是推广的客体，而那些被实施推广的目标群就是农业技术推广的受体。三者之间的联系极为密切，依靠农业技术推广人员这个纽带将三者有机整合在一起，为农民创造了更加优越的种植环境，大大提升了农民的收益（郝文美，2014）。在农业新技术推广过程中，农业技术推广人员帮助端正广大农民运用技术的心态，激发了农民引入先进机械设备和技术的积极性，为农民节省了大量农作物种植时间，有利于农民扩大农作物种植面积，在提高生产效率的同时也增加了农作物的产量。一般而言，农业科技成果都是在地理、自然等条件良好的环境下研发出来的，通过反复试验提高其地域适应性才能得以广泛推广。而农业技术推广能够将科研、教育和生产三者有效地结合在一起，切实提升农业科学技术的进步（贺宇，2021）。

  现阶段我国农业技术推广队伍建设取得了明显成效，但还存在着诸多问题。从全国农业系统国有单位人事劳动统计数据看，我国农业技术基层推广人员人数少，工资低，年龄偏大，学历不高，高级职称者匮乏。从现实情况看，当前农业技术推广人员以协调农技推广工作为主，自身科技知识、素养和能力水平十分有限，推广方式较为传统和落后，与农业现代化推广的要求有较大差距，这势必大大降低农业技术推广效果，影响我国追赶世界发达国家先进农业的步伐。例如，广西壮族自治区贵港市覃塘镇90%以上的农业技术推广人员只有高中学历，专业素养较低，对新兴农作物的栽培技术与新农机的使用和维护技术了解较少，在加快农业技术推广进程中举步维艰。

1.1.3 我国"十四五"农业发展目标

"十三五"时期，我国现代农业建设取得重大进展，乡村振兴战略实现良好开局，在农业生产能力、脱贫攻坚、农民增收和农村村貌方面取得重大进展。一是农业生产能力迈上新台阶。粮食产量连续6年保持在1.3万亿斤[①]以上，农业科技进步贡献率超过60%，主要农作物良种基本实现全覆盖，综合机械化率达到71%，农作物化肥农药施用量连续4年负增长。二是脱贫攻坚战取得决定性胜利。现行标准下农村贫困人口全部脱贫，832个贫困县全部摘帽，消除了绝对贫困和区域性整体贫困，创造了人类减贫史上的奇迹。三是农民收入持续较快增长。农民收入增速连续11年快于城镇居民，城乡居民收入差距由2019年的2.64∶1缩小到2.56∶1，农民人均收入提前一年实现比2010年翻一番目标。四是农村村貌焕然一新。农村人居环境明显改善，基础设施和公共服务突出短板加快补上，农村改革向纵深推进，乡村发展活力明显增强。农业农村发展取得新的历史性成就，为如期全面建成小康社会奠定了坚实的基础，为党和国家战胜各种艰难险阻、稳定经济社会发展大局，发挥了"压舱石"作用[②]。

"十四五"时期是乘势而上开启全面建设社会主义现代化国家新征程，向第二个百年奋斗目标进军的第一个五年，中国共产党第十九届五中全会对优先发展农业农村、全面推进乡村振兴做出战略部署。2020年底，习近平总书记在中央农村工作会议上发表重要讲话，向全党全社会发出鲜明信号：新征程上"三农"工作依然极端重要，须臾不可放松，务必抓紧抓实。2021年2月21日，《中共中央 国务院关于全面推进乡村振兴加快农业农村现代化的意见》发布，这是21世纪以来第18个指导"三农"工作的中央一号文件。文件指出，民族要复兴，乡村必振兴；要坚持把解决好"三农"问题作为全党工作重中之重，把全面推进乡村振兴作为实现中华民族伟大复兴的一项重大任务，举全党全社会之力加快农业农村现代化，让广大农民过上更加美好的生活。

意见确定的目标任务为2021年农业供给侧结构性改革深入推进，粮食播种面积保持稳定，产量达到1.3万亿斤以上，农民收入增长继续快于城镇居民，脱

[①] 1斤=500克。
[②] http://www.moa.gov.cn/xw/zwdt/202102/t20210221_6361863.htm.

贫攻坚成果持续巩固。到 2025 年，农业农村现代化取得重要进展，农业基础设施现代化迈上新台阶，农村生活设施便利化初步实现，城乡基本公共服务均等化水平明显提高。

农业现代化和农村现代化是我国全面建设现代化的重要部分，也是最为薄弱和最为关键的部分。正如习近平总书记所言，全面建设社会主义现代化国家"最艰巨最繁重的任务依然在农村，最广泛最深厚的基础依然在农村"。农村振兴的基础产业是农业，而农业振兴的关键在于科学、合理地应用农业技术（窦长刚，2021）。在此背景下，研究挖掘高校农业技术推广潜力，以高校农业技术推广加快我国农业现代化步伐具有重要理论价值和现实意义。

1.2 涉农行业高校发展的需求

随着我国科技创新和农业经济的发展，科学技术已经成为推动农业现代化发展的关键因素和主要力量，代表着现代农业发展的新方向、新趋势，也为转变农业发展方式提供了新路径、新方法，科技的便利化、实时化、物联化、智能化等对农业生产、经营、管理、服务等各环节都产生了深远影响。涉农行业高校即农业院校作为农业科技创新的源头，是我国农业技术推广服务体系的重要组成部分和有生力量。农业院校具备农业技术推广创新服务的软硬件优势，如人才、成果、信息、研发平台与品牌等，是创新知识、技术与人才培养的基地（汤国辉和黄启威，2021）。长期以来，农业院校发挥科技和人才优势，开展农业技术推广服务，为促进农业稳定发展、农民持续增收做出了重大贡献。农业高校作为被新时代赋予特殊意义的社会组织不仅可以为社会输送高学历、高品质的优秀人才，而且能够为农业农村输送最先进、最前端、最适应现阶段农业技术发展的科研成果，还能将这些高新技术成果转化为现实农业生产力。农业院校根据大学所属地区环境、人文及大学自身特点开展农业技术推广，可以将农业院校的意义最大化。

1.2.1 涉农行业高校农业技术推广的必要性

涉农行业高校农业技术推广模式重构有利于农科人才培养，提升农科学生的产业一线实践能力。涉农行业高校具备丰富的人才资本存量，在人才培养上具有不可替代的优势。目前，我国涉农行业高校开展农业技术推广属于自愿自觉行为，并非强制性的法律职责，农业院校与农业产业处于松散联系状态。因此，农

1 高校农业技术推广模式重构的时代需求

业院校在人才培养上与产业一线的实践联系较少,学生的产业实践机会很少,产业实践能力极低。通过农业技术推广模式重构,高校增强在农业技术推广中的主导权重,与其他农业技术推广机构协同合作,可在农业生产一线为学生提供实践与观摩的平台,调动区域优势为学生提供生产实战演练的机会,最终通过实践技能的学习和掌握,成为拥有高新实用技术、专业知识丰富、综合能力较强的高素质人才。在我国大力推行公益性推广服务、多元化科技服务和社会化创业服务的大背景下,农业院校利用科技和人才优势找准自身在农业生产应用中的发展定位,通过校地、校企融合不断完善农业技术推广服务网络,将进一步夯实和强化在乡村振兴战略中的核心地位。

涉农行业高校农业技术推广模式重构有利于农业科技研究,提升我国农业科学研究国际竞争力。涉农行业高校是涉农行业青年才俊的集聚地,极具农业科技研究的活力和潜力,在农业科技研究上具有独特优势。目前,我国涉农行业高校开展农业科技研究大多拘泥于校园和实验室,农业科技研究旨在刊发论文,农业科技研究成果与农业产业实际问题结合不紧密。近年来,我国农业科技研究论文虽然已居于世界第一,但农业科技成果真正转化为农业现实生产力的比例极低,真正促进农业现代化水平明显提升的农业科技成果很少。通过农业技术推广模式重构,高校充分调动农业科技研发资源优势服务农业技术推广,针对农业技术推广中存在的产业问题开展科研。这样不仅有效补充了农业技术推广力量,而且在农业技术推广实践中打磨和锻炼了教师到生产一线认识和解决实际问题的技能,有助于教师通过农业技术推广实践发现农业生产一线的真正重大问题,进而针对性开展研究,增强科技研究的实效性。教师通过农业技术推广将来自生产一线的第一手材料转化为教授学生的前沿应用技能,以农业技术推广过程中障碍性因素突破为基础积极申报课题,逐渐使自己的农业科技研究成果跨出实验室和试验田转化为农业技术推广的实施项目,融研究、推广和教育于一体,解决农业科技成果对接农业生产"最后一公里"问题。

涉农行业高校农业技术推广模式重构有利于产业更新升级,提升我国农业和农村现代化水平。涉农行业高校以培养农业产业优秀人才为使命,始终站在农业科学研究的前沿,与世界农业产业发达国家交流多,对农业产业的最新国际动态了解多,对于促进我国农业产业更新升级具有视野和研究优势。目前,我国涉农行业高校教师在现行评价体系下,科研论文论著的产出压力大,对于解决农业产业的实际问题力不从心。近年来,我国农业院校的教师虽然致力于农业技术推广并取得了很多显著成绩,但大多还是仅聚焦于某一很小区域的某一产业,更多只是一些个别典型案例,并没有从面上解决我国农业产业现代化水平大幅提升问题。通过农业技术推广模式重构，高校充分发挥在农业技术推广中的主导作用，根据所在地区的产业布局谋划地方农业产业更新升级所需关键技术及其推广实施方案，将农业院校的科研论文写在大地上，真正有效提升我国农业和农村现代化水平。高校作为主导力量参与农业技术推广便于农科学生加入农业产业实践，了解最前沿的现代农业技术，成为农业产业更新升级的推动人才；同时，有助于解决我国农业技术推广技术人员缺乏问题，提升农业技术人员质量，形成农业技术人员循环轮训良性机制（王帅等，2018）；有助于农科教师通过农业技术推广深入了解农民的产业技术需求，建立农业技术创新行为和产业技术需求之间的双向交流机制，增强农业院校农业科研的指向性和针对性；有利于地方政府更多了解农业院校的科研成果，增强学校对社会的影响力，通过技术研发和服务、技术转让及入股等方式增强农业院校带动地方经济的作用，拓宽农业院校科研经费来源渠道，实现高校与产业"双赢"发展。

1.2.2 涉农行业高校农业技术推广发展概况

20世纪90年代以来，我国高校相继探索开展以大学为依托、农科教相结合的农业技术推广，有力地促进了扶贫攻坚（王泳欣和吕建秋，2018；彭凌凤，2017）。2008~2018年，江苏省委和江苏省农业厅肯定、推广南京农业大学科教兴农做法，组织教科推单位开展"挂县强农富民工程"活动，完成62个县与39家科教单位对接；2019年，江苏省提出农业重大技术协同推广项目，有关县（市、区）的乡村产业带成立专家工作站，与基层农业技术推广机构、农民合作社、涉农企业、群众性科技组织、农户、技术员等多元主体开展多种形式对接，形成了"政府购买服务、引导农业科教单位合作开展农业技术推广"的局面。

在加快推进农业现代化建设新征程中，我国政府相关部门不断推动将大学的农业科研成果应用于农业生产实践。2013年，中央"一号文件"提出"新农村发展研究院"一词，目的是着力构建新型大学农业技术推广模式（杜鹃等，2017）。截至2019年，我国已有37所大学试行开展"高等学校新农村发展研究院"建设工作。在开展农业技术推广工作过程中，大学和地方政府、企业进行合作，发挥自身人才优势和科技优势，建立了农业科研、教育和推广相结合的校地合作农业技术推广服务样式。2015年，农业部等部门联合选择10个省开展试验试点，旨在依托涉农高校、科研院所进行重大技术推广并探索新机制。试点项目通过建立研发基地—试验示范基地—基层推广服务组织—农户（企业），开展链条式农业技术推广创新服务，建立了一批集科研、实验与示范为一体的农业技术推广创新服务基地。2019年6月，教育部充分肯定近年来高校围绕乡村振兴持续创新的农业技术推广模式，如"专家大院""科技小院""科技大篷车""百名教授兴百村"等。

新时期实施乡村振兴战略，加快推进农业农村现代化，关键要依靠农业科技进步，这对农业院校支持服务"三农"提出了新要求。为深入推进农业院校开展农业技术推广服务，加强农科教协同，2017年农业部与教育部共同发布了《农业部 教育部关于深入推进高等院校和农业科研单位开展农业技术推广服务的意见》。该意见明确规定：农业科研院校设置一定比例的农业技术推广岗位，鼓励各类科技人员开展农业技术推广服务，并在专业技术职务任职资格评审、年度考核等方面把农业技术推广服务业绩作为社会服务绩效考核内容；建立健全从事农业技术推广服务人员的在岗兼职、离岗创业、返岗任职制度；探索建立农业技术推广服务流动岗，支持农业科研教学人员在企事业单位和涉农经济组织以兼职、合作、交流等形式合理流动；支持农业科研院校开展农业技术推广服务的科技人员通过技术承包、技术入股等增值服务合理取酬。涉农行业高校农业技术推广模式重构既是时代发展的需求，也是农业院校高质量内涵发展的反映。

1.2.3　涉农行业高校农业技术推广主要类型

经过多年农业技术推广实践，涉农行业高校探索出了多种农业技术推广服务方式，形成了多样化的农业技术推广类型（徐文华和周汝琴，2013；徐文华等，2014）。其一，涉农行业高校根据所在区域农业发展需求，探索出了政府统筹的农业技术推广方式（政府+农业高校、科研院所+农户）、专家负责的农业技术推广方式（农业高校、科研院所专家负责并组建推广团队）、团队负责的农业技术推广方式（农业高校、科研院所与地方基层成立服务团队）和产业主导的农业技术推广方式（农业高校、科研院所+新型经营主体+农户）等。其二，涉农行业高校针对农科教师积极性不高的问题，探索出了农业技术推广项目试点前期的运行管理机制、合约管理机制、岗位责任制，项目实施中期的专家驻点机制、专家负责制，以及项目实施后期的考核、激励机制等多种制度。其三，涉农行业高校利用自身培育人才的优势，探索出了以现场培训和远程培训为主、以田间学校和观摩指导为辅的新型职业农民培育方式，培育了一批有能力、懂技术、会经营的新型农业技术人员。其四，涉农行业高校发挥自我科研和人才优势，探索出了"互联网+农业技术推广"的农技推广新形式，将国家和省市农业科技服务云平台、全国农业科技成果转移服务中心网络平台等有机整合，搭建农业技术推广信息化服务平台。在探索出农业技术推广服务方式过程中，涉农行业高校形成了一些比较稳定的农业技术推广类型，包括移动型、固定型、入驻型和信息型等（表1.3）（王泳欣和吕建秋，2019）。

表1.3 四种农业技术推广类型对比分析

类型	大学的作用	推广方法	推广队伍	培训方式
移动型	大学整合学校资源到乡村	组织团队并整合学校资源到当地开展推广	"各学科专家+当地推广人员"	开展科技讲座，现场咨询、指导
固定型	校地、校企合作或学校建设示范基地	建设基地等示范区转化科技成果，并进行推广	"专家+示范户+基层推广人员"	通过示范基地开展示范推广和培训指导
入驻型	大学提供科研成果给企业和政府	专家到企业或乡村进行科技成果转化	"专家+企业（乡村）"+农户	通过企业或乡村示范推广并辐射带动农户
信息型	学校专家主导线上指导和培训	通过通信设备进行知识培训和在线咨询指导	"专家+农户（企业、基地）"	通过远程视频系统进行线上培训和指导

（1）"移动型"农业技术推广

"移动型"农业技术推广的典型代表是南京农业大学的"科技大篷车"。该模式主要通过资源流动的形式在乡村开展农业技术推广工作，通过整合学校资源（如新品种、新技术、新知识等），组织专家团队到地方开展科技讲座、现场咨询、技术指导等，向农民直接传授农业科学知识和技能。该类型以移动宣讲为特色，具有传播农业技术的便捷性，在农业技术推广工作开展前期使用较为广泛。

（2）"固定型"农业技术推广

"固定型"农业技术推广的典型代表是西北农林科技大学的"农业科技专家大院"。该模式主要通过在当地建立基地或科技园等进行农业技术示范，向基地注入学校研发的农业新品种、新技术等资源，并向生产者进行农业新技术示范和推广。该类型的基地建设成本较高，但持久性的基地更有利于农业技术推广工作持续开展。因为"农业科技专家大院"具有稳定性和示范性，辐射作用较大，目前在大学农业技术推广工作中运用较多，是我国大学的主要农业技术推广类型。

(3)"入驻型"农业技术推广

"入驻型"农业技术推广的典型代表是福建农林大学的"科技特派员"。该模式主要通过派出专家入驻企业，在企业开展农业技术成果转化和农业技术培训等农业技术推广工作，并结合生产线进行科技成果转化；或通过派出科技特派员入驻行政村，与地方政府合作指导当地农业技术推广工作，由对接方提供农业技术推广所需要的资源，由推广方进行技术推广服务。因为大学农业科技成果可以借用企业或者当地政府资源进行转化，专家入驻企业能够指导企业解决生产中遇到的实际问题，该类型受到企业和地方经营主体的欢迎。

(4)"信息型"农业技术推广

"信息型"农业技术推广的典型代表是东北农业大学的"农业专家在线"和南京农业大学的"南农易农"。该模式主要通过互联网、通信设备等无线技术实现不限地域和时间的农业技术推广，生产者可以利用手机 App 等进行在线咨询和信息资源获取，专家可以通过在线交流解答问题或通过远程视频系统进行技术培训指导。因在线方式具有一定的不稳定性，该类型农业技术推广目前还没有普及。但因在线方式具有信息传送的高效性，可以节省较多人力、物力和财力，能够实现农业信息化，该类型农业技术推广为国家和社会所倡导。

1.3 教与产供求矛盾化解的需求

2021 年 4 月，中国农业展望大会在中国农业科学院召开。大会主题为"稳预期，固安全"，发布了《中国农业展望报告（2021—2030）》，对未来 10 年中国主要农产品生产、消费、贸易形势进行预测分析。该报告预测，2021 年中国粮食和重要农产品供给保障能力将进一步增强，但国内外农产品市场运行的不确定性增大，以科学技术支撑农业农村发展的特征更加明显，以信息化条件促进农业产业发展的机遇更加广阔。为应对国际农产品市场的不确定性，防范农业风险，提高我国农业现代化水平，我国迫切需要农业院校发挥农业科技创新的引领作用，加快关键核心技术攻关，瞄准世界农业发展前沿，加强以大数据为基础的农业科学技术研究与应用，支撑中国乡村全面振兴。

1.3.1 农业科技需求与农业院校供给

近年来我国农业科研投入逐年增加，每年科技成果源源不断涌现，但农业科技成果转化率一直较低。我国每年产生的农业科技成果有7000多项，成果转化率却只有30%~40%，远远低于发达国家65%~85%的科技成果转化水平。统计数据显示，2018年我国农业科技成果转化率达到46.57%，但仍有一半以上的农业科技成果没有转化为生产力（丁琳琳，2021）。当前我国高校重学术、轻实践的氛围严重，科研与实际生产相脱节，很多科技成果存在着技术复杂、成熟度不高、实用性不强等问题（陈江涛，2018）。我国农业院校大量科研成果停留在纸上，难以在农业产业上推广应用，造成人力、物力和财力的巨大浪费。我国现代农业发展要想插上"科技翅膀"，离不开高校科技支撑的创新改革（莫广刚和周雪松，2021）。

目前，我国政府农业技术推广部门技术力量薄弱、人员结构老化且缺乏研发能力，在推广农业技术时往往难以做到深入具体地指导。农业院校虽然拥有农业科技力量，但不具备农业技术推广的行政职能，开展农业技术推广需要搭载其他平台。受政府购买服务推动，农业院校虽然获得一些研发经费，但多因经费极少和职权有限，多数农业技术止步于实验室和试验田。农业院校教师因缺乏农业生产实践锻炼，制定的科研目标难以与农业生产实践的真正诉求相匹配。该局面若不打破，将不利于区域内农业技术推广事业的发展，更无法形成区域农业技术推广力量的联合。急于科技种田的农户盼望农业院校教师利用多种途径"走出"高校服务社会，将更多科研成果置于农业生产实践中考究。农业院校将科技成果转化到田间地头，一方面能让百姓切身感知科技兴农的无限魅力，另一方面也能使学生真正体会科技兴农的实践，增强学生学农、务农和兴农的兴趣。

以往农业技术推广服务上，往往以高校教师个体自发为主，即高校某些领域专家拥有较好的社会公认度，受到地方政府委托参与某些技术推广服务。这种单兵作战方式一方面无法形成规模化推广力量，另一方面教师主动性不强、时间不确定，仅能参与某一环节的农业技术服务，无法对技术推广全程进行跟踪指导，更无法形成"以老带新"的传帮带团队。因此，高校应充分结合学科特点，组建科技服务团队，重构农业技术推广模式，提高自身对农业科技的贡献度。

农业院校重视和主导农业技术推广，将有效增强学校科研与农业产业问题的契合度，有利于把学校研发的新技术、新品种、新设备等第一时间通过最科学的方式传递给农民，指导农民在生产实践中进一步实施，相应问题及时得到反馈并给予解决，大大缩短新技术传播时间，省去了许多中间环节，提高了农民应用农业科技的积极性（马德婷，2018）。现阶段，我国急需将农业技术推广体系由政府农业部门主导向专业技术机构主导转变，而农业高校主导符合当今时代主客观需求，能够承担起农业科技成果研发和转化的重任，引领打通农业科技创新活动过程的"最后一公里"，使农业科技创新成果真正"写在大地上、留在农民家"。

1.3.2 粮食生产供给与农业院校支撑

粮食是人类维持生存的基本需求，也是一个国家发展民生的基本物资。水稻、玉米、小麦、杂粮作为维持世界人口生计的主要粮食作物，其生产与安全是世界各国关注的头等大事。据国家统计局2021年夏粮产量公告，2021年我国夏粮播种面积为26 438千公顷，比2020年增加265.5千公顷，增长1.0%（表1.4）。其中小麦播种面积22 911千公顷，比2020年增加200.2千公顷；全国夏粮单位面积产量为5515.7千克/公顷，比2020年增加57.4千克/公顷，增长1.1%。其中，小麦单位面积产量5863.4千克/公顷，比2020年增加62.3千克/公顷；全国夏粮总产量为14 582万吨，比2020年增加296.7万吨，增长2.1%。其中，小麦产量13 434万吨，比2020年增加258.9万吨。然而，粮食安全问题长期以来一直是困扰我国农业综合发展的关键性难题。我国国土辽阔，耕地面积总量可观，但人均十分不足。据统计，中国人均耕地量只有0.1公顷，而美国人均耕地量达到0.73公顷，加拿大人均耕地量甚至达到1.6公顷，就连与我们并称为"人口大国"的印度，其人均耕地量也是我们的1.6倍。据预测，到2030年，我国将迎来人口峰值，达到16亿人，粮食供给问题将面临巨大挑战，而解决这一列棘手问题的源头就是做好粮食作物生产的科技创新和技术推广工作。

表1.4 2021年全国各地区夏粮产量情况

地区	播种面积 （千公顷）	单位面积产量 （千克/公顷）	总产量 （万吨）
北京	13.1	5 235.3	6.9
天津	118.5	6 089.0	72.2
河北	2 270.8	6 529.3	1 482.7
山西	536.8	4 533.4	243.4
内蒙古	—	—	—

续表

地区	播种面积 （千公顷）	单位面积产量 （千克/公顷）	总产量 （万吨）
辽宁	—	—	—
吉林	—	—	—
黑龙江	—	—	—
上海	11.8	6 665.1	7.9
江苏	2 461.6	5 609.1	1 380.7
浙江	166.2	3 931.4	65.3
安徽	2 846.6	5 971.5	1 699.9
福建	55.2	4 418.0	24.4
江西	70.6	3 203.7	22.6
山东	3 995.5	6 600.5	2 637.2
河南	5 692.1	6 681.5	3 803.2
湖北	1 305.8	3 625.6	473.4
湖南	113.9	3 965.9	45.2
广东	137.9	4 683.5	64.6
广西	116.0	2 293.1	26.6
海南	23.7	4 264.6	10.1
重庆	371.8	3 255.8	121.1
四川	1 090.4	3 936.6	429.2
贵州	883.6	2 896.2	255.9
云南	971.0	2 696.2	261.8
西藏	—	—	—
陕西	1 104.7	4 260.0	470.6
甘肃	867.2	3 791.9	328.8
青海	—	—	—
宁夏	73.7	2 808.8	20.7
新疆	1 139.3	5 512.4	628.1
全国总计	26 437.9	5 515.7	14 582.3

数据来源：http://www.stats.gov.cn/tjsj/zxfb/202107/t20210714_1819380.html

注：甘肃、宁夏、新疆部分地区小麦收获尚未完成，其数据为预产数，实产数以日后出版的《中国农村统计年鉴》为准。此表中部分数据因四舍五入，存在总计与分省合计数不等的情况

| 1 | 高校农业技术推广模式重构的时代需求

农业技术推广在美国被称为农业推广,其概念由美国的克拉伦顿伯爵于1847年提出,基本内涵是通过说服、教育、传递信息等非强制性方式来引导农民改进农业技术,提高生产产量和品质。我国基层农业技术推广是联结科技和农户的纽带,目标在于将新的农业科技成果转化为农业生产力,助推农业进步和农民增收。现代农业技术推广是一个把农业新品种、新技术、新的管理方式、新的机械设备等通过一定方式传播给农民,使农民根据自身需求自愿接受的过程,是现代农业产业发展进步的重要依托。我国粮食生产与安全问题要想得到较大进步与改善,首先要调整好农业技术推广体系,完善推广的各个环节,使其环环相扣,紧密结合。我国计划经济体制下形成了政府主导的农业技术推广体系,在很长一段时间内为我国农村社会经济发展做出重大贡献。随着经济社会发展,政府主导型农业技术推广体系已不能满足农业科技进步的需求,因此现阶段紧迫任务就是要加快农业技术推广体系改革,推动传统农业技术推广体系向现代农业技术推广体系转型,以提升农业技术推广效率。

农业院校作为培养高学历人才的摇篮和研发新技术的基地,每年都向社会输送大量优秀农业人才、产出大批高质量农业科技成果,为我国农业科技成果创新做出了突出贡献。作为自携天生属性的农业技术推广单位,农业院校在推广农业技术方面发挥着重要作用,逐步成长为集教育、科研和推广于一体的特殊社会组织。据统计,我国有130多所涉农类院校,分布于全国31个省(自治区、直辖市),凭借农科专业实力在周边地区甚至更广泛的范围内带动农业生产,提高农民收入。因此,如何进一步挖掘涉农行业高校的农业技术推广作用,促使涉农行业高校更好地由参与农业技术推广向主导农业技术推广转变,对于完善我国农业技术推广体系具有重要意义。而农业技术推广体系的完善,对于提升我国农业科技成果转化、保障国家粮食安全具有重大意义。

1.3.3 经营主体变化与高校改造使命

中华人民共和国成立以来,我国农业经营主体经历了从农户到集体、从集体再到农户的转变,农业技术推广服务也相应地采取了不同的形式。中华人民共和国成立之初,我国政府将土地按人头分田到户,实行家庭经营。由于农业技术人员短缺,农业先进技术的推广主要依靠农村干部的上传下达和以身示范,以及家庭之间的口口相传帮带来完成。此后,在互助组、初级社和高级社的基础上,我国农村快速将土地、耕畜和大型农具等生产资料并归农村集体所有,于1958年进入集体化的人民公社时期。这一时期我国农业技术推广机构基本以公社为中心进行筹建和改革，主要为公社及其所属的各级集体服务。但是，由于众所周知的政治因素影响，"文化大革命"期间大多农业技术推广机构被撤销，大批农业技术推广人员流失。改革开放后，我国农村实行"家庭联产承包责任制"改革，一家一户又成为农业经营主体。围绕农户所需，我国逐步建立健全了以农业生产为中心的中央、省、市（地）、县、乡五级农业技术推广体制。

然而，在改革开放进程中，我国农民群体发生了巨大变化，务农农民显著减少，务工从商人员快速增长，农村农业面临着农村劳动力大规模转移与农业劳动力素质结构性下降的矛盾。据国家统计局2020抽样调查结果推算，2020年全国农民工总量达到28 560万人，比2010年增加4343万人（表1.5）。随着农村劳动力转移速度加快，从事农业生产的劳动力总体呈结构性下降趋势。在年龄结构上，留乡务农的劳动力以老年人居多，年龄多在49岁以上；在性别结构上，留乡务农的劳动力以妇女居多，约65.8%是女性；在文化结构上，留乡劳动力中高中及以上文化程度的仅占8%左右，其中从事农业为主的劳动力只有5%；在科技素质上，留乡劳动力懂得基本农业知识和技能的仅有30%左右，11.7%的劳动力根本不能正确处理养殖过程中最常见的问题。据湖北省原农业厅对部分村庄逐户调查，务农人员中60岁以上的占25%左右，教育程度为小学文化和文盲的占55%左右（杨伟鸣和程良友，2011）。原农业部部长韩长赋在2011年全国农业农村人才工作会议上指出，我国农业和农村人才总量不足，农村实用人才占农村劳动力的比例仅为1.6%；整体素质偏低，农村实用人才中受过中等及以上农业职业教育的比例不足4%；人才是强国的根本，农业农村人才是强农的根本；解决农业和农村现代化水平过低的问题，出路在科技，关键在人才，基础在教育。当前，人才匮乏已阻碍了农业和农村科技成果的产出，农业技术推广人员的胜任力和农业劳动力对于新技术的接受力，成为农业和农村发展的致命"短板"（陈新忠和李名家，2013）。

表1.5　2020年外出农民工来源地分布及构成

按输出地分	外出农民工总量（万人）			构成（%）		
	跨省流动	省内流动	小计	跨省流动	省内流动	小计
合计	7 052	9 907	16 959	41.6	58.4	100.0
东部地区	719	3 905	4 624	15.5	84.5	100.0
中部地区	3 593	2 617	6 210	57.9	42.1	100.0

1 高校农业技术推广模式重构的时代需求

续表

按输出地分	外出农民工总量（万人）			构成（%）		
	跨省流动	省内流动	小计	跨省流动	省内流动	小计
西部地区	2 557	2 933	5 490	46.6	53.4	100.0
东北地区	183	452	635	28.8	71.2	100.0

数据来源：国家统计局2021年4月30日发布的《2020年全国农民工监测调查报告》

面对农业经营主体正在向以农户为基础的"农户+集体"转变的态势，以及越来越多的农村青壮年劳动力进城务工、留乡劳动力日益老龄化和低素质的趋势，我国必须思考和解决未来靠谁种田、如何助推依托科技发展现代农业建设新农村的严峻问题。中国农业科学院研究员胡定寰认为，我国农户种植规模太小，正式从事农业生产的都是老年人、文化程度比较低的人，而发达国家从事农业生产的大都是年轻人、知识化的人，这正是我国与发达国家的根本差异。农业生产要赶上发达国家，关键要在制度上进行改革，让年轻的、知识化的、有管理能力的人进行大面积种植（陈新忠，2013）。全国政协委员宋丰强调研认为，我国目前每百亩耕地平均拥有科技人员为0.0491人，每百名农业劳动者中只有科技人员0.023人；而发达国家每百亩耕地平均拥有1名农业技术员，农业从业人口中接受过正规高等农业教育的比例达到45%~65%（郭嘉，2011）。全国人民代表大会常务委员会委员邓秀新（2012）认为，大量农村人口流向城市，从事农业生产的人口缺乏新陈代谢，给农业科技的推广和农业生产效率的提高造成掣肘；随着农业基础设施的不断改善、农业机械化率的不断提升及农业生产的集约化发展，农民应该向专业化、职业化发展，"培养出'农业工人'才能适应现代农业发展的需要"。韩长赋在2012年全国农业科技教育工作会议上指出，解决将来"谁来种地"问题，必须加快转变农业发展方式，大力发展农业教育，着力培养新型职业农民，"关键是培养适应发展现代农业需要的职业农民"；"如果今后我国有一亿专业技能和经营能力比较高的职业农民，农业现代化必将呈现一片新面貌"（韩长赋，2012）。在农业经营主体快速转变的现实状况下，怎样改进服务以促进新型农业经营主体成长为我国农业和农村现代化建设的生力军，是当前农业科技推广面临的重大课题。

1.4 三产融合与产业强国的需求

当今，产业融合不断为产业和经济发展注入活力，日渐成为挖掘产业潜能、促进经济增长的重要驱动力量。作为农业产业发展的新特征和新方向，我国农村一二三产业融合发展正处于十分有利的大环境中。农业与相关产业融合及农业产业内部间融合改变着传统农业的生产与服务方式，推动着传统农业产业结构优化与发展，为农业发展提供了新的增长方式。面对新形势下农业农村发展的重大机遇，我国亟须以高校主导农业技术推广为杠杆，在撬动农业发展引擎、推进三产融合中实现产业强国。

1.4.1 三产融合内涵与农业发展机遇

所谓农业发展的三产融合，是指"农业生产"+"农产品加工业"+"农产品市场服务业"三大产业融合发展。农业发展的三产融合是对传统农业经济模式的改革，是在农业产业化基础上将一二三产业进行交互发展。农业三产融合发展是以农村一二三产业之间的融合渗透和交叉重组为路径，以农业产业链延伸、产业范围拓展和产业功能转型为基本表征，以涉农产业发展和发展方式转变为阶段体现，通过形成新技术、新业态、新商业模式，带动资源、要素、技术和市场需求重新整合集成、优化重组和产业空间布局调整，改革传统农业经济模式。

以农业为基础的三产融合是农业产业的发展趋势，具有鲜明的时代特征。其一，农业产业化经营。三产融合以农业为中心，向其产前和产后两个方向延长产业链条，促进农业关联产业连接。其二，农业业态多样化。三产融合发挥农业多功能属性，推动农业主要功能从农产品供给向教育传承、休闲游览、生态保护等领域拓展，推进农业与信息、文化和康养等产业的联合互动（李小云，2018）。其三，涉农资源要素自由有序流动。三产融合要求破除城乡区域障碍，优化涉农要素配置，保证涉农要素顺利流通，围绕农业实现要素融合发展。其四，农业经营业态创新发展。三产融合要求用创新思维引领农业，用高端科技发展农业，用新兴业态打造农业，用市场机制支撑农业，从源头抓起促进农业发展。其五，农业资源绿色循环利用。三产融合要求探索循环高效利用农业生物质资源的方法，提高农业收益水平和生态保护能力。其六，涉农经营主体互利共赢。三产融合要求完善农业经营主体利益联结机制，保证参与各方共同受益，同时更加重视惠农富农，让农民真正享受到融合发展带来的好处。

三产业融合对于农业绿色高效发展、农民持续增收致富及乡村振兴均具重要意义，国家应给予多方面政策支持。"三农"问题事关国计民生，农业发展水平决定着我国全面现代化水平。21世纪以来，我国农业发展态势良好，农民生活得到极大改善，但农业发展中的矛盾仍然十分突出，如农产品供给不能满足群众需求日益升级的结构性问题、发展农业导致的环境问题、农民增收新动力不足问题，以及乡村产业发展不充分、产业链构建不完善等问题。同时，我国城乡发展一直存在不平衡不协调的突出问题，农村社会经济发展水平滞后、城乡居民收入差距进一步拉大等问题，均影响着乡村振兴及新型城镇化事业顺利进行（黄乔丹，2018）。以三产融合促进农业发展方式转变是解决"三农"问题和城乡二元制矛盾的突破口，是提升农业现代化水平的增长点（马晓河，2016）。2014年12月，中央农村工作会议提出要推动农业产业化大力发展，促进一二三产业融合互动；2015~2020年，每年的中央一号文件都明确提出要推进农村一二三产业融合发展；2017年10月，中国共产党第十九次全国代表大会提出，我国要促进农村一二三产业融合发展，拓宽农民就业增收渠道；2020年7月，《全国乡村产业发展规划（2020—2025年）》指出，推进农村三产融合发展是深化农业供给侧结构性改革、培育乡村产业"增长极"和实现乡村振兴的有力途径。由此可见，推动三产融合是党中央、国务院研判"三农"发展新形势后做出的重大决策安排，是主动拥抱经济新常态、加快实现农业现代化步伐、推动农业农村发展的重要举措（景壮壮，2021）。在三产融合趋势下，农业技术推广显得尤为重要，高校在农业技术推广中的地位将日益凸显。

1.4.2 三产融合状况与未来融合趋向

就乡村振兴而言，三产融合要以农业为基础，与农产品加工业、涉农服务业有机联合，如兴办产地加工业、建立农产品直销店、发展农业旅游，或依托大型超市建立农产品加工或原料基地等，从而形成新的业态或商业模式。

目前，我国三产融合还处于初级发展阶段。一是农业与第二、第三产业融合程度低、层次浅，融合的产业链条短，附加值不高。二是新型农业经营组织发育迟缓，对产业融合的带动能力不强，新型经营主体成长慢、创新能力较差，不具备开发新业态、新产品、新模式和新产业的能力。三是利益联结机制松散，产业融合多采取订单式农业或流转承包农业方式，真正采取股份制或股份合作制将农民利益与新型农业经营主体利益紧密连接在一起的所占比例并不高。四是先进技术要素扩散渗透力不强，许多社会资本和先进成熟的生产要素鉴于农业的自然和市场双重风险，以及盈利低下和融合型人才缺乏，向农业扩散渗透进程缓慢。五是基础设施建设滞后，不少农村地区供水、供电、供气条件差，道路、网络通信、仓储物流设施落后，农村内部及农村与城镇间互联互通水平低下，严重影响了三产融合发展。①

三产融合常见有四种方式，代表着产业融合的未来方向。其一，"1+3"融合。该融合中，服务业向农业渗透，利用农业景观和生产活动，开发休闲旅游观光农业；利用互联网优势，提升农产品电商服务业；以农业和农村发展为主题，以论坛、博览会、节庆活动等内容展现农业。其二，"1+2"融合。该融合中，利用工业工程技术、装备、设施等改造传统农业，采用机械化、自动化、智能化的管理发展高效农业。典型代表如生态农业、精准农业、智慧农业、植物工厂等。其三，"2+3"融合。该融合中，第二产向第三产拓展，以工业生产过程、工厂风貌、产品展示为主要参观内容开发旅游活动，形成工业旅游业；三产的文化创意活动带动加工，通过创意、加工、制作等手段，把农业农村文化资源转换为各种形式的产品。其四，"1+2+3"融合。该融合中，农村三产联合开发生态休闲、旅游观光、文化传承、教育体验等多种功能，使三种产业形成"你中有我、我中有你"的发展格局。典型业态有农产品物流、智慧农业、牧场观光、酒庄观光等。三产融合对农业人才、科技和技术服务提出了新要求，呼唤高校主导农业技术推广加速推进。②

1.4.3 产业强国目标与高校强国作为

习近平总书记指出，我国要不断提高农业综合效益和竞争力，实现由农业大国向农业强国转变。加快由农业大国向农业强国转变是我国 21 世纪中叶全面建成社会主义现代化强国的战略要求，是实施乡村振兴战略的历史使命，是构建现代化经济体系提高国际竞争力的现实需要。习近平总书记在 2013 年中央农村工作会议上强调，中国要强，农业必须强；中国要美，农村必须美；中国要富，农民必须富。习近平总书记在 2017 年中央农村工作会议上强调，如期实现第一个百年奋斗目标并向第二个百年奋斗目标迈进，最艰巨最繁重的任务在农村，最广泛最深厚的基础在农村，最大的潜力和后劲也在农村。在当前外部环境发生深刻变化、风险和困难明显增多的情况下，我国扎实推进农业大国向农业强国转变，坚决守住"三农"这个战略后院，发挥好"压舱石"和"稳定器"的作用，对于如期实现两个一百年奋斗目标具有十分重要的战略意义。

实现农业强国必须瞄准世界农业科技前沿，在农业科技上进行突破和引领。

---

① https://zhidao.baidu.com/question/1836115397904271260.html.
② https://m.chinairn.com/sanchanronghe/cont5.html.

| 1 |　高校农业技术推广模式重构的时代需求

2021年初，美国国家科学院、工程院和医学院联合发布了题为 Science Breakthroughs to Advance Food and Agricultural Research by 2030 的研究报告，描述了美国科学家眼中农业领域亟待突破的五大研究方向。第一，整体思维和系统认知分析技术是实现农业科技突破的首要前提。农业系统是复杂巨系统，已经很难再依靠"点"上的技术突破实现整体提升。报告建议将跨学科研究和系统方法作为解决重大关键问题的首选项，突破单要素思维，从资源利用、运作效率、系统弹性和可持续性的整体维度进行思考。第二，新一代传感器技术将成为推动农业领域进步的底层驱动技术。新一代传感器技术不仅包括对物理环境、生物性状的监测和整合，更包括运用材料科学及微电子、纳米技术创造的新型纳米和生物传感器，对诸如水分子、病原体、微生物在跨越土壤、动植物、环境时的循环运动过程进行监控。新一代传感器所具备的快速检测、连续监测、实时反馈能力，将为系统认知提供数据基础，赋予人类"防治未病"的能力，即在出现病症前就能发现问题、解决问题。第三，数据科学和信息技术是农业领域的战略性关键技术。目前人类尽管收集了大量粮食、农业、资源等各类数据，但由于实验室研究和生产实践中的数据一直处于彼此脱节的状态，缺乏有效的工具来广泛使用已有的数据、知识和模型。大数据、人工智能、机器学习、区块链等技术的发展提供了更快速地收集、分析、存储、共享和集成异构数据的能力和高级分析方法，将极大地提高对复杂问题的解决能力，把农业、资源等相关领域的大量研究成果应用在生产实践中，在动态变化条件下自动整合数据并进行实时建模，促进形成数据驱动的智慧管控。第四，突破性的基因组学和精准育种技术应当鼓励并采用。通过将基因组信息、先进育种技术和精确育种方法纳入常规育种和选择计划，可以精确、快速地改善对农业生产力和农产品质量有重要影响的生物性状，为培育新作物和土壤微生物、开发抗病动植物、控制生物对压力的反应，以及挖掘有用基因的生物多样性等打开了技术大门。第五，微生物组技术对认知和理解农业系统运行至关重要。未来十年，人类有望利用微生物组技术建立农业微生物数据库，更好地理解分子水平上土壤、植物和动物微生物组之间的相互作用，并通过改善土壤结构、提高饲料效率和养分利用率，以及提高对环境和疾病的抵抗力等增强农业生产力和弹性，甚至彻底改变农业。这五大技术是未来我国农业领域必须努力、不可或缺的关键核心技术，亟须高校发力突破。

生产技术科学化是农业现代化的动力源泉，而农业高校是农业生产技术科学化的重要实践力量。农业生产技术科学化是指把先进的农业科学技术广泛应用于农业，从而提高产品产量、提升产品质量、降低生产成本、保证食品安全。实现农业现代化的过程，其实就是不断将先进的农业生产技术应用于农业生产过程，不断提高科技对增产贡献率的过程。新技术、新材料、新能源的出现使传统农业发生巨大变化，农业增长方式从粗放经营变为集约经营。科学技术在对传统农业改造过程中，发挥至关重要的作用。科学技术的飞速发展和社会经济的持续进步不断推动农业技术创新，而农业技术的扩散和运用解放了农业劳动力，推动着农业现代化迈向新的台阶。高校是科学技术的生产主体，在生产技术科学化进程中承担着不可推卸的历史使命。农业院校不仅是农业科技的生产主体，而且是农业生产技术科学化的重要实践者，在促进先进农业科技应用推动农业现代化中扮演着不可替代的角色，发挥着无与伦比的重大作用。

农业技术推广、农业教育和农业科研是推动农业强国的三大支柱，具备农业科研功能、能够把农业教育和农业技术推广结合起来的农业技术推广体系将更快更好地推动农业现代化进程。我国现行农业技术推广体系是以政府农业部门为主导的行政力量推广系统，主要由国家农业技术推广机构构成，农业科研单位、高校和农民技术人员等参与其中（聂海，2007）。目前，我国农业技术推广体系已经建成了种植业、林业、畜牧、水产、水利、农机和经营管理七大专业技术推广系统。在我国农业经济发展中，政府部门领导的以国家农业技术推广机构为组织单位的农业技术推广体系不仅不具备农业科研功能，而且没有将农业技术推广和农业教育有机结合起来，这使得农业技术推广者对农业技术的领悟和运用难以精准，农业科研成果运用到生产过程中解决农业产生的问题难以达到最佳效度，而农业教育游离于农业技术应用于农业生产的全过程之外，致使农业科研、农业教育和农业技术推广在农业发展中很难达成一致性和同步性，农业生产中反馈出来的问题难以运用农业科研有效解决，制约了我国农业现代化水平的应然提升。高校主导农业技术推广体系可以针对性地强化有效科研，将农业科技前沿研究、农业技术推广和农业教育有机融合为一体，对于促进我国农业科技进步、农业现代化发展和建成农业强国具有重大价值（黄法，2020）。

1.5 本章小结

农者，天下之大本也。为农业插上科技的"翅膀"，不仅需要攻关前沿科学技术、抢占世界农业科技制高点，而且需要将先进科技成果转化落地以服务农业生产。当前，农业发展的产业化、企业化和市场化程度越来越高，对农业科技的需求日益增强。作为农业科技创新的主要内容和重要环节，农业科技服务在促进农业全面升级、推动乡村振兴和农村全面进步方面发挥着越来越重要的作用。

随着农业组织形式和生产方式发生深刻变化，我国农业科技服务有效供给不足、供需对接不畅等问题日益凸显，越来越难以适应农业转型升级和高质量发展的需要。2020年，经中央全面深化改革委员会第十一次会议审议通过的《关于加强农业科技社会化服务体系建设的若干意见》（以下简称《意见》）正式印发，对解决科技服务有效供给不足和科技成果供需对接不畅两大问题，实现农户与现代农业有机衔接、打通农业科技成果转化"最后一公里"、推进农业农村现代化建设具有重要意义。《意见》中指出，以增加农业科技服务有效供给、加强供需对接为着力点，以提高农业科技服务效能为目标，加快构建以政府农业技术推广机构、高等院校、科研院所和企业等市场化、社会化科技服务力量为依托，开放竞争、多元互补、协同高效的农业科技社会化服务体系；根据农业生产实际需求，围绕一二三产融合发展，充分发挥农业技术推广机构、高等院校、科研院所和企业等不同科技服务主体的特色和优势，加强协作与竞争，让公益性服务与经营性服务、专项服务与综合服务相辅相成、互相促进；汇集先进技术、资金、人才等要素，建设农业科技社会化服务体系，破解农业科技成果在农业农村落地中"没钱落""没人落"的问题，让科技成果"转得通""转得顺"，加快实现科技创新、人力资本、现代金融、产业发展在农业农村现代化建设中的良性互动。

农业发展的根本出路在科技，关键在人才。2018年中央一号文件明确我国要以产业兴旺为重点，大力开展农业技术推广工作，加快农业发展，增加农民收入，实现农业现代化。高校是科技第一生产力与人才第一资源的重要结合点，理应在农业现代化中发挥重要作用。近年来，涉农高校积极探索服务乡村振兴战略之路，努力发挥在农业科技创新、农业专业人才培养和农业科技成果推广等方面的生力军作用，形成了许多具有特色的农业技术推广模式，提高了农业科技成果转化率，有力推进了农业发展（王泳欣等，2021）。当前，我国农业正在由传统农业向现代农业转变，由数量型农业向质量和效益型农业转变，高校在科技服务尤其农业技术推广中的作用越来越重要。在新一轮科技革命和数字转型背景下，高校采用教育咨询和示范指导等方式，将新成果、新技术、新知识和新信息，扩散和应用到农业、农村和农民中去，将大大促进农业与农村经济发展（刘晓光等，2016）。鉴于农业和农业技术推广的基础性与公共性、农业产业的公益性与微利性，以及农业院校的科技属性和公共属性，涉农高校亟待发挥人才、科研和育人优势，重构农业技术推广模式，主导所在区域的农业技术推广，引领和整合各级各类农业技术推广力量，推动农业科技贡献力在农业现代化进程中实现最大化。

2 高校农业技术推广模式重构的理论基础

随着全球科技创新不断加速，农业技术推广日益成为我国农业现代化建设的关键。作为农业现代化的基础，农业技术推广状况不仅反映着农业技术成果向现实生产力的转化水平，而且映射着区域农业经济的发展程度。农业技术推广模式体现了农业技术供给的方式方法和内容层次，关系着农业技术推广的有效性和影响度。在农业发展新常态下，我国农业及其相关产业呈现出新的发展态势，亟须我国农业技术供给体系进行战略调整，以适应、对接、促进和引领农业产业发展。

2.1 高校农业技术推广模式重构的内涵与特征

我国传统的农业技术推广由政府农业主管部门负责，高校虽然也从事农业技术推广，但只是鼓励性行为，并非法律规定的强制性职责。高校尽管具备农业技术推广的很多优势，由于不是从事这一工作的责任主体，成功的典型案例虽多，但整体上产生的产业影响并不显著。鉴于农业高校自身的综合优势和农业技术不断升级的国际趋势，探索高校主导农业技术推广模式必要而迫切。

2.1.1 高校农业技术推广模式重构的内涵

高校农业技术推广模式在美国比较成功，且历史悠久。二十余年来，我国已有西北农林科技大学等3所农业高校在积极探索高校主导的农业技术推广模式，取得了突出成就。借鉴中美高校农业技术推广做法，重构我国高校农业技术推广模式，有着重大意义。本章将从模式、农业技术推广等基本概念作为分析起点。

2.1.1.1 模式

模式（Pattern）是当今各行各业应用最多的概念之一，有政治模式、经济模式、文化模式和社会模式等。模式最早产生并应用于建筑行业，由美国艺术与科学院院士、著名建筑大师 C. 亚历山大在 20 世纪 70 年代首先提出。亚历山大在代表作《建筑的永恒之道》中提出，"每个模式是一个有三个部分的规则，它表达一定的关联、一个问题和一个解决方式之间的关系"。"模式"的概念不断发展，形成了以下几个代表性观点。

1）《辞海》中，"模式"多指儿童对一类对象、事情或行为的心理结构，亦即适应环境的行为方式。其中，社会学意义上的"模式"专指研究自然现象或社会现象的理论图式或解释方案，或是一种思想体系和思维方式。

2）《现代汉语词典》中把"模式"解释为"事物的标准样式或使人可以照着做的标准样式"。

3）有学者综合常见论述，认为"模式"是客观事物的理论图式和解释方案，是从不断重复出现的事件中发现和抽象出来一种思想体系和思维方式，是解决某一类问题的方法论，也即把解决某类问题的方法总结归纳到理论的高度（李伟，2017）。

4）有学者从经济现象出发，认为"模式"是一个复杂系统运行的基本形式和发展规律，通过对不断重复的事件进行观察和研究，提取和抽象出的一种思想体系，用理论、图示等方法表现出来，是可以被人们对比、参照和执行的（冯之浚等，2008）。

5）有学者从制度视角着眼，认为"模式"是在特定环境下，对各方面关系进行权衡之后，针对特殊问题得出的解决方案（秦海林，2007）。

6）有学者从经济学角度审视，认为"模式"是一个经济学的概念，是指某种经济形态的基本规定性、主要框架及运行原则等的理论概括（杨明，2001）。

7）有学者从研究层面观察，认为"模式"无非是类型、形态和形式，只是研究和分析的工具，是一事物的基本框架和基本规定性的概况（刘国光，1998）。

对比分析上述关于模式的概念和内涵可以看出，目前关于模式的解释还没有统一定义。部分学者认为模式是人们可以参考、比对或者照着做的基本形式或者标准样式；另一部分学者则认为模式是解决某一类问题或特殊问题的解决方案，或者是用理论图式抽象出来的基本规定性、主要框架、思维方式及发展原则。由此可见，模式具有多种内涵的规定性，可以是一种"样式""图式"，或者是一类"结构""体系",也可以是一种"解决方案""理论规则"。这些概念突出了模式是可以认识、掌握、模仿客观事物的范本,或是可以参照着做的相对固定的方案、规范或框架。

综上所述,本书认为,"模式"是指在一定思想指导下建立起来的由若干要素构成的,具有系统性、简约性、中介性、可效仿性和开放性特征的某种活动的理论模型和操作样式。本书研究的"模式",主要是指农业技术推广模式,尤其指高校农业技术推广模式。

2.1.1.2 农业技术推广

"农业技术推广"(简称"农技推广")是国外最早提出而被我国广泛使用的概念,内涵随着时代发展不断丰富。1847年,克拉伦顿伯爵提出了"农业技术推广"的概念,赋予其主要推广农业技术的内涵;中华人民共和国成立后,我国开始普遍使用"农业技术推广"概念,其意旨仍然主要在于推广先进的农业技术。1993年7月2日第八届全国人民代表大会常务委员会第二次会议通过的《中华人民共和国农业技术推广法》第一章第二条规定:本法所称农业技术推广,是指通过试验、示范、培训、指导及咨询服务等,把农业技术普及应用于农业生产产前、产中、产后全过程的活动。2012年8月31日第十一届全国人民代表大会常务委员会第二十八次会议修改的《中华人民共和国农业技术推广法》规定,农业技术,是指应用于种植业、林业、畜牧业、渔业的科研成果和实用技术,包括:良种繁育、栽培、肥料施用和养殖技术,植物病虫害、动物疫病和其他有害生物防治技术,农产品收获、加工、包装、贮藏、运输技术,农业投入品安全使用、农产品质量安全技术,农田水利、农村供排水、土壤改良与水土保持技术,农业机械化、农用航空、农业气象和农业信息技术,农业防灾减灾、农业资源与农业生态安全和农村能源开发利用技术,其他农业技术。由此可以看出,我国长期以来一直沿用的"农业技术推广"主要是指农业技术推广机构将现有农业科研成果采取符合实际的措施、手段或途径推广介绍给广大农民群众,使得农民群众在汲取最新科研成果与知识的基础上,实现增产与增收的活动(王慧军,2002),属于狭义的农业技术推广范畴。近年来,随着我国农业经济和农村社会的快速发展,科学技术对农村经济社会发展的支撑和引领作用日益显著。在农村,不仅农业经济需要技术推广服务,而且第二、第三产业和社会事业的发展也迫切需要科技服务。为适应这一趋势,我国政府文件中开始使用"农业科技推广""农村科技推广""农业科技服务""农村科技服务"等概念来补充说明和扩大丰富"农业技术推广"的内涵。

综上所述，本书认为，"农业技术推广"是在农业技术推广组织通过试验、示范、宣传、教育、培训、指导和咨询服务等方式将农业技术传授给农业经营主体，通过农业经营主体广泛应用于农业生产产前、产中和产后全过程的活动。本书研究的"农业技术推广"，主要区分为政府主导型农业技术推广和高校主导型农业技术推广。

2.1.1.3 农业技术推广模式

农业技术推广模式是指在既定区域宏观环境约束下，对推广的主体、客体和机制等存在方式和相应运转过程的综合体现，具体表现为某个国家或地区在农业技术推广中运用的策略方法、推广目标、推广内容及其组织结构和运行机制的总和。全球农业技术推广体系可分为六大类：①以政府农业部门为基础的农业技术推广体系；②以大学为基础的农业技术推广体系；③附属性的农业技术推广体系；④非政府性质的农业技术推广体系；⑤私人农业技术推广系；⑥其他形式的农业技术推广体系（顾虹，2007）。根据联合国粮食及农业组织（FAO）调查，以农业部门为基础的农业推广体系约占总数的81%，以大学为基础的农业技术推广体系约占1%，附属性的农业技术推广体系约占4%，非政府性质的农业技术推广体系约占7%，私人性质的农业推广体系约占5%，其他类型的农业技术推广体系约占2%。这说明以政府农业部门为基础的农业技术推广模式仍是当今全球农业科技推广体系的主体，以大学为依托的农业科技推广模式还在探索发展之中（刘少君，2006）。农业具有地域性，受农业属性影响，农业技术推广模式具有互异性，不同国家或地区的农业技术推广模式不尽相同，即使在同一国家或地区的不同区域，农业技术推广模式在细节上也不尽相同。我国农业技术推广模式由政府农业部门直接领导，各级政府分别设有负责组织、管理和执行推广工作的农业技术推广机构。例如，国家设立全国农业技术推广服务中心；省级政府设有省农业技术推广中心或者分设农业技术推广、植保、土肥、种子等总站；地（市）级设立农业技术推广中心或分设农业技术推广、植保、土肥、种子等站；县级设立农业技术推广中心；乡镇主要设立农业技术推广站（简称农技站）。在我国，政府及相关涉农机构农业技术推广的主体承担着社会公益服务和农业经济发展决策的职能。随着社会经济发展和科学进步，世界各国农业现代化水平和农民素质不断提高，对农业技术推广提出了更宽、更广的要求，农业技术推广模式也面临着新的挑战和改进，因而各国都在不遗余力地发展和完善农业技术推广模式。

综上所述，本书认为，"农业技术推广模式"是科技推广模式的特殊形式，是指在兴农强农理念指导下，农业技术推广组织根据农业发展规律、技术发展规律和农业产业时代需求，为农业产业构建的较为稳定的科技应用结构及其运行方式和运行机制的总称。本书研究的"农业技术推广模式"，主要区分为政府主导型农业技术推广模式和高校主导型农业技术推广模式。

2.1.1.4 高校农业技术推广模式

高校农业技术推广模式是指高校把科研产出中各种有推广价值的研究成果、先进的农业经营理念、农业新技术、科学的管理方法等传播给农民，并促使农民自愿采纳，从而推动农村经济、社会进步的农业服务范式。高校农业技术推广模式促使高校科研技术人员面对农技需求人员进行最直接的交流和指导，有效避免了沟通过程中出现信息误导和疏漏现象。美国是高校主导农业技术推广实践的先导，始于19世纪中后期。1897年，美国康奈尔大学通过并宣读了主题为《关于由农学院安排的大学推广工作应如何开展》的论文，论文介绍了该校在纽约开展的农业技术推广实践工作，对农业技术推广的进一步深化产生了积极作用。目前，我国已有许多农业类高校参与到农业技术推广工作中，并且在实践探索中形成了多种各具特色的农业技术推广样式。例如，四川农业大学直属的新农村发展研究院（简称"农发院"）创建了以农业科技服务、农业社会化服务、农业品牌服务和农村金融服务四大服务为支撑的"1+4"新型农业技术推广及经营样式（黄家章，2012）；南京农业大学以科技扶贫、送物下乡、大学生社会实践等"科技大篷车"活动的形式送科技到农村，通过开展科技讲座、现场咨询指导、召开座谈会等方式服务地方农村经济发展，形成了科教兴农的新样板（汤国辉，2001）；西北农林科技大学围绕不同区域主导产业设立农业试验示范站/基地，形成了以农业试验示范站/基地为载体、以多层次科技培训和多渠道信息服务网络为两翼的"一体两翼"科技推广新范式（何得桂，2012；穆养民等，2005）；湖南农业大学推陈出新，创建新型农业技术推广服务方式——"双百"科技富民工程，由学校各学科领域知名专家教授牵头组建科技服务小组，服务全省种植、养殖和加工业专业户，以及农民专业合作组织和涉农企业，覆盖全省各县市（刘纯阳等，2006；祖智波等，2008）。2015年，为落实中央"一号文件"精神，创新农业技术推广机制，农业部与财政部组织涉农院校开展重大农技推广服务试点工作（以下简称"试点工作"），选择河北、辽宁、江苏、安徽、福建、河南、湖北、广东、重庆和陕西等10省（直辖市），依托中国农业大学、南京农业大学、华中农业大学等9所高校和中国农业科学院等6所科研院所开展重大农业技术推广新机制试验试点。试点工作旨在通过支持建立"科研试验基地+区域示范基地+基层推广服务体系+农户（企业）"的链条式农技推广服务新模式，鼓励高校学科专家到农村一线从事农技推广工作，推动农业技术创新与农业技术推广有机结合，促进高校农业技术服务与农业产业需求、高校专家团队与基层农技推广体系有机衔接，探索建立科技成果快速转化为生产力的新机制，有效提升农业科技贡献率。

综上所述，本书认为，"高校农业技术推广模式"是农业技术推广模式的特殊形式，是指在农业科技快速升级更新的趋势之下，高校以兴农强农为指导理念，根据农业发展规律、技术发展规律和农业产业时代需求，面向农业产业构建的较为稳定的科技应用结构及其运行方式和运行机制的总称。本书研究的"高校农业技术推广模式"，主要与政府主导型农业技术推广模式相区分。

2.1.1.5 农业技术推广模式重构

在传统农业生产过程中，民众没有充分认识到农业科学技术对农业产业发展的重要作用。现代农业技术推广不仅加深了农民对科学技术之于农业生产的重要性认知，也加强了他们对于农业技术问题的识别和分析，从而引导他们对相关问题提出诉求，及时改进和解决。现阶段，我国高校对于农业技术推广的作用并没有达到理想效果，现行政府农业主管部门主导的农业技术推广模式并不能满足农业产业及其经营主体对农业技术的需求。与美国相比，我国农业高校的农业学科与专业设置相对陈旧，不适用的农业学科淘汰困难，而新兴农业科学发展又比较缓慢，跟不上国际农业新科技革命迅猛发展的潮流；农业教育、农业研究与农业技术推广应用脱钩，农业科研目标与产业市场需要相悖，农业科研部门课题的产业针对性差，科学研究目标落后于产业需要，研究领域课题重复现象严重，研究成果难以转化为实际应用，无法满足新时期条件下农村农业经济全面发展的要求；基层农技推广单位创新技术和解决问题能力短缺，对农业新技术认识和把握不足，反馈农业技术信息不及时不准确。针对农业技术落后、农业技术研究与应用脱钩这一现状，重构农业技术推广模式是当前我国农业技术推广面临的迫切任务。高校农业技术推广模式重构，不是对国家现行农业技术推广体系的颠覆和替代，而是对国家现行农业技术推广体系的完善和改进。

综上所述，本书认为，"高校农业技术推广模式重构"是指高校面对农业科技快速升级更新的趋势和我国农业现代化的技术需求，充分利用自身人才、科技和服务集于一体的优势，勇担补齐国家农业现代化"短板"的重任，改革以往淡于农业技术推广的传统和弱项，面向农业产业构建稳定的农业技术研发、试验、示范、宣传、教育、培训、指导和咨询等服务结构及其运行方式。本书研究高校农业技术推广模式重构,旨在构建高校主导型农业技术推广模式,发挥高校促进我国农业现代化的最大作用。

2.1.2 高校农业技术推广重构模式的特征

高校农业技术推广重构模式是指本书构建的高校主导型农业技术推广模式,与现行政府主导型农业技术推广模式相区别。高校农业技术推广的重构模式既体现了高校自身的优势特征,又将展示出未来构建的农业技术推广特色。

2.1.2.1 产教一体性

产教一体性是指高校主导型农业技术推广模式在农业技术推广过程中将农业产业与农业教育融为一体,产中施教,以教促产。农业技术研发、教育和推广一体化被人们称为"产学研融合",是高校主导型农业技术推广模式的显著特点。重构的高校主导型农业技术推广模式一反当前高校农业技术推广弱化局面,克服当前高校重论文科研、轻实践教学,农业人才培养与农业产业实践"两张皮"的弊端,面向农业产业融合育人、科研和推广三大职能。高校产教一体即农业教育、科研和技术推广一体化,有利于农业人才在农业实践和产业发展中成长,提高人才培养质量;同时缩短科研成果推广路程,提高农业技术推广效果,保证农业科技知识迅速传播,及时解决农业和农村经济结构调整中的技术困境,更好地满足农民需求,加快农业现代化步伐。产教一体性是高校主导型农业技术推广模式的特性,是农业产业与农业教育结合的体现。目前,农业科技最为发达的美国、荷兰等国家都采用农业教育、农业科研和农业推广一体化的农业技术模式。这一模式有利于聚集最为优秀和最具创新力的农业科技人才产生最新农业先进技术,进而最快速度地将最新农业先进技术变现为农业生产力并推广开来。

2.1.2.2 创新永续性

创新永续性是指高校主导型农业技术推广模式富有创新活力和潜能,能够保持永不衰竭地持续创新。高校主导型农业技术推广模式的主体是高校,拥有最具创新活力和创新潜能的青年才俊。富有创新活力和创新潜力的高校师生是农业技术的创新之源,一届又一届源源不断的师生将带来取之不竭的创新技术。

随着农业结构调整的深入,原有的农业技术推广体系已经不能适应新形势下农业产业对农业技术的需求,不能满足农业产业对农业技术更新的需求,要求农业技术推广体系"产(生产或研发)推(推广或应用)合一"地生产和推广农业先进技术，加快农业技术更新步伐加快。美国、荷兰等发达国家的农业现代化历程昭示，现代农业技术推广必须依靠科技进步，加大对农业关键技术的攻关力度，加快新技术、新产品、新材料推广，积极支持循环经济重大项目建设，加大农业技术创新投入和新型技术人才培养。高校主导型农业技术推广模式具备创新资源和创新优势，能够保持持续创新动力，不断产出创新技术。

2.1.2.3 资源集聚性

资源集聚性是指高校主导型农业技术推广模式本身具有教育、科研和服务三大功能，集聚了教育力量、科研力量和推广力量等农业技术推广所需资源，并且这些资源可以实现自我供给，循环发展。高等院校既是现代农业人才的培养基地，也是现代农业科技的重要力量。农业高校作为农业技术创新的主导性力量，凭借深厚的历史积淀、坚实的科研基础、丰富的人才资源和完善的培育体系，在现代农业技术推广中发挥着不可替代的技术供给和技术扩散作用。高校不仅本身集聚了农业技术推广的必须性资源和循环性资源，而且通过高校主导型农业技术推广模式把学校、社会和政府系统的农业技术推广力量聚合在一起，实现了农业技术推广资源最大化配置。资源集聚有利于高校解决农业教育、农业科研和农业技术推广彼此脱节的问题，形成三者之间良性循环关系，及时解决农业和农村经济结构调整中的现实困难，更好地满足农业经营主体需求（聂海，2006）。

2.1.2.4 推广高效性

推广高效性是指在高校主导型农业技术推广模式下，高校可以将自身研发的农业技术成果通过试验、示范之后便向农业经营主体推广，除去了现有技术推广模式中将技术交付给专门推广组织进行推广的烦琐，减少了技术传递的环节，节省了技术传递的人力，保证了技术理解和运用的准确度，并有利于形成技术应用的反馈回路，增强解决技术问题的针对性，大大提高了技术推广的效率和效果。农业技术推广旨在把科研成果、实用技术快速推广到农业生产中使用，培训、试验、指导、示范、咨询等是常见的农业技术推广方法。作为农业生产的重要组成部分，农业技术推广模式对农业技术应用、推广和创新的效率至为关键。高校主导型农业技术推广模式中的农业技术大都由高校自身生产和供给，技术持有者和技术传播者合二为一，可以大幅缩短农业技术从研发到传递给农户的时间跨度，提升科研成果转化率和农民接受度，提高农业技术传播的实际效果。

2.1.2.5 目标多样性

目标多样性是指高校主导型农业技术推广模式除了将最新农业技术快速传播给农业经营主体并为其所用外,还具有通过主导农业技术推广活动培养农科人才、提高农业人才培养质量,实现农业科研与农业生产对接、提升农业科学技术研究质量,以及帮助规划农业农村发展、指导农民后代健康成长等多样化目标。高校是现代社会的特殊组织,是社会现代文明的化身。高校农业技术推广担负着培养农科学生、开展农业科技研究、传播农业科研成果等多重任务,这使得高校主导型农业技术推广模式具有目标多样性的特点。

农业技术推广是一个发展的概念,美国农业技术推广已经从19世纪单一的农业技术推广扩展为对农业、农村、农民的科技推广,从注重促进农业发展转向更多方面地促进人的发展,"农业技术推广"也更多地用"农业推广"表达。当前,我国农业和农村经济不断发展,农业科技不断进步,对农业技术推广工作提出了新的更高要求。留在农村的农民不再满足于生产技术和经营知识这样的一般指导,而有了更广泛的需求,期盼得到科技、管理、市场、金融、家政、法律等多方面的信息、咨询服务和直接帮助。农业经济的发展也使得农业经营者需要更新的农业技术,以促进农业产业不断升级。近年来,我国农业技术推广的对象在农民群体的基础上扩大到由农业经营户、农村基层组织和农产品消费者等潜在需求者构成的社会系统,农业技术推广已不再是专门为农民群众提供农业技术服务的专项内容,产学研的社会需求、高新技术普及和国家农业推广的导向不断推动着农业技术推广向多样性范围拓展。面对农民的需要和社会的需求,高校主导型农业技术推广模式因目标多样性而将日益受到人们的欢迎。

2.2 高校农业技术推广模式重构的依据与理论

高校农业技术推广模式由来已久,在中外农业现代化发展史上均产生过重大推动作用。我国高校重构农业技术推广模式既需要面向时代及未来的新趋势和新需求,克服现有不足,借鉴成功经验,又需要参照学界揭示出来的农业技术推广相关理论和规律,遵循科学,顺势而为。

2.2.1 高校农业技术推广模式重构的现实依据

当前,产教"两张皮"已成为制约我国农业高校发挥社会作用的最大问题,农业高校亟须合法合理地面向产业谋求高质量发展。同时，农业现代化"短板"是我国实现全面现代化亟须解决的迫切问题，建设社会主义强国需要先使农业变强。我国高校重构农业技术推广模式是破解农业高校发展困境和农业现代化困境的有效方式，是时代科技发展趋势使然。

2.2.1.1 农业产业转型的时代需求

改革开放后，我国通过引进新技术、新产品，推进了农业快速发展。但是，我国农业存在过分依赖外来技术、轻视农业科技研发的问题，造成农业科技研发水平不高、农业技术水平落后，制约了农业转型升级步伐。据中国科学院农业现代化研究中心研究，我国农业现代化水平比世界发达国家平均落后了100年，仅是国内工业现代化水平的1/10。没有农业农村的现代化，就没有国家的现代化。没有乡村的振兴，就没有中华民族的伟大复兴。面向未来，我国农业发展要以实施乡村振兴战略为总抓手，以推进农业供给侧结构性改革为主线，以优化农业产能和增加农民收入为目标，以保护粮食生产能力为底线，坚持质量兴农、绿色兴农、效益优先，加快转变农业生产方式，推进改革创新、科技创新、工作创新，大力构建现代农业产业体系、生产体系、经营体系，大力发展新主体、新产业、新业态，大力推进质量变革、效率变革、动力变革，加快农业农村现代化步伐。当前，我国农业进入高质量发展阶段，要按照高质量发展的要求，推动农业尽快由总量扩张向质量提升转变，唱响质量兴农、绿色兴农、品牌强农主旋律，加快推进农业转型升级。我国农业产业转型升级的关键是研发系列先进技术，核心是拥有一套研发、示范和使用一体化的农业技术推广体系。传统农业技术推广将农业技术推广给农民，促使农民将农业技术运用到农业生产中。然而，传统农业技术推广体系只是专门承担农业技术推广工作，并不具备研发和生产农业新技术的功能，一定程度上只是起到上传下达的协调作用，对农业技术的促进程度十分有限。我国农业产业转型升级呼唤我国重构一个既能研发和生产农业先进技术，又能快速将农业先进技术传递给农业经营主体的农业技术推广体系。这样一个农业技术推广体系，高校主导无疑既有农业人才和农科专业方面的优势，又有办学历史和科教兴农方面的声望。

2.2.1.2 涉农高校发展的内在需要

目前，我国农业高校中尽管有个别院校农业科学排名居于世界前列，但整体排名还比较靠后。我国农业科学研究在发表论文数量和被引次数方面虽然逐年攀升，但原创性重大科研成果仍然较少。尤为严峻的是，我国农业科学研究虽然在当下全球有限几个大学及科研机构排行榜的指标体系下排名不算落后,但切实推动农业产业发展的科研成果为数不多,农业科研与农业产业、农业教育与农业实践"两张皮"问题突出。当前,我国农业高校教师的主要职能定位仍是教书育人和科学研究,从事高等农业教育的教师与农业产业实践不挂钩,对农业产业实践问题的认知和体验不深,人才培养很大程度局限于书本和实验室,科学研究的实践问题导向差,成果多停留在发表论文层面。由于农业高校的人才培养与农业产业匹配度不高,培养的人才难以适应和引领农业产业发展;科学研究没有贴近农业产业发展急需的"真问题"进行破解,对制约农业现代化的种质资源、农产品质量、农产品品牌、农业产业化、农业机械化及信息化等方面的"卡脖子"技术聚焦和攻关不足。除承担国家相关农业科技服务专项外,农业高校对农业产业的社会服务主要目的在于满足学生实习和教师科研的需要。尽管一定程度地促进了农业产业发展,但农业高校将人才培养作为核心目标,服务农业产业旨在让学生得到实习机会,使教师获得一些科研数据和服务经历,不以促进产业发展为使命。作为农业科技的来源地和指导者,农业高校没有将促进农业产业发展和农业现代化作为自己的第一要务和核心职责,未能全力以科技促进农业产业发展和农业现代化进步。由于没有与产业进步的实际效果联系起来,农业高校的社会服务对农业产业发展发挥的促进作用较小。为了提高我国农业人才的培养质量和国际竞争力,充分发挥农业高校在农业产业进步中的作用,我国亟须重构农业技术推广模式,让农业高校从生产的幕后走向产业的前台。黄国祯教授在《涉农高校应成农技推广生力军》一文中指出,农业高校应首先着力解决农业技术推广的"最先第一步",重点发挥科研优势,提供强有力的技术支持;接着要利用人才和平台优势,促进先进技术传播,打通农业技术推广的"最后一公里"。[①]

2.2.1.3 现有推广政策的趋势指向

中国共产党一直坚持把解决、完善农业、农村、农民问题作为全党工作的重中之重,高度重视农业技术改革,不断加强农业技术推广创新。从原有制度设计看,我国农业产业发展主要依赖政府农业部门及其所辖农业技术推广队伍来推进,仅将农业高校作为人才的重要来源和科研的有益补充。2000年以来,农业高校从原农业部或地方农业厅划归教育部或地方教育厅管理。归属教育系统管理之后,农业高校在规范办学、教书育人、学科建设等方面成效显著,但与农业产

---

① http://news.sciencenet.cn/htmlnews/2012/5/263723.shtm.

业愈行愈远。目前，以乡村振兴为中心的农业产业归属农业农村部（厅、局）及各级政府，主要依赖农业农村部门管理的农业技术推广人员和各级政府管理的农业科学院所提供农业科技支撑。现有管理体制使得农业高校与农业管理部门各自为政，农业高校中教农不务农、研农不为农现象较为普遍。随着科技发展和农业进步，我国逐渐认识到了农业高校对农业技术推广的作用，颁布了一系列文件鼓励和支持农业高校在农业推广过程中发挥骨干作用。2005 年中共中央 1 号文件指出，发挥农业院校在农业技术推广中的作用，积极培育农民专业技术协会和农业科技型企业。2006 年中共中央 1 号文件提出，鼓励各类农科教机构和社会力量参与多元化的农技推广服务。2008 年中共中央1 号文件提出，调动各方面力量参与农业技术推广，形成多元化农技推广网络。2012 年中共中央 1 号文件要求引导科研教育机构积极开展农技服务，"引导高等学校、科研院所成为公益性农技推广的重要力量，强化服务'三农'职责，完善激励机制，鼓励科研教学人员深入基层从事农技推广服务。支持高等学校、科研院所承担农技推广项目，把农技推广服务绩效纳入专业技术职务评聘和工作考核，推行推广教授、推广型研究员制度。鼓励高等学校、科研院所建立农业试验示范基地，推行专家大院、校市联建、院县共建等服务模式，集成、熟化、推广农业技术成果。"这些文件不断深化了高校在农业技术推广体系中的地位和作用，对于我国农业技术推广模式重构具有重要导向作用。

2.2.1.4 国外成功做法的历史昭示

世界农业技术推广工作起步于美国、欧洲和其他发达国家，其模式体系建设随着工业革命发展而不断改善。19 世纪 60 年代以来，为改造与国内工业化不相匹配的传统农业，美国通过《莫里尔法案》（又名《赠地学院法》，1862 年）、《哈奇法案》（又名《试验站法》，1887 年）、《史密斯法》（又名《合作推广法》，1914 年）等系列法案，确立起各州以农业院校或州立大学农学院为主导的农业教育、科研和推广一体化的农业科技支撑体系。农学院院长兼本州农业推广站站长，农学院教师肩负一定比例农业推广职责，本州农业推广人员由农学院遴选和管理。各州农业推广经费主要由联邦、州和县分担，县农业推广机构为州推广站的派出机构。美国农业部农业研究局下设的国家农业重点实验室基本依托大学而建，人员参与大学工作，经费由农业部支付。美国的这一体制延续至今，使美国成为世界农业科技成果推广应用率最高、农业最发达的国家。1997 年，为适应和促进农业产业新发展，荷兰政府将瓦格宁根农业大学与农业、自然管理和渔业部管辖的所有农业研究院所合并，成立荷兰瓦格宁根大学和研究中心（简称 WUR），集"基础研究、战略研究和应用研究"为一体，致力于推广农业科研成果，为全球高产优质农业服务。其中，原瓦格宁根大学专业人员主要从事基础研究，原农业部所属研究院所专业人员主要从事战略研究，原农业部所属研究试验站专业人员主要从事应用研究。新成立的 WUR 打破了原来各自为政的体制，形成了与产业发展齐头并进的教育、科研和应用融合体系，不仅使荷兰农业研究国际领先，农业科学近年稳居世界高校第一，而且使其农产品、食品加工和花卉产业竞争力全球领先。借鉴美国和荷兰农业技术推广经验，我国亟须构建高校主导的农业技术推广体系。

2.2.2 高校农业技术推广模式重构的理论基础

高校农业技术推广模式重构既需要管理与生产力关系的相关理论作支撑，又需要农业技术推广体系的组织理论作参照。本书试从已有的组织管理理论、传统农业改造进化理论、现代农业科技应用理论和农技推广模式演进理论中寻求展开研究的理论依据。

2.2.2.1 管理与生产力关系理论

管理作为组织与调节人类共同劳动的活动和生产组织形式，与生产力相互渗透，密切关联。美国科学管理之父——弗雷德里克·温斯洛·泰勒（Frederick Winslow Taylor，1856—1915）认为，科学管理的中心问题是提高劳动生产效率。泰勒采用观察、记录、调查、试验等手段分析寻求科学管理方法，认为为了提高劳动生产率，组织必须为工作挑选"第一流的工人"，实行刺激性的计件工资报酬制度；工人和雇主两方面都必须认识到提高效率对双方有利，来一次"精神革命"，相互协作，为共同提高劳动生产率而努力。

管理与生产力的关系理论观点主要有：①管理产生于共同劳动中生产力要素结合的内在要求。管理是从人类共同劳动中分化出来的，形成了独立的功能，对生产实践有着明显的依附关系。这种依附性突出表现在，无论管理的功能、要素还是管理结构的性质都是由生产力的性质与状况所决定。②管理对生产力的形成和发展起着不可取代的重要作用。管理通过组织与调节功能，使生产力诸要素实现合理的结合。管理将生产力诸要素结合为一个与外界环境保持着和谐关系的协调运行的有机整体，使潜在生产力得以实现。随着生产力水平的提高，生产力诸要素的复杂多样化，分工协作结构的细密化，管理的结合作用越来越重要。③管理可以使潜在生产力转化为现实生产力，还可以使生产力得到放大与创新。虽然管理不能直接生产物质产品，但它使生产力形成整体能力，从而产生出新量与新质，其作用是任何其他因素无法取代的。

李平心教授认为，"生产力性质乃是在一定历史阶段生产力的物质技术属性与社会属性的总和"，因而"区别各种不同社会经济形态的生产力性质，不仅要从它们的物质技术属性考虑，而且要从它们的社会属性考虑"（李平心，1959a）。生产力具有二重性质：每一个社会的生产力体系的组成，一方面必须依靠许多必要的物质技术条件，这就使它带有适合当时生产需要的物质技术属性；另一方面必须依靠许多必要的社会条件，这就使它带有体现当时劳动特点和生产社会结合的社会属性。生产力包含人力与物力两组基本要素，即使用生产资料进行物质生产的劳动者和借助于劳动在生产中发挥作用的生产资料（包括劳动资料和原料，天然劳动对象只是可能的生产力因素）；人的劳动和生产资料的结合使社会生产成为有规律性的统一过程。社会生产力的性质与水平在很大程度上取决于这种结合的量度和方式，它们制约和推动社会生产关系，而生产关系又经常反作用于生产力的性质与水平（李平心，1959b）。

目前，我国农业生产力达到了一个新的历史水平，正在推动农业产业不断更新升级。从管理科学看，管理就是生产力。当前农业生产力的蓬勃发展现状要求我国实施与之匹配的管理方式，以高校主导农业技术推广模式予以进一步激发。本书构建高校主导型农业技术推广模式，将充分遵循和应用管理与生产力关系理论。

2.2.2.2 传统农业改造进化理论

1964年，西奥多·舒尔茨在所著的《改造传统农业》一书中提出了著名的传统农业改造理论：传统农业贫穷而低效；要想转变传统农业，就必须向农业提供现代投入品，对农民进行人力资本投资。基于此，舒尔茨提出了人力资本投资理论，指出人力资本投资是促进经济增长的关键因素，而彻底改造传统农业必须引进新的现代农业生产要素。

舒尔茨认为，每个国家都有农业部门，不少发展中国家的农业甚至是最大的部门，农业完全可以成为经济增长的源泉；但现实恰恰相反，农业已经成为大多数发展中国家经济发展的障碍。他研究认为，农民在传统农业中是无法对经济发展做出贡献的，唯有现代化的农业才能成为经济发展的源泉；如何通过投资，把弱小的传统农业改造成为一个高生产率的经济部门是农业现代化的关键问题。舒尔茨分析出传统农业有三个基本特征：①技术状况长时期保持不变，即传统农业中生产要素的供给不变，农民所使用的生产要素和技术条件基本不发生变化；

②获得收入和持有收入的来源与动机长期内不发生变化，即传统农业中生产要素的需求不变，农民没有增加传统使用的生产要素的动力；③传统生产要素的供求由于储蓄为零而长期停滞。他同时指出：发展中国家不可能通过有效配置现有的农业生产要素来大幅度增加农业生产；各国农业对经济增长的作用的巨大差别主要取决于农民能力的差别，其次才是物质资本的差别，而土地的差别最不重要；只有农民改造先辈遗留下来的传统农业，在有投资刺激条件下的农业投资才是有利的。

舒尔茨提出，改造传统农业的关键是要引进新的现代农业生产要素。一要建立适合传统农业改造的制度和技术保证，运用以经济刺激为基础的市场方式，通过农产品和生产要素的价格变动来刺激农民；可通过所有权与经营权合一的，能适应市场变化的家庭农场来改造传统农业。舒尔茨认为，农业生产力的来源可以分成两部分：一部分是土地、劳力、资本，另一部分是技术变化，而技术变化已成为实际收入的重要来源，并且还在改变着其他生产要素在农业生产中的最优投资比例。二要从供给和需求两方面为引进现代生产要素创造条件，通过有效的非营利方法引进外国资本和外国技术，然后鼓励农业推广站所去有效地推广和分配新要素。三要对农民进行人力资本投资，使农民获得新要素的信息后学会如何使用新要素。舒尔茨认为，引进新的生产要素，不仅要引进杂交种子、机械这些物的要素，还要引进具有现代科学知识、能运用新生产要素的人；历史资料表明，农民的技能和知识水平与其耕作的生产率之间存在着显著的正相关关系，因此必须对农民进行包括教育、在职培训及提高健康水平等在内的人力资本投资。

当前，我国农业现代化水平依然很低，仍然面临着传统农业改造的问题。改造传统农业，我国要借鉴舒尔茨的传统农业改造理论，构建高校主导的农业技术推广体系，一方面大力向传统农业引进先进技术等现代农业生产要素，另一方面通过高校的系统化职业教育提升新型职业农民的人力资本。

2.2.2.3 现代农业科技应用理论

推动科学技术应用于农业生产是农业技术推广的直接目的，也是高校主导型农业技术推广体系建设的主要行为指向。我国建设高校主导型农业技术推广体系要充分认识科技发展的规律，遵循科技应用的相关理论。

其一，创新扩散理论。任何一项创新技术都以某种形式存在于社会之中，对经济社会发展产生直接或间接、近期或远期的影响。创新扩散是指创新技术在非人为意识因素的作用下，以某种方式、向某些地区实现的自发转移，它强调了或者侧重于人的非意识作用，突出了技术的自我扩散，凸显了由于技术的自我吸引力而导致的创新源区以外各类主体的自愿需求和自觉获取。关于创新扩散的研究源于1903年法国社会学家Gabriel Tarde对于100种技术90%被人们遗忘现象的探讨，20世纪60年代美国学者罗杰斯（E. M. Rogers）提出了一个关于劝服人们接受新观念、新事物、新产品的理论——创新扩散理论，该理论又被译成创新传播理论、创新散布理论、革新传播理论等。学者们认为，创新扩散是一个复杂的社会经济过程，受到诸多外部环境和内部条件的制约与影响，是在多种不同的社会因素、多个不同类型的社会组织相互影响与相互作用中进行运作的，其运行过程要经历若干相互联系又相互作用的阶段。1962年，罗杰斯在出版的《创新的扩散》一书中介绍了他研究农民采用杂交玉米种子这一创新过程时的发现，农民开始采用的时间与采用者人数之间的关系曲线呈常态分布曲线。他采用数理统计方法计算出了不同时间的采用者人数的百分比，并根据采用时间早晚把不同时间的采用者划分为"创新先驱者""早期采用者""早期多数""后期多数""落后者"等五种类型。创新的扩散可以是由少数人向多数人的扩散，也可以是由一个单位或地区向更多单位或地区的扩散。新技术在农民群体中扩散的过程也是农民的心理、行为的变化过程，是"驱动力"与"阻力"相互作用的过程。当驱动力大于阻力时，创新就会扩散开来。研究表明，典型的创新扩散过程具有明显的规律可循，一般要经历突破、紧要、跟随和从众四个阶段（黄天柱，2007）。创新扩散理论的主要观点有：①农业科技成果的传播和扩散有内在的规律——起初采纳率很低，以后逐渐提高，然后再下降终结；②不同农产品的农业新技术在扩散过程中存在一定差异，但农技推广者要高度重视采用率较低的技术初生阶段，推进技术传播；③农业科技成果扩散既是一个技术的传播过程，也是一个农民思想和行为发生变化的过程。

其二，行为改变理论。行为科学研究表明，人的行为是由动机产生，动机则是由内在的需要和外来的刺激引起的，因此人的行为是在某种动机的驱使下达到某一目标的过程。当一个人产生某种需要尚未得到满足，就会引起寻求满足的动机。在动机的驱使下，个体产生满足需要的行为并向着能够满足需要的目标行进。当行为达到目标时，个体的需要就得到了满足。这时，个体又会有新的需要和刺激、引发新的动机，产生新的行为……如此周而复始，永无止境。美国心理学家马斯洛（Abraham Harold Maslow）1943年提出需要层次理论，把人类的需要划分为五个由低级到高级呈梯状排列的层次，即生理需要→安全需要→社交需要→尊重需要→自我实现的需要。在一般情况下，人们先追求低层次需要的满足，再追求较高层次的精神需要。在农业科技成果转化活动中，农民的科技化是指农民对农村科技思想上接受、行动上运用、目标上创新的过程。农民在采用创新技术时,有动力也有阻力,动力大于阻力农民采用,反之,则拒绝采用。农民行为的改变具有很强的层次性,包括认识的改变、态度的改变、技能的改变、个人行为的改变、群体行为的改变、环境的改变。有学者按照农户对新技术采用的时间顺序将农户分为三类:技术率先采用者、技术跟进采用者和技术被迫采用者。随着农户对新技术的采用,某项新技术从最初率先采用者(或采用地区)向外传播,扩散给越来越多的采用者(或地区),新技术得到普及应用,最终促成农业技术进步。这一过程在社会经济生活中具体表现为:增加农产品供给,进而降低农产品价格,使广大消费者受益,即农户不断采用新技术→农产品产出增加→农产品价格下降→寻求新的技术……它构成了农业技术革新变迁的循环往复和阶梯式递进过程。经济学家将在利润的驱使下,农户率先采用新技术和后继者被迫也采用新技术,结果使供给曲线发生移动从而消除了新技术带来的超额利润的现象称为"农业踏板"。之所以称它为踏板,是因为在市场竞争中农户只有不断地采用新技术,才能实现利润最大化。不采用新技术的农民,则要承受亏损甚至面临被淘汰的风险。农业技术更新并不意味着降低所有农民的收入,只是降低了那些没有采用新技术的农民收入。这一现象反映了市场经济条件下,农民在农业技术采用、扩散与革新过程中的行为选择。这一过程中,农民行为选择表现出以下特点:第一,市场经济条件下农民采用新技术出于自主自愿的判断和选择,是在既有动力又有压力的市场驱动机制下完成的。市场对技术率先采用者给予较高的技术投资回报和利益激励,而对跟随采用者和未采用者给予竞争压力,逼迫其也要及早采用新技术,进而促进了农村社会的农业技术进步。第二,农户是否迅速、有效地采用新技术取决于农民的接受能力、采用新技术的预期增产效果和预期风险及新技术推广服务组织的状况等多种因素,农户采用新技术的均衡点是其边际成本等于边际收益。每种农业新技术都有自身特性,这些特性直接影响农户对技术的采用速度。第三,在农地产权流转和土地规模经营条件下,农户采用新技术更具竞争性。随着农业新技术的扩散,率先采用新技术的农业经营盈利者将兼并那些稍后或根本不采用新技术的农业经营亏损者,促进农业生产经营要素优化配置。不能适应新技术要求的农户将最终退出农业生产,转营其他。农业生产经营者最终集中于懂技术、会管理的农业企业家群体,促使农业生产者的素质大大提高,优化了不同技术条件下农业生产的经营规模,使其能够达到新技术采用的最佳规模点(周衍平和陈会英,1998)。行为改变理论的主要观点有:①农民的科技化既是农民接受农村科技的行为改变过程,也是农民对农村科技的认识转变过程和目标创新过程——率先采用新技术的农户获得最大收益,迫使其他农

| **2** | 高校农业技术推广模式重构的理论基础

户也相继采用新技术,最终实现农业技术更新换代;②始于农民内在需求的农民科技化是持久的科学化,农民在科技化过程中能够运用自身的内在力量推动科技化发展,并且带来农村生产经营要素的优化配置;③农民采用新技术需要一定的自身素质和外部条件,外在的刺激是农民科技化的重要条件,个体的学习与素质状况是农民科技化的关键因素。

其三,内源发展理论。从20世纪90年代起,在欧美国家中已经发展了70年之久的农业推广(Agriculture Extension)学科逐渐被"沟通与创新"(Communication and Innovation Studies)学科取代,"推广"内涵发生了重大改变。"沟通与创新"指的是"与农民交流和沟通的理论与方法,以及农民采用技术的过程",创新是农民认识技术、选择技术,并在技术采用过程中对技术进行应用、调试及改造的过程。新的推广理念和思想确立了农民在技术选择和技术采用交流中的主导和平等地位,不同于传统推广只是一味地强调和考虑技术因素,而忽略了社区内众多非技术因素,仅仅将农民作为被动接受者的角色。农业推广理念的转变受到内源发展理论(Endogenous Development)的支撑。该理论认为农村社区发展的力量主要源自社区内部,来自社区的主体——农民,农民是农村社区发展的内在动力;农民获取农业技术是一个主动过程,即农民根据自己生产、生活的需要而主动寻找技术并采用技术,动力来自自身;农民对生产生活环境具有独到的认识,拥有相当丰富的"乡土知识"(Indigenous Knowledge),即基于本土的生存技能和发展策略;农民在农村和农业发展中具有极大潜能,不能仅将农民看作被动的发展对象;政府农技推广体系应主要提供服务,即根据农民的需要提供咨询服务。这种理论严重冲击了传统的农技推广观念,直接影响到了一些国家的农业推广体系建设。例如,英国的农业推广体系由原来的NAAS(National Agricultural Advisory Service,国家农业咨询服务系统)转变为ADAS(Agricultural Development and Advisory Service,农业发展及咨询服务系统),突出强调以"用户——农民"为导向的咨询服务意识,大力拓展农业推广的服务范围,使农业咨询服务不仅包括农业技术本身,而且包括市场信息、营销、农户或农场生产设计、财务管理等方面的内容(苑鹏和李人庆,2005)。内源发展理论的主要观点有:①事物发展的动力源于事物内部,农民是农村社区发展的主体,是农村科技进步的真正动力;②农村科技推广既要强调和考虑技术因素,更要重视农村社区的非技术因素,注重农民的需求、兴趣、生存和发展;③多方面为农村群众服务,通过主动与农民交流和沟通,激发农民认识技术、选择技术,并在技术采用过程中进行改造和创新。

农业技术推广从传播创新技术到改变农民行为,再到驱动内源发展力量,是一个富有内在逻辑和伦理关系的科学进程。本书构建高校主导的农业技术推广体系，将遵循创新扩散理论、行为改变理论和内源发展理论展开，并运用这三个基本理论改进现有高校农业技术推广中的弊端，完善高校农业技术推广的程序逻辑。

2.2.2.4 农技推广模式演进理论

农技推广模式因主导组织不同而不同，农技推广模式的演变实质上就是农技推广组织的演变和更替。埃哈尔·费埃德伯格（2005）指出，市场是社会建构的产物，它需要组织，甚至需要数量相当繁多的组织，才能满足其运行的要求。阿尔弗雷德·马歇尔（Alfred Marshall，1890）认为，生产要素通常分为土地、劳动和资本三类，而资本大部分由知识和组织构成；知识是最有力的生产动力，组织则有助于知识的发展，我们"有时把组织分开来作为一个独立的生产要素，似乎最为妥当"。纵观社会历史，人类就是在群体中生存，在组织中进化的。人类的产生与演进就是一部组织发展的历史，是组织从低级到高级、从愚昧到科学的过程。农技推广的内容是农业技术，形式是服务体系。农技推广服务体系建设是追求组织民主、高效的过程，是管理科学化的探求。

法国组织学家埃哈尔·费埃德伯格（2005）认为，社会中"任何集体行动，无论其形成多么短暂，至少都会生产出一些最低程度的组织。任何集体行动，迟早都会产生正式化组织的中心点位，围绕这一中心点位，某种利益可以将他们动员起来，并且把他们组织起来"。美国组织学家卡斯特和罗森茨韦克（1985）认为，人类的历史就是一部社会组织发展的历史；对人类努力的有效管理，是我们真正的、最伟大的成就和面临的最持续的挑战之一，而这种管理发生在所有类型的组织中。人类群体进化的历史昭示我们：人类与组织相伴而生，组织是人类区别于其他动物的重要社会性特征；组织改变着人类生活，人类也在社会发展中丰富着组织的内容和形式；政府组织是阶级社会的特有现象，社会组织取代政府组织进行社会管理是社会历史的必然趋势。

在组织管理方面，19世纪以来涌现出了古典官僚制学派、行政管理学派和现代管理科学学派。古典官僚制学派以德国组织理论之父——马克斯·韦伯（Max Weber）为代表，他把组织权威分为三种，即"合法型权威""传统型权威"和"卡里斯玛（Charism）型权威"。"合法型权威"是理性的、法定的权力，主要指依法任命，并赋予行政命令的权力。"传统型权威"是传统的权力，以古老的、传统的、不可侵犯的和执行这种权力的人的地位的正统性为依据。"卡里斯玛型权威"是超凡的权力，该权力建立在对个人的崇拜和迷信的基础之

| 2 | 高校农业技术推广模式重构的理论基础

上。行政管理学派以法国管理过程之父——亨利·法约尔（Henri Fayol）为代表，他认为管理功能包括计划、组织、命令、协调和控制。管理一个组织如企业的六项基本活动是：技术、商业、财务、安全、会计和管理，其中管理是活动的核心。管理不是专家或经理独有的特权和责任，而是组织（企业）全体成员（包括工人）的共同职责，只是职位越高，管理责任越大。法约尔在实践基础上总结出 14 条管理原则，即分工、职权与职责、纪律、统一指挥、统一领导、公益高于私利、个人报酬、集中化、等级链、秩序、公正、保持人员的稳定、首创精神、集体精神。现代管理科学学派以英国学者兰彻斯特（F. W. Lanchester）、希尔（A. V. Hill）和埃尔伍德·斯潘赛·伯法（Elwood Spencer Buffa）等为代表，追求科学方法和工作效率。第一次世界大战期间，兰彻斯特于 1915 年把数学定量分析法应用于军事，发表了关于人力和火力的优势与军事胜利之间的理论关系的文章；当时，生理学家希尔上尉（后成为教授）领导着英国军需部及其防空试验组，他把应用数理分析方法运用于防空武器分析，被后人称为运筹学研究的创始人之一。埃尔伍德·斯潘赛·伯法曾任教于美国加利福尼亚大学管理研究院、哈佛大学工商管理学院，运用科学计量方法，以大量图表和数学公式来分析管理问题，使得管理研究由定性走向定量。现代管理科学学派借助于数学模型和计算机技术研究管理问题，重点研究管理实践中的操作方法和作业效能。总而言之，现有的组织管理理论认为，"卡里斯玛型权威"和"传统型权威"是工业社会之前的组织统治权威，其组织形式与当时的社会条件相一致，曾经有力促进了社会发展；基于"合法型权威"的官僚制以法规、等级制、分工、专业化、职业化为标志，依照法定的程序来实现，工作效率大大提高，是最适合现代社会大规模组织的组织形式；组织管理的重心在上层，追求从上而下的管理可以达到组织的合理化；组织管理是一门科学，运用数学模型和计算机技术研究组织管理，可以使组织管理实现科学化，从而获取最大的组织利益。

中华人民共和国成立之前，我国没有建立类似欧美国家现代意义上的农业技术推广体系（高启杰，2012）。20 世纪 50 年代我国农业部先后制定出台了《农业技术推广方案（草案）》《农业技术推广站工作条例》，依托各级农业行政主管部门和以"八大员"（即公社广播员、农机管理员、畜牧管理员、水利管理员、农技推广员、报刊投递员、粮站管理员和天气预报员）为代表的乡村农业生产能手，组织建立起自上而下涵盖农机、畜牧、农技、水利等多专业农业技术推广体系，主要任务是组织指导以公社为单位的农业生产，推广普及现代农业生产技术（宗禾，1999）。改革开放以来，我国全面实施家庭联产承包经营责任制，农村生产经营制度发生重大调整，客观上要求建立与之配套的农业技术推广体系。

因此，20世纪80年代以来，我国农业技术推广体系改革在探索中艰难推进。先是1983~1990年，国家通过拨款制度改革，着力减轻农技推广机构对主管部门的依附关系，试图增强农技推广机构服务农业生产的内生动力；再是1991~2000年，农技推广机构以事业单位形式从行政单位分离，政府对农技推广工作机构的管理权（人权、事权和财权）进一步向乡（镇）下放，农技推广机构基本职能弱化异化（翟雪凌，2000）；2000年后特别是2010年以来，为扭转基层农技推广工作不利局面，在农业部推动下，基层农技推广体系建设进一步强调和确立了"公益机构"的基本性质，实行人财物"三权"归县，完善服务站点建设，示范推广功能得到了一定程度恢复。纵观农业技术推广在我国的实践进程，农技推广由农业产业发展对农业科技支撑的内在需求催生，从"先民自发"向"社会自觉"演进，这种演进反映了劳动人民希望通过技术推广推动农业产业发展的主观愿望，体现了农业生产领域生产力与生产关系的作用规律。现代农业产业发展离不开科学技术支撑，而农业技术推广是农业科学技术研究与农业产业发展之间联系的纽带，建立适应新时期需求的农业技术推广体系是农业技术推广体系改革的迫切任务。

组织演变是不可逆转历史规律，农业技术推广模式因农业产业需求和主导组织变化而转变是历史趋势。本书将面向我国农业现代化需要，遵循组织演变理论和农业技术推广体系演变趋向构建高校主导的农业技术推广体系，并努力使其在未来较长时间中与历史发展保持一致态势。

2.3　高校农业技术推广模式重构的原则与规律

政府主导实施的农业技术推广体系在工业化的带动和逼迫下产生，自觉或不自觉地遵循了农业技术推广的时代原则和发展规律。当前，面对农业产业和农业科技新的形势变化和未来走势，高校重构农业技术推广新模式也要契合当下及未来农业产业和农业科技需求的原则与规律。

2.3.1　高校农业技术推广模式重构的原则

高校农业技术推广伴随农业高校诞生而产生，但因过分追求普通高校的同质化教育而式微。当前，农业产业和农业科技新的变化及趋势要求农业高校强化农业技术推广功能，发挥对农业现代化的更大促进作用。我国高校重构农业技术推广模式，要力除以往高校农业技术推广积弊，遵循产教融合、技术优先、资源优

| 2 | 高校农业技术推广模式重构的理论基础

化等原则。

2.3.1.1 产教融合原则

农业高校既是农业人才培养的基地,也是农业产业技术的源头。近年来,在各级政府支持下,农业高校在基层建成了一批农业科技综合试验示范基地和科技园区,向地方农业经营主体和广大农户通过农业先进技术,取得了良好经济效益和社会效益。但是,总体来看,我国农业高校与农业产业结合得远远不够,农业教育、农业科研与农业生产、农业市场需求脱节十分突出,已有政策没有能够充分调动起农业高校广大科教人员投入农业科技示范和推广服务主战场的积极性(高启杰,2013)。农业高校自身面向农业产业的科研能力不强,农科教师对农业新技术研发和推广没有动力,农业科研对农业产业尤其贫困地区农业产业的带动力量难以发挥。从现代农业发展角度看,农业发展的必然趋势是农业教育、科研和推广结合,三者相辅相成,互利共赢。因此,高校农业技术推广需要坚持产教融合原则,根据生态循环农业发展需要,转变农业技术推广内容和推广方式,提高农业技术推广效度,并不断更新知识适应农业技术推广日益增长的需求。

2.3.1.2 技术优先原则

高校农业技术推广的主要内容包含农业科学知识、信息、技术等,农业技术尤为重要。高校农业技术推广要将推广农业先进技术置于首位,以农业先进技术改造我国传统农业、提升农业现代化水平。农业技术推广是农业科研成果的延伸和再创新,其作用体现于立足农业产业实际,将农业先进技术和农业经营主体联系起来,把潜在的农业生产力转换为现实的生产力。"十三五"以来,我国农业农村发生历史性变革,乡村振兴实现良好开局。然而,当今我国农业面临着"效益低下、食品安全问题突出、环境污染严重"等难题,制约着农业的可持续发展。西方发达国家掌握着从动植物育种、疾病防控、收获机械研发到产后保鲜处置等农业产业链上的系列关键技术,近年来对农业核心技术及人才的限制加大了我国赶超的难度。中国农业科学院唐华俊研究员指出,我国农业科技原始创新不足,作物基因编辑、生物合成、干细胞育种、信息技术等前沿领域缺乏自主知识产权;关键核心技术"卡脖子"严重,畜禽品种、部分高端农机或核心部件依赖进口。当前,现代信息技术、生物技术、制造技术、新材料技术、新能源技术等广泛渗透到农业农村各领域,全球新一轮农业科技革命和产业变革蓄势待发。为此,农业高校在农业技术推广中要建立"使命清单",攻克"卡脖子"技术,将新技术快速应用于农业生产。

2.3.1.3 资源优化原则

技术资源是农业技术推广的核心资源,高校农业技术推广要整合优化我国农业技术资源。我国的农业技术资源主要分布在农业高校与农业科研院所,当前两者均对我国农业技术进步发挥着重要作用,但没有形成强劲合力。由于历史原因,我国形成了农业高校和科研院所分设并行的两个农业科技体系,基本上每省均有。近年来,随着高校对教师科研要求的提高,农业高校的科研功能日益强化,科研水平显著增长。农业高校和科研院所分别拥有自己的办公场所、实验室、实验器材、试验基地等。为了生存,农业高校和科研院所通过竞争获取来自政府或企业的科技项目、资助基金。面对有限资源,农业高校和科研院所在优秀人才的评选及招聘、重点工程实验室和研发中心的设立、重大研究或推广专项的主持等方面的竞争愈益激烈。农业技术资源的分散,减弱了农业技术研究和开发的效果,制约了我国农业现代化步伐。农业高校和农科院所并行发展,与世界农业深度综合又高度精尖的业态趋势相悖,也不利于农业产业现代化和农业科技人才培养。顺应农业产业发展形势,陕西、青海和山西先后将农业高校和农业科研院所合署办公,进行了有益探索。面向未来农业和农业科技,我国亟需将农业高校与农业科研院所合并发展,促进我国农业科学技术和农业现代化水平大幅提升。

2.3.1.4 公益至上原则

高校主导农业技术推广是代表政府推广农业技术,不以营利为目的,属于公益性事业,与现行政府主导的农业技术推广性质一样。我国自20世纪50年代组建农业技术推广队伍以来,一直将农业技术推广机构及人员行为的公益性服务放在重要位置。然而,改革开放后尤其20世纪90年代之后,受市场经济影响,我国开始推行以市场化行为为取向的农业技术推广机构改革,允许有偿农技推广服务,并将相当一部分农业推广人员推向市场,逐渐扩大了农业技术推广的市场化有偿服务比例,严重冲击了农业技术推广队伍及体系。2012年新修订的《中华人民共和国农业技术推广法》特别强调了农业技术推广的公益性质,其中第十一条规定,"各级国家农业技术推广机构属于公共服务机构",履行"公益性职责";第十三条规定,"国家农业技术推广机构的人员编制应当根据所服务区域的种养规模、服务范围和工作任务等合理确定,保证公益性职责的履行";第二十四条规定,"各级国家农业技术推广机构应当认真履行本法第十一条规定的公益性职责,向农业劳动者和农业生产经营组织推广农业技术,实行无偿服务";

第二十条和第二十七条还规定,"国家引导农业科研单位和有关学校开展公益性农业技术推广服务""各级人民政府可以采取购买服务等方式,引导社会力量参与公益性农业技术推广服务"。由此可以看出,高校农技推广服务体系建设要将"公益性"放在首要位置,确保农业技术推广队伍稳定,农民、农业、农村获得最大收益。

2.3.1.5 财政扶持原则

农业技术推广属于公益性质,不以赚取巨大经济利益为目的,为使农业技术推广系统发挥更大作用,政府对于多元化农业技术推广体系建设必须予以大力扶持。由于投入和扶持有限,我国现行农业技术推广处境艰难。据河南农业技术推广总站统计,经费短缺致使河南省农业技术推广机构仅有大约1/3可以正常运转。不完全统计表明,全国44%的县级农业技术推广机构和43%的乡镇农业技术推广机构缺乏经费,使1/3的农业技术推广人员被迫离岗,基层推广组织专业人员明显减少,有的机构在岗人员还不到总数的40%;而且农业技术推广人员中中青年偏少,队伍老化严重,造成了一些基层推广组织"网破""人散"的局面(陈新忠,2014)。构建高校主导的农业技术推广服务体系,政府要通过各级财政予以倾斜性扶持。第一,政府要大力扶持高校农业技术推广运行。目前,我国高校大多依靠自身财力进行农技推广,因经费有限很难持久。要想使其农技推广行为持续下去,并使其成为具有竞争活力的农技推广主体之一,成为我国农业技术推广体系的主导者和引领者,政府必须给予资金和政策的大力扶持。第二,政府要大力扶持省、市、县、乡农业技术推广站点建设。高校主导农业技术推广体系后,原政府农业主管部门系统的农业技术推广服务站点仍将被精简改革为省、市、县、乡农业技术推广站点。这些站点是我国农业技术推广服务体系的主线,目前因经费和政策问题遭受重大损失,必须大量投入经费、出台具体优惠政策,将其保留做强。第三,政府要大力扶持农民自己创建的农业技术推广组织和机构。我国农民在实践中探索创立了农作物专业研究会、农民专业合作社等一些具有部分农业技术推广功能的新组织,因贴近群众和实际而深受欢迎,政府要及时大力扶持使其成为高校农业技术推广体系在农村的延伸力量。

2.3.1.6 服务拓展原则

传统农业技术推广主要专注于农业技术,但现代农业技术推广已经远远超出了农业技术的范围,面向更加广泛的农村领域拓展服务。虽然《中华人民共和国农业技术推广法》规定了"农业技术"包括良种繁育、栽培、肥料施用和养殖技术，植物病虫害、动物疫病和其他有害生物防治技术，农产品收获、加工、包装、贮藏、运输技术，农业投入品安全使用、农产品质量安全技术，农田水利、农村供排水、土壤改良与水土保持技术，农业机械化、农用航空、农业气象和农业信息技术，农业防灾减灾、农业资源与农业生态安全和农村能源开发利用技术，以及其他农业技术等八个方面，但高校农业技术推广建设仍要不断拓展推广内容。目前，世界现代农业技术推广已经从狭隘的"农业技术推广"延伸为"农村教育与咨询服务"，说明随着农业现代化水平、农民素质及农村发展水平的提高，农民不再满足生产技术和经营知识的一般指导，更需要得到科技、管理、市场、金融、家政、法律等多方面的信息及咨询服务。当今世界各国农业技术推广的组织、策略、内容和方法虽然不大相同，但"协助民众去帮助自己"的信念却得到广大农业技术推广机构和工作者的认同。从人类的基本需要和全面发展来看，通过个人知识、技能、态度和行为的改变来促进农村社会的综合发展是最为基本且自然而然的选择，因而农业技术推广者根本而神圣的职责就是通过改善农村居民获取知识的机会，进而帮助他们获得经济、社会和文化生活的进步（陈新忠，2014）。

2.3.1.7 内源驱动原则

农民是农业技术的最终接受者和采用者，是农业技术推广中农业技术发挥作用的真正主体。为使农业技术推广取得实效，使农业技术转化为现实的生产力，农技推广工作必须激发农民内在的积极性和潜力，让农民主动想获取技术、自觉地去获取技术。实践证明，当农民本人主动想获取农业技术帮助农业生产时，会积极地开辟多种途径联系技术推广者，并耐心地询问一切可能发生的细节问题；还会通过其他渠道获取该项技术的相关信息，以更深入地了解该技术实施的可能效果；在技术实施过程中，也会表现出对技术问题的关注热情和解决渴求。总之，只要调动起农民内心对农业技术的兴趣，农业技术推广就变得轻而易举。为此，高校农业技术推广服务体系建设一定要遵循内源性驱动原则，在真情打动农民中占领技术市场。一要培育农民对农业技术的积极信念，让农民在生产的反思中不断建构自己尊重技术、相信技术、运用技术的自我信念，乐观地面对现实生产环境和条件，不断更新生产观念，提高自主发展的意识与能力；二要激发农民运用技术成长的主体意识，通过分析部分农民运用技术成长的历程，帮助农民认识自己在农业生产中的有利方面和不利方面，总结优势与缺陷，看到差距，产生危机感，以便正确定位，做好规划，并付诸实施，成为自身技术发展的主人；三要培养农民运用技术成长的执着精神，不断激发农民运用技术成长的梦想和激情，让每一位农民在技术致富的追梦过程中大胆探索，最终在农业生产实践中真正享受到运用技术的幸福。

2.3.1.8 健康指引原则

科学技术是一把双刃剑，在带给人类巨大利益的同时，也存在着可能破坏人类生活的隐患。传统经济条件下，农村以传统农业为主，生产力低下，农户对生产项目和规模的选择主要基于满足自身需要的考虑，而且重经验轻技术，多采用精耕细作的方式进行生产，肥料多以有机肥料为主，因而生产经营造成的污染较少，生态系统保护较好。改革开放后，我国实行家庭联产承包责任制为基础的农业生产经营模式，农业现代化和农产品市场化快速发展，农户生产经营逐渐转变为以赚取利润为最大目标的现代集约生产，农户生产经营行为极大影响着农村生态系统，关系着农村生态环境质量和农村可持续发展（侯俊东等，2012）。《中华人民共和国农业技术推广法》规定，可持续发展是现代农业的必然要求，农业技术推广工作必须同时兼顾经济效益、社会效益、生态效益，并使三者协调发展，达到整体效益最佳。为此，高校农业技术推广体系建设要注重生态效益和社会效益，以利于农业和农村生态环境改善。高校农业技术推广体系在推广农业技术项目时，要从微观效益与宏观效益、眼前利益与长远利益等多个方面综合考虑项目的未来发展，确保农业生产健康持续发展。同时，高校农业技术推广人员还要勤于教育、指导农民的生产和生活行为，使农民逐渐养成生态化生产和生活的习惯，保障农村生态化发展。

2.3.2 高校农业技术推广模式重构的规律

纵观农业发展历史，农业技术推广源自三个方面的驱动：一是技术持有者的爱心与惠施；二是技术受施者的生存与经营；三是社会组织或政府组织管理者的统筹与谋划。依据农业技术推广者地位和行为表现，农业技术推广经历了个体行为时期、农官系统时期、兴农学者时期、技术人员时期和科技专家时期。当前，农业技术推广迈入了科技专家时期，高校农业技术推广当应运而生。我国高校重构农业技术推广模式，要克服主观任性、盲目而为的非理性、非科学陋习，遵循农业演进规律、农技进步规律和推广成才规律等。

2.3.2.1 农业演进规律

农业是人类的第一产业，是利用动植物的生长发育规律，通过人工培育来获得产品的产业。狭义的农业主要指种植业，包括生产粮食作物、经济作物、饲料作物和绿肥等农作物的生产活动；广义的农业泛指农、林、牧、副、渔，包括种植业、林业、畜牧业、副业、渔业等五种产业的生产活动。梅勒根据发展中国家农业技术资本投入的特点将农业划分为三个阶段：一是传统农业阶段，以技术停滞、生产增长主要依靠传统投入为特征；二是低资本技术农业阶段，以劳动密集型技术创新和运用、资本投入量较少为特征；三是高资本技术农业阶段，以资本密集型技术创新和运用、资本投入量较大为特征（Mellor，1968）。速水佑次郎按照农业发展的阶段性目标也将农业分为三个阶段：一是以增加生产和市场粮食供给为特征的发展阶段，主要目标是提高农产品产量；二是以着重解决农村贫困为特征的发展阶段，主要目标是通过农产品价格支持政策提高农民的收入水平；三是以调整和优化农业结构为特征的发展阶段，主要目标是农业结构调整（Yujiro Hayami，1988）。发达国家的农业现代化源于工业现代化的带动，农业现代化过程呈现出农业工业化倾向。作为后发追赶型现代农业，我国农业现代化缘起于19世纪末对国外农业技术的引进。在100余年的求索中，我国农业现代化既经历了中华人民共和国成立前京师大学堂农科大学的筹建和农业科技的初步研究及推广，也经历了中华人民共和国成立后传统农业向农业现代化的全面推进。从发展状况看，我国农业现代化不仅明显滞后于西方发达国家，也远低于国家工业现代化水平。提高农业现代化水平，我国农业现代化建设必须进行发展方式的转型，即由部分机械操作向全面现代装备转变、由依赖资源投入向依靠创新驱动转变、由重抓产品产业向重抓品牌精品转变、由小农粗放经营向规模集约经营转变，推动我国农业从初级现代农业向高级现代农业、从工业化农业向知识化农业转变。21世纪以来，我国注重推进农业产业化，促进第一产业（农业）、第二产业（工业）、第三产业（服务业）融合发展。农业产业化是以市场为导向，以效益为中心，依靠龙头带动和科技进步，对农业和农村经济实行区域化布局、专业化生产、一体化经营、社会化服务和企业化管理，形成贸工农一体化、产加销一条龙的农村经济经营方式和产业组织形式。农业产业化是农业自身发展规律的内在要求，也是社会主义市场经济发展的必然产物。顺应农业演进规律，我国高校农业技术推广模式重构要以促进农业产业快速、健康、高质量发展为目标。

2.3.2.2 农技进步规律

农业技术进步是一个缓慢的过程，也是一个从简单到复杂的进化升级过程。从农业技术推广的历程看，在农业技术推广的个体行为时期，农业技术单一，科技含量不高，技术水平较低；在农业技术推广的农官系统时期，农业技术略有深化，科技含量增长，但水平提高缓慢；在农业技术推广的兴农学者时期，农业技术仍以传统集成为主，引进国外为辅；在农业技术推广的技术人员时期，农业技术呈现现代科技倾向，科技含量增高，技术创新相对较多；迈入农业技术推广的科技专家时期，农业技术将与国际接轨，技术水平将向世界一流国家看齐（陈新忠和李名家，2013）。在农业生产领域，农业科学技术的进步，不仅涉及无机世界，同时还涉及有机世界；不仅要遵循经济规律，而且要遵循自然规律。农业再生产所固有的自然特性，以及与此相联系而存在的无可比拟的复杂关系，使得科学技术进入农业生产领域显得困难而缓慢。农业现代化是农业科学技术进步的目标，而农业科学技术进步必须正确处理传统农业与现代农业的关系。为了因势利导地促进农业科学技术的进步，取得预期经济效益与社会效益，就必须正确认识农业科学技术进步的具体特点，以及由此决定的农业科学技术进步特殊规律性。农业科学技术进步不管采取什么样的形式，最终都必然表现为以更少的农业资源生产同质同量的农产品，或者以同量的农业资源生产更多更好的农产品。这说明，农业科学技术进步是农业生产力发展的重要条件。遵循农技进步规律，我国高校农业技术推广模式重构要以研发农业核心技术和关键技术为突破口，引领我国现代农业发展。

2.3.2.3 推广成才规律

人才成长是一个复杂的社会过程，包括个人天赋、家庭培养、学校教育、社会使用等诸多环节，这些环节均包孕在由文化、制度及社会经济基础等多重因素构成的综合社会环境中。农业技术推广人才并非每人都可以担当，而是需要具备爱农强农的思想素质、熟谙"三农"的知识素质、术业有专攻的技术素质、奔波不倦的身体素质及感染民心的宣讲素质。促进有志于农业技术推广的人员成为农业技术推广人才要因势利导，注重激发其内在成长力量。内因是事物变化的根据，是农业技术推广人才成才的根本动力。从古至今，农业技术推广人才的形成都源于自己对"三农"的兴趣和激情，源于对农业技术推广带来"三农"变化和改善的成就感和幸福感。对农业技术热爱、对农民群众关切是农业技术推广人才的共同品格，正是这种心智品格驱使其献身于农业技术推广工作，并取得重大成绩。原始社会的神农、黄帝、颛顼、舜帝等从事农业技术推广，本意就在于改变自己及原始人群所处的恶劣环境，增强生存能力，提高生活水平；生存的压力和对美好生活的憧憬促使他们开发农业技术，自觉进行农技推广，让更多的同伴、同族、同类掌握技艺，形成强大的氏族部落群体。奴隶社会和封建社会时期的农官虽然受命于君王，农业技术推广是被动行为，但是其中做出突出贡献的农业技术推广人才都是情系农业、主动而为的，大多本人对农业技术还深有研究，且有创新；这一时期民间或社会的农业技术推广人士更是自发而起，努力以此推动自下而上的农村社会变革。中华人民共和国成立后农业技术推广人员虽然隶属政府，形成相对独立和完整的体系，其中涌现的优秀人才也都源自他们富民强农的壮志和热爱"三农"的坚守。放眼未来，"三农"在社会发展中仍将长期处于弱势地位，对"三农"的热爱和对农业技术创新及其推广的激情仍是农业技术推广人员取得伟大成就的重要品质，是农业技术推广人才成才的核心因素。遵循推广成才规律，我国高校农业技术推广模式重构要以激发教师农业技术推广的内在动力为重点，促进高校涌现更多农业技术推广优秀人才。

2.3.2.4 政府推动规律

自人类进入阶级社会以来，统治阶级便把农业作为国家的第一产业管理起来，农业技术推广由此深深地打上了政府的烙印。农业技术推广的成功既与农业技术推广组织及个人的努力密不可分，也是不同时代国家涉农路线、方针、政策和法律共同推动的结果。在奴隶社会，夏、商、周及春秋各国的君王设置农官管理农业，将民间事务上升为国家事务，统一推广先进的农业技术，促进了农业技术推广的政府事务化。由于对人身自由严加管制，奴隶社会的农业技术推广人才很少在民间出现，大都集中在官府，农业经济的管理政绩代表着农业技术推广人才的社会贡献。在封建社会，历代君王更加重视农业，农官设置也更加细化，从中央到地方普遍建立起严密的农业管理系统，并且注重对其农业政绩的考查和奖惩。封建君王的重农政策不仅促使众多官吏献身农业技术推广，产生了一批官员型农业技术推广人才，而且由于逐渐将农业技术推广的重心下移到乡村，促进产生了一批民间型农业技术推广人才。到了社会主义时期，我国政府十分重视农业生产和农村建设，除设置自中央至地方的农业管理系统外，还健全相关法律，建立起专门而庞大的农业技术推广人员队伍。尤其20世纪80年代以来，中央出台的"一号文件"几乎都对农业技术推广体系建设做出了具体安排和明确要求。在政府推动下，我国农业技术推广战线涌现出如谷天明、麻晶莉等一大批农业技术推广先进工作者和农业技术推广先进工作者标兵。未来社会发展中，政府仍是农业科技推广的主要倡导者、组织者、管理者和资助者，推动农业技术推广向更高目标进取。遵循政府推动规律，我国高校农业技术推广模式重构要努力争取政府的理解、赋权和全方位支持，确保农业技术推广工作顺利进行。

2.3.2.5 群众需求规律

农业技术推广是一项多方参与才能达成的活动，涉及技术发明者、技术推广者、技术接受者等多重主体。农民群众是农业技术推广的受施者，是农业技术的购买者和应用者。作为买方市场，农民群众的需求决定着农业技术推广的天地，是农业技术推广成功的时势条件。在遥远的原始社会，面对随时可能危及人类生存的自然环境，人民群众才欣然接受构木为巢、钻燧取火、制网捕鱼、播种五谷等基本生存技术和农业技术，并广泛传播；在漫长的封建社会，农民群众希冀衣暖食饱、渴望粮谷满仓，他们才自觉地接受铁制农具的改造和种植方法的改进，推动农业生产力逐渐提高；在社会主义初级阶段，追求农业增产、家庭增收、农村富裕的愿望使得广大农民群众主动采用现代农业技术，积极推进农业现代化建设。在农民群众对农业技术的需求、接受和应用中，农业技术推广成效应运而生。如果没有农民群众的需求，不管农业技术多么高超，不管国家政府怎么号召，不管农业技术推广者如何努力，农业技术推广都难以取得良好效果。未来社会发展中，群众需求仍是农业技术推广的重要方向，是农业技术推广成功的必要土壤。遵循群众需求规律，我国高校农业技术推广模式重构要以群众的农业产业技术需求为导向，努力让群众满意，推动农业技术推广工作富有成效。

2.3.2.6 技术适用规律

农业技术是农业技术推广的主要内容，其适用与否决定着农业技术推广的成败。农业技术的适用包括生产适用、地区适用、经济适用、农户适用和长远适用。生产适用是指农业技术能够从实验室走向户外，在批量生产中达到甚至超过实验效果；地区适用是指农业技术能够适应推广地区的水土状况和气候环境，在生产过程中保持各项实验指标仍然最佳；经济适用是指农业技术能够满足当地农民群众的经济利益追求，技术经济效益与农户使用技术的期望基本吻合；农户适用是指农业技术能够适合农户操作，技术难度与农户的文化素质基本一致；长远适用是指农业技术能够保持较为长久的竞争优势，在使用中充分考虑生态发展而避免负面效应。古代的农业技术虽然相对较少，但大多产生于生产实践，技术适用性较强，农技推广较为便利，农业技术在广大群众中普及后产生的农业改进成效非常明显。现代社会，农业技术日新月异，但大多产生于实验室中，技术推广成为技术应用的必需环节。改革开放以来，面对农村农业技术匮乏、农民需求旺盛的局面，农业技术推广人员纷纷携带各种农业技术空降农村。但是，由于技术适用性问题，一些农业技术不仅没有给农民带来利益，而且引发了一系列负面反应。面向未来，因地制宜仍是农业技术推广的行动要求，技术适用仍是农业技术推广的必要条件。遵循技术适用规律，我国高校农业技术推广模式重构要面向农业产业实际研发先进技术，切实促进农业产业进步升级。

2.3.2.7 教育塑造规律

创新是农业技术的生命，是农业技术推广的重要价值。农业技术的发展是传承和创新融合的过程，是阶梯式向前迈进的技术变化。如果说原始社会的农业技术完全源于人民群众的实践探索，那么随着时代发展和科技进步，现代社会的农业技术必须由具备一定技术积累和知识储备的科研人员来改进和创造。相应地，农业技术推广者也要懂得农业技术，熟悉相关知识，进行过系统的学习或培训。在农业技术从古至今的递进转变中，教育扮演了极其重要的角色，对农业科研人员和技术推广人员发挥了引导、激励和塑造的作用。凡是开展农业技术推广取得成就者，必然不同程度地接受过各种各样的教育；农业技术尖端化和农技推广专业化趋势下，教育在造就农业技术推广人才中的地位愈益突出。19世纪60年代，美国通过《莫里尔法案》建立赠地学院，大学农学院的教师直接从事农业技术推广工作；20世纪初，密歇根大学创办推广教育系，专门培养农业技术推广人才。我国历史上，不论是各个朝代的农官还是民间农业技术推广人员，大都接受过良好的传统教育或学校教育，具备一定的文化基础。中华人民共和国成立后，我国加强农业技术推广队伍建设，十分重视人员培训；20世纪80年代以来，注重选拔大学生担任农业技术推广干部；2001年起，开始培养农业推广硕士。目前，我国农业技术推广人员63.8%具有大专以上学历，其中研究生学历占1.4%，大学本科学历占22.9%，大学专科学历占39.5%（陈新忠，2014）。未来知识经济社会中，没有接受高等教育的人很难跻身农业技术推广队伍，从事农业技术推广工作；高等教育将致力培养农业技术推广的高端人才，使其在农技推广中研推合一、大显身手。遵循教育塑造规律，我国高校农业技术推广模式重构要充分利用高校农业教育优势，通过系统化的教育和培训，造就一支适应农业现代化需要、专兼职结合、高素质的农业技术推广队伍。

2.3.2.8 技企合作规律

实现农业的科技化和产业化、促进农村的城镇化和现代化是农业技术推广活动追求的社会目标，是基于农民富足的社会理想。为实现这一目标和理想，农业技术推广人员必须做好对农村涉农企业、合作组织和种粮大户的农业技术推广，最大限度地发挥农业科技引领作用。农村涉农企业是改革开放的衍生品,是农村利用自身资源尝试工业建设、迈向现代化的重要载体。农业技术与涉农企业结合不仅有利于直接将成果性技术转化为现实生产力,在生产中不断改进现技术、孵化新技术,而且有助于增强农技推广的针对性,按照企业标准要求农户进行生产,形成"产—供—加—销"的产业链。我国农村合作组织于20世纪初期兴起,现已在农村普遍建立。作为经济利益的结合体,各种农村合作组织具有明显的企业经营性质。种粮大户是土地经营权流转的产物,由于雇佣经营,也具有个体工商户或私营企业的性质。涉农企业、合作组织和种粮大户是现代农村的主要力量,依托它们开展农业技术推广是农业技术推广组织的最佳选择和成功捷径。鉴于推广人员较少、服务面积较广,近年来成功的农业技术推广组织大都选择了抓大带小、典型示范的方法,以技企合作的方式取得了巨大成效。在未来乡村振兴中,随着土地流转的加速和产业化、企业化程度的不断提高,技企合作仍是农业技术推广人才成才的最优选择。遵循技企合作规律,我国高校农业技术推广模式重构要重点面向涉农企业开展技术推广,以点带面,提高技术推广的效率,增强技术推广的效果。

2.4 高校农业技术推广新模式运行主体与机理

高校主导型农业技术推广模式涉及多个主体,是一个复杂系统。重构农业技术推广体系,高校不仅要厘清构建主体之间的关系,保持管理体制顺畅,而且要依据自身农业技术推广体系存在的机理进行建设,保证运行机制畅通。

2.4.1 高校农业技术推广新模式运行主体分析

模式既是要素、环节与程序之间的关系形态,也是各个主体之间的关系样式。高校主导型农业技术推广模式不仅有高校这个主体,还包括政府、科研院所、涉农企业等。重构农业技术推广体系,高校要充分认识涉及的主体,正确把握各主体间的关系。

2.4.1.1 各级政府

各级政府既是高校主导型农业技术推广模式的管理主体,也是高校主导型农业技术推广模式的支持主体。目前,各级政府是农业技术推广的实施主体,由各级政府农业主管部门的国家农业技术推广机构负责实施。《中华人民共和国农业技术推广法》规定，各级国家农业技术推广机构承担公共服务机构的角色，履行公益性职责。我国从中央到乡镇各级政府设立了国家农业技术推广机构，形成了中央—省—市—县—乡五级垂直管理系统。农业技术推广项目由国家制定，各级机构从上而下进行推广。国家层面的农业技术推广机构由农业农村部管理，设置全国农业技术推广服务中心，统管全国农业技术推广工作。全国农业技术推广服务中心下设22个办公室，分管技术推广政策制定、病虫害防治、技术提升改进、土壤肥料管理等工作。省级农业技术推广机构隶属于各省农业农村管理部门，指导辖区各市（区）农业技术推广工作，承担省级政府与全国农业技术推广服务中心分派的工作任务，具体负责农业技术推广工作规划、农业技术推广人员培训计划、制定农业技术推广工作制度、健全农业技术推广机构配置等工作，全面协调农业技术机构与政府各部门的联系工作。市级农业技术推广机构职责与省级大体相似。县级农业技术推广机构接受县农业农村管理部门和上级推广部门管理，设置农技站、种子站、土肥站、植保站等部门，管理不同领域农业技术推广工作（任晋阳，1998）。县级农业技术推广中心主要负责全县农业技术推广计划安排与实施、引进新技术并总结推广、搞好农业技术推广人员培训工作、提供农业技术咨询服务、普及农业科学知识等。乡级农业技术推广机构是农业技术推广站，工作人员由国家编制工作人员和政府招聘的农民技术员组成，他们是联系农户与上级农业技术推广机构最重要的桥梁，主要负责落实上级部门交付的计划安排，还要向上级反馈农业技术推广时遇到的难题。高校主导型农业技术推广模式中，各级政府将不再是农业技术推广的"运动员"，而是成为管理者，支持高校全面开展农业技术推广工作。

2.4.1.2 科研院所

高校主导型农业技术推广模式建立后，科研院所将与高校合署办公，既是农业技术推广的参与主体，也是高校主导型农业技术推广模式的实施主体。目前，科研院所是政府统筹下的农业技术推广的实施主体，实质是政府农业技术推广的参与主体。《中华人民共和国农业技术推广法》提出，国家引导农业科研院所积极开展公益性农业技术推广服务。科研院所一般通过与地方政府、农民合作社、农业协会、农民技术协会等进行合作，实现技术承包、科技示范、成果转让等工作开展。该模式将科研院所自身研发的农业新技术或者产品推向农村地区，构建专业性科研基地，把农业科研成果传输给农户，解决农户缺乏技术、技术落后等问题，同时也能在推广过程中将发现的技术难题反馈给科研人员。科研院所农技推广工作资金一般由政府拨款、单位自筹、科技成果奖励、合作单位出资等渠道提供，最大优势在于技术研发过程较为专业，能更快地将科研成果转化为生产力，把农业技术变为农民生产的改进举措；缺点是当前的农技推广多为专业部门与政府合作，未建立起专门性合作机制，而直接进行技术产品推广，科研人员数量无法达到一对一地指导用户。高校主导型农业技术推广模式中，科研院所将不再进行农业技术推广的"单兵作战"，而是成为合作者，与高校一起从事全面的农业技术推广。

2.4.1.3 农业高校

农业高校既是高校主导型农业技术推广模式的实施主体，也是高校主导型农业技术推广模式的卫护主体。目前，农业高校是农业技术推广的参与主体，由学校各院系学科的专家团队或个人实施。农业高校的科技和智力资源丰富，是农业科技进步的主要源泉，也是我国农业推广体系的重要力量，其农业推广模式创新将有效服务于农业发展，提升农业科技成果推广应用效率和效益，促进我国农业现代化发展。高校主导农业技术推广后，将建立省级农业技术推广站或中心，由学校农业技术推广部门组织、管理和实施基层农业技术推广工作，并在各县设立农业技术推广站。高校主导型农业技术推广模式的特点是农业教育、农业科研和农业推广实现"三位一体"，实行统一领导，三者有机地融合起来。农业高校主导的农业技术推广模式将克服现行推广职能不明确、推广服务难以长效、推广内容与实际需求有差别等弊端，在运行上将注重与其他农业技术推广机构合作，建立农业科技示范基地，成为农业科技推广的中坚力量。

2.4.1.4 涉农企业

涉农企业既是高校主导型农业技术推广模式的参与主体，也是高校主导型农业技术推广模式的支持主体。涉农企业包括参与农产品产前、产中、产后活动的各类企业，主要类型有农资企业、农产品生产企业、农产品加工企业、农产品流通企业等。参与农业技术推广的涉农企业主要有两种类型：一种是为了能持续稳定获得自身生产需要的优质农产品原料，从事与原料相关的农业技术推广的企业；另一种是为了打开企业产品在农村中的销售市场，从事与公司产品销售相关的农业技术推广的企业。涉农企业参与农业技术推广，最终目的是实现自身利润最大化。涉农企业愿意推广的农业技术大都与本企业的生产方向相关，大多为市场发展前景好、经济效益大并能及时开发应用的技术。涉农企业进行农业技术推广的过程中，农户是技术的受益者，同时也有可能会成为受害者。因为企业大多将经济利益置于首位，涉农企业推广农业技术存在着一定风险，一旦企业的经营出现问题，则企业农业技术推广可能会使农户利益受损。这是企业进行农业技术推广过程中，需要政府对其进行宏观调控的重要方面。涉农企业开展农业技术推广，一般与农户形成利益共同体。涉农企业推广农业技术时，农民被纳入到产业化经营的生产过程，在企业生产链中学习农业生产新技术。涉农企业很少独立从事农业技术推广，一般是通过与科研部门签订合同构建合作体，旨在赢得更多的经济利益，该过程需要的经费来源于企业自身或者政府补贴。高校主导型农业技术推广模式中，高校和政府要联合调动涉农企业参与农业技术推广的积极性，扬长避短，趋利避害，发挥涉农企业农业技术推广的最大作用。

2.4.1.5 社会组织

社会组织既是高校主导型农业技术推广模式的支持主体，也是高校主导型农业技术推广模式的参与主体。近年来，我国兴起的农民专业合作社、家庭农场等农村社会组织发挥了农民自行进行农业技术推广的主体性作用。农村社会组织开展农业技术推广中，农民坚持自愿性和自主性原则，推广行为增加了农民对科技知识的学习和了解，提高了农民观察市场运作并发现和总结规律的能力，壮大了自身的事业。农村社会组织进行农业技术推广所需经费来源于自主筹集、农业类企业资助及政府补助等，由农民选出富有经验的农民代表接受学习和培训后将学到的新技术用于本地普及和推广。农民专业合作社是在工商部门登记注册的组织，其实质是企业，但其对内不赚或者少赚农户的钱，参与者一般为农民，属于实体经济，负责向参与的农户提供技术、经营、收购信息等服务。家庭农场是我国农村一种新型农业经营形式，管理人员为家庭劳动力，运用和推广农业先进技术，实施规模化生产和经营方式，避免了小农经济存在的不足，为社会供应更多的农产品。农村社会组织主要依靠外部力量开展农业技术推广，是在政府或相关企业的支持下运作，缺点是不够专业和稳定，对外部力量的依赖性比较强。高校主导型农业技术推广模式中，高校要与政府、企业一起为农民专业合作社、家庭农场等农村社会组织进行农业技术推广保驾护航，发挥农村社会组织在本地开展农业技术推广的连带优势。

除了以上农业技术推广主体之外，高校主导型农业技术推广模式中还有教师、学生、农民等参与个体，以及各级科学技术协会、各级农业技术推广协会、联合国粮食及农业组织、国际水稻研究所、国际复兴开发银行等国内外参与组织等。高校农业技术推广模式要高度尊重所有农业技术推广主体，充分利用各主体力量和优势，促进我国农业现代化发展。

2.4.2 高校农业技术推广新模式运行机理

人、钱、权、法是现代管理者成就事情的必备条件，高校开展新型农业技术推广也不例外。高校农业技术推广新模式究竟由谁实施？高校农业技术推广的经费由何而来？高校如何组织开展农业技术推广？高校农业技术推广怎样评估和激励教职员工？围绕农业技术推广的实施主体、资金供给、职责权利和激励制度等，高校农业技术推广新模式应形成内在的运行逻辑和权利规则。

2.4.2.1 由谁实施？——以农业高校为主导

高校农业技术推广新模式充分彰显"研推合一""产教一体"的优势，由农业高校主导实施。目前，我国和多数国家的农业技术推广均由政府主导，非政府机构和组织积极参与，多元主体农业技术推广体系在发挥政府农业技术推广职能的同时，也发挥出了农业合作组织和农业企业的作用。其中，我国政府农业技术推广体系组织最为健全，队伍最为庞大。政府主导和实施的农业技术推广模式与现代农业技术初期相匹配，充分显示了政府推动农业技术扩散的强大组织能力；与科技含量较小的传统农业时期相比，取得了举世瞩目的产业成就。然而，随着农业产业和农业技术水平普遍提高，农业和农业经营主体对农业科技的需求愈来愈高，要求的农业技术越来越高精尖和复杂化，这时候依然依靠政府农业技术推广队伍来进行农业技术推广已明显捉襟见肘。适应农业技术高精尖和复杂化的增长及需求趋势，由具有"研推合一""产教一体"优势的农业高校主导实施农业技术推广是时代的必然选择。19世纪60年代，面对国内农业现代化与工业现代化之间的差距，美国联邦政府通过一系列法案将农业高校推向全国农业技术推广的前沿，逐渐使其担负全国农业技术推广的重任，向世界展示了农业高校主导农业技术推广的科研、教育、推广"三位一体"优势及其产业成绩。借鉴发达国家农业技术推广的历程及经验，我国农业高校主导实施农业技术推广，不仅将带来农业技术和农业产业上的飞跃进步，而且也将大大提高农科人才的培养质量，提升农业科研的创新能力。

2.4.2.2 经费何来？——以政府供给为主体

高校农业技术推广是促进我国农业现代化和乡村振兴的公益性事业，农业技术推广经费应主要由各级政府财政负担。根据联合国粮食及农业组织调查，发达国家的农业技术推广经费一般约占农业总产值的 0.9%，发展中国家约占 0.5%，而我国近20年来平均仅占0.25%。发达国家大都明确规定了农业技术推广经费的来源渠道及比例，以保证农业技术推广顺利进行。发达国家的农业技术推广虽然资金来源不同，但相对都比较充裕，保障了农业技术推广顺利开展。总体来看，发达国家形成了以政府投资为主、其他投资为辅的农业技术推广经费支持格局。美国的农业技术推广经费主要来源于联邦政府和各州政府提供的资金支持，约占总数的70%~80%。1914年颁布的《史密斯—利弗法》规定，农业技术推广经费由联邦政府农业部、州政府、县政府共同负担，私人捐款仅仅作为补充部分。日本政府规定，农业技术推广经费由中央政府和地方都道府县分别供应，并随着农村经济社会的需求逐渐增长；其中，88%的农业技术推广工作使用了科研经费，60%的农业技术推广工作使用了中央专项资金，53%的农业技术推广工作使用了地方专项资金。借鉴发达国家经验，我国政府不仅要主动承担公益性农业技术推广的全部经费，而且要努力实现农业技术推广经费逐年增长。为确保农业技术推广经费充足供应，我国政府要通过政策法规保障基本运行经费的财政拨款数额，同时要设立专项资金资助地方特色农业技术推广项目实施。此外，我国政府还要广辟财源，发动社会成员资助农业技术推广事业，引导民间资本注入农业技术推广活动。

2.4.2.3 如何推广？——以法律政策来赋权

高校农业技术推广新模式不同于以往高校自我单打独斗地选点进行个案式农技推广，而是立足本省（市）面向全国开展农技推广，必须有国家法律政策赋权保障。发达国家十分注重运用法律来维护农业技术推广实施主体进行农业技术推广的地位和权益，通过政策来推动农业技术推广实施主体的身份转变和工作发展。完善的法律政策是发达国家农业技术推广存在和延续的依据，是农业技术推广发挥促进农业生产力作用的有力保障。美国的农业技术推广体制是运用法律法规形式固定下来的，并逐步使农业高校农业技术推广与农业教育、农业科研"三结合"体制制度化。1862年美国国会通过的《莫雷尔法案》和1887年通过的《哈奇法案》为农业高校农业技术推广体系的建立提供了先决条件，1914年通过的《史密斯—利弗法》奠定了农业高校主导实施农业技术推广的基础。之后，美国国会又通过了一些与农业技术推广有关的法案，如1925年的《珀内尔法》、1928年的《卡珀—凯查姆法》、1935年的《班克里德—琼斯法》、1945年的《班克里德—弗拉纳根法》、1946年的《农业销售法案》和1964年的《经济机会法》等，这些法案使农业高校农业技术推广体系不断完善。在日本，1945年制定的《农业技术渗透方案》为国家农业技术推广发展奠定了重要基础，

1948年公布的《农业改良助长法》标志着国家协同农业技术推广制度的建立。此后，日本多次修订《农业改良助长法》和《农业改良助长法施行令》，使国家农业推广体系不断完善，保障了农业技术推广的高效进行。澳大利亚、法国、荷兰、韩国也在农业技术推广方面出台过许多法律、法规和政策，有效保障了本国农业技术推广主体顺利实施农业技术推广，大大促进了本国农业生产力水平提升。借鉴发达国家经验，我国要建立健全高校农业技术推广新模式的法律政策，保障高校依法依规高效开展农业技术推广。

2.4.2.4 怎样评估？——以产业绩效为中心

高校农业技术推广新模式将改变农科大学固守校园来培养人才、科学研究和社会服务的传统生存样态，促使农科师生面向农业产业开展农业教育、农业科研和农业技术推广，因而高校必须以促进产业绩效状况为中心构建新的评价和激励制度。高校农业技术推广新模式下，高校将不再以论文、论著和课题等来评价农科教师，而以促进产业绩效状况为中心衡量农科教师的工作量和贡献大小，给予促进产业绩效明显的教职员工更多认可、荣誉和物质奖励。对于从事农业技术推广的教师，高校要在职称晋升上予以倾斜。高校要组织由政府、用人单位和社会成员共同组成的职称评聘委员会，综合教师面向产业的科研水平、工作量和业绩成效等予以评定，使更多从事农业技术推广的教师看到通过服务产业可以获得技术职务晋升的希望。为鼓励教师长期蹲点农村，推动教师积极认真地开展农业技术推广工作，高校要加大对从事农业技术推广教师的"下乡津贴"补助力度，使他们在经济生活方面得到改善，从而激发他们坚守为农服务的理想，促进他们主动进行科技兴农服务，进而促使他们自觉地将农业推广、农业科研与农科人才培养融合在一起，形成农业教育、农业科研和农业技术推广良性循环和健康发展。

2.5 本章小结

农业技术推广模式是科技推广模式的特殊形式，是指在兴农强农理念指导下，农业技术推广组织根据农业发展规律、技术发展规律和农业产业时代需求，为农业产业构建的较为稳定的科技应用结构及其运行方式和运行机制的总称。农业技术推广模式是时代的产物，随着农业产业和农业技术的变化而不断改进和完善。现阶段，我国高校对于农业技术推广的作用并没有达到理想效果，现行政府农业主管部门主导的农业技术推广模式并不能满足农业产业及其经营主体对农业技术的需求。面对农业科技快速升级更新的趋势和我国农业现代化的技术需求，充分利用自身人才、科技和服务集于一体的优势，勇担补齐国家农业现代化"短板"的重任，改革以往淡于农业技术推广的传统和弱项，面向农业产业构建稳定的农业技术研发、试验、示范、宣传、教育、培训、指导和咨询等服务机构及其运行方式是高校当仁不让的历史使命。高校农业技术推广重构模式与现行政府主导型农业技术推广模式相区别，既体现了高校自身的优势特征，又将展示出未来构建的农业技术推广特色，具有产教一体性、创新永续性、资源集聚性、推广高效性、目标多样性等特征。

我国高校重构农业技术推广模式既需要面向时代及未来的新趋势和新需求，克服现有不足，借鉴成功经验，又需要参照学界揭示出来的农业技术推广相关理论和规律，遵循科学，顺势而为。当前，产教"两张皮"已成为制约我国农业高校发挥社会作用的最大问题，农业高校亟须合法合理地面向产业谋求高质量发展。同时，农业现代化"短板"是我国实现全面现代化亟须解决的迫切问题，建设社会主义强国需要先使农业变强。我国高校重构农业技术推广模式是破解农业高校发展困境和农业现代化困境的有效方式，是未来时代农业科技发展趋势使然。除观照现实需求外，高校农业技术推广模式重构要依据管理与生产力关系理论、传统农业改造进化理论、现代农业科技应用理论和农技推广模式演进理论，坚持产教融合、技术优先、资源优化、公益至上、财政扶持、服务拓展、内源驱动、健康指引等原则，遵循农业演进规律、农技进步规律、推广成才规律、政府推动规律、群众需求规律、技术适用规律、教育塑造规律和技企合作规律。

高校主导型农业技术推广模式涉及多个主体，是一个复杂系统。重构农业技术推广体系，高校不仅要厘清构建主体之间的关系，保持管理体制顺畅，而且要依据自身农业技术推广体系存在的机理进行建设，保证运行机制畅通。高校主导型农业技术推广模式的主体包括农业高校、各级政府、科研院所、涉农企业、社会组织，以及教师、学生、农民等参与个体，各级科学技术协会、各级农业技术推广协会、联合国粮食及农业组织、国际水稻研究所、国际复兴开发银行等国内外参与组织等。高校农业技术推广要高度尊重所有农业技术推广主体，充分利用各主体力量和优势。那么，高校农业技术推广新模式究竟由谁实施？高校农业技术推广的经费由何而来？高校如何组织开展农业技术推广？高校农业技术推广怎样评估和激励教职员工？围绕农业技术推广的实施主体、资金供给、职责权力和激励制度等，高校农业技术推广新模式形成了内在的运行逻辑和权利规则。

3 我国高校农业技术推广模式的现状分析

我国形成于20世纪50年代以政府农业部门为主体的农业技术推广体系虽然几经改革，对推进农业现代化进程发挥了重大作用，但面对农业发展的新形势和农业经营主体的新需求，愈来愈暴露出管理僵化、手段落后、技术不精、指导不力等现实问题，亟须改革。作为农业大省，湖北于2003年推行乡镇综合配套改革，在农业技术推广系统实施"以钱养事"管理体制。这一改革将农业技术推广以项目的形式托付于新的农技推广单位，"花钱买服务，养事不养人"，精简了农技推广队伍，增强了农技服务效果。然而，改革后的农技推广单位由事业性质变为企业性质，农技人员由国家干部变成了社会人，人心不稳、后继乏人，农技推广的硬件建设滞后，指导能力减弱。湖北是我国农业技术推广改革的代表，其农业技术推广现状反映了我国农业技术推广的普遍状况。随着农业工业化的步伐加快和农村人力资源向城镇转移增速，21世纪成为我国农业发展变化最快的时代：农业问题从总量不足转向结构性矛盾；农业供给对象从追求吃饱转向追求健康而营养；农业经营方式从一家一户个体经营转向规模化、集约化经营；务农者的务农目的亦从自给自足转向增收致富。在这快速变化的时代，我国从粮食出口大国转变为进口大国，农业稳定问题日趋突出；我国农业种植方式大多与环境生态发展的要求相悖，绿色农业危机重重。这些变化，要求集人才、科技和育人优势于一体的涉农高校转变服务"三农"的传统方式，重构农业技术推广模式，及时将前沿科技成果推广到农户手中，促进我国农业向数量质量效益并重现代农业转型。

3.1 我国高校农业技术推广模式概况与调研设计

高校农业技术推广是国家农业技术推广系统的重要方面，主要承担公益性农业技术推广服务职责。涉农高校是农业科技成果、人才、信息的重要源泉，其发展与农村社会、农业经济发展密不可分。农业技术推广是涉农高校发挥社会服务功能的有效途径和载体，涉农高校在农业技术推广中具有其独特优势。农科教相结合是农业科学技术转化为现实生产力的有效途径，也是可持续视域下农业技术推广的最佳组织形式。涉农高校大力开展农科教结合，教师经常下基层推广和普及农业科学技术，在推广应用和技术咨询过程中解决生产急需的疑难问题，有利于形成科研—实践—科研的良性循环。目前，涉农高校农业技术推广中存在着动力不强、职责不明、专门人才和经费不足等问题，亟须予以政策调整和支持。本书以农业农村部和财政部联合支持的农业科研院校重大农业技术推广服务试点项目为基础，调研高校农业技术推广模式现状，以期针对性调动高校农业技术推广活力，发挥高校农业技术推广对我国农业现代化和农业强国的最大促进作用。

3.1.1 我国高校农业技术推广的现行主要典型模式

高校的职能是人才培养、科学研究和社会服务，高校农业技术推广主要围绕高校职能展开。作为农业教学的中心，涉农高校利用教育优势为农业研究和推广培养了大批科技人才，利用科技力量和设备为农村培养了大批实用技术人才、农民骨干，在农业技术推广中发挥着重要作用；作为农业科学技术研究的中心，涉农高校不仅为农村、农业提供了大量新技术、新成果、新知识，而且利用专家咨询指导服务、教学基地示范，以及科研成果商品化和产业化等形式，促进了产学研三结合的良性循环，发挥了较好的社会服务功能；作为社会服务的重要实施者，涉农高校开展农业技术推广，实施农科教结合，促进了农业科技成果转化。以人才培养、科学研究和社会服务三大职能为中心，涉农高校在农业技术推广中形成了卓有成效的典型模式。以南京农业大学、中国农业大学、华中农业大学和河北农业大学为例，本书简要分析我国高校农业技术推广的现行主要典型模式。

3.1.1.1 南京农业大学的"双线共推"模式

21世纪以来，南京农业大学遵循"立足江苏、侧重华东、辐射全国"原则，充分发挥高校的多功能优势，根据区域农业产业发展需求、经济发展程度、区位交通特点等因素，开展科技服务和技术推广，在农业技术推广服务中开创了"双线共推"的新模式。该模式以"移动互联+农技推广"为理念，通过线下与地方共建新型农业经营主体联盟，线上向联盟成员推广"南农易农"APP进行全程实时农业科技服务，依托各类基地和项目广泛开展"双线共推"模式应用。

该模式的具体措施有：一是校地合作组建新型农业经营主体联盟。在地方政府有关部门的指导下，以基地为载体，以项目为引导，鼓励和扶持新型农业经营主体自愿联合发起成立非营利性、开放式、农科创相结合的综合性社团，重点就科技推广、成果转化、基地建设、信息交流、资源共享等进行交流协作，以此实现校地合作共同指导服务新型农业经营主体。二是开发"南农易农"APP。"南农易农"APP 集成"当前农事""农业科技""易农互动""易农微课"等功能板块，开展实时指导、问题解答和在线培训，便于学员在线学习知识库、微课视频等线上视频。三是构建专家对接联盟服务格局。学校不仅组织本校 45 位教师作为"双线共推"服务模式的指导专家，还聘用了 23 位地方农业技术推广站工作人员作为农业技术推广服务的特聘教授。南京农业大学探索的"双线共推"模式在实施过程中注重实效，不仅促进了相关农业产业的发展，也培养了一大批农业人才。南京农业大学与句容、东海、泗洪、金坛等地共建了 11 个新型主体经营联盟，成员达 3000 多户；共建区域示范推广基地 30 个、基层农技推广站 69 个；联合地方农业技术推广主管部门服务联盟成员养殖基地 32 个、种植基地 38 个；参与示范园区建设 120 个，推广新品种 290 余个、新技术 500 余项；每年转化或推广新技术、新成果 50 余项，申报专利 10 余项；对接服务农村合作社及地方企业 100 余个；带动近 60 万亩的稻麦、果蔬产业实现了优质生产，产品质量得到显著提升。同时，该模式所建立的线下联盟以新农村服务基地为平台，以项目为依托，不仅是服务地方农业的载体，也是学校人才培养的阵地。近年来，基地通过开展各类实习、实践活动，培养全日制学生 10 000 余人（潘玉娇，2018）。

3.1.1.2 中国农业大学的"科技小院"模式

为推动人才培养、科学研究与生产实践密切联系，中国农业大学探索建立了"科技小院"模式。该模式采用大学—地方政府—企业合作的方式，选择有代表性的农村，依托基层政府农业技术推广部门、农业生产企业及科研基地，建立以研究、示范、推广、培训和食宿功能为依托的"科技小院"[①]。农科研究生需要在"科技小院"住半年乃至更长时间进行课题研究，围绕当地支柱产业，开展多种形式的农业科技推广和服务，协助当地政府、龙头企业、农民合作组织、农业技术推广部门，切实解决区域农业发展的实际问题，为区域农业发展贡献智慧，锻炼研究生分析问题、解决实际问题的能力，在农业产业实践中提升综合素

---

① http://www.moe.edu.cn/jyb_xwfb/s6192/s133/s146/201411/t20141119_178562.html.

质（赵娜娜，2015）。经过多年探索与实践，中国农业大学创建的集科研、人才培养与社会服务三位一体的"科技小院"模式为农民"零距离、零时差、零门槛、零费用"提供科技服务，改变了农业生产方式、农民习惯、村容村貌、产业发展样式和人才培养传统，获得"中国三农创新榜"第一名。2017 年，中国农业大学牵头成立全国涉农高校"科技小院"研究生创新创业教育联盟，助推涉农专业创新、创业型研究生培养，全面服务于国家创新、创业人才培养计划，服务于国家创新驱动发展战略和"三农"发展。同时，中国农业大学结合地方科技和产业需求，依托"科技小院"及其实验站和教授工作站，为贫困地区经济建设服务。目前，中国农业大学已在全国建设"科技小院"81 个、实验站 26 个、教授工作站 56 个，每年培训指导农民和农技人员 5 万余人次（刘剑，2017）。

3.1.1.3 华中农业大学的"四个一"模式

20 世纪 80 年代以来，华中农业大学以创新驱动经济社会发展为己任，探索建立了"四个一"的农业技术推广模式，即"围绕一个领军人物，培植一个创新团队，支撑一个优势学科，促进一个富民产业"，服务国家重大战略需求和地方经济社会发展需求，深入推进科技创新与经济社会发展的深度融合，既促进了自身学科成长和科技创新能力的提升，又为地方经济社会发展提供强大的智力支持和技术支撑。一方面，学校围绕社会发展需求做科研，服务于行业发展提出的重大技术创新和产业需求。学校直面油菜、水稻、禽畜、柑橘、马铃薯等农业产业发展问题，汇聚邓秀新、张启发、傅廷栋等高层次科技创新人才，搭建国家重点实验室、国家工程（技术）研究中心和育种中心等高水平科技创新平台，承接重大科技课题和项目工程，取得了丰硕的科研成果。另一方面，学校注重科研成果的转化和推广，将学校的科研优势转化为区域经济社会发展的动力。学校坚持"以服务求支持，以贡献求发展"的办学思路，积极加强与政府、企业和研究机构联系，将高校的潜在生产力转化为企业的现实生产力，促进传统产业的转型升级、新兴产业的建立和新技术的开发，提高企业的科技创新能力。同时，学校注重将杂交油菜、绿色水稻、优质种猪、动物疫苗、优质柑橘、试管种薯等研究领域的研究成果进行应用推广，带动产业发展和农民致富。近年来，华中农业大学在建始县定点扶贫实践中将"四个一"模式发展为"六个一"产业精准扶贫模式，即"围绕一个特色产业，组建一个专家团队，设立一个攻关项目，支持一个龙头企业，带动一批专业合作社，助推一方百姓脱贫致富"。学校充分发挥学科专业优势，组织大专家，争取大项目，解决大问题，服务区域经济社会发展，取得了累累硕果，赢得了政府、媒体和群众的好评。学校的社会服务工作先后获得全国社会扶贫先进集体、中央国家机关等单位定点扶贫先进集体、湖北省脱贫奔小康试点工作先进单位、湖北省属高校对口支持与合作工作先进单位一等奖、湖北省科技特派员工作先进单位、湖北省"三万"活动工作突出工作组、中国农业技术推广协会先进单位等荣誉称号。

3.1.1.4 河北农业大学的"太行山道路"模式

20世纪70年代末，面对太行山区800多万贫困人口，河北农业大学以承担"河北省太行山区开发研究"项目为契机，把科技送进农户，把知识献给农民，把论文写在了太行山上，走出了一条享誉全国的"太行山道路"。1979年，河北农业大学把位于深山区的易县阳谷庄村定为试验区，一支由15个学科的教授、讲师、助教等70多人组成的科研队伍开进了阳谷庄，拉开了"太行山区综合治理"的序幕。1980年春天，阳谷庄试验区便以98万元的投入获得3330万元的经济效益，让山区人民第一次尝到了科技进山的甜头。1981年，国家科学技术委员会充分肯定了阳谷庄试验区的先治穷后治山、优先推广适用技术的路子，将河北农业大学"山区综合治理试验"发展成为"太行山开发研究"课题，纳入国家科研计划，并扩展到河北省4个地区的24个县，设立59个试验基点。1986年春，河北农业大学"太行山开发研究"被国家科学技术委员会正式命名为"太行山道路"。20世纪90年代，学校完成最初扎根太行任务之后，便将"太行山道路"向山前平原区、黄淮海中低产试验区、坝上地区等六大生态经济类型区拓展，为河北省实现农业高水平发展，持续做出新的贡献。2017年7月，保定市政府与河北农业大学签订协议，在全市创建推广"太行山农业创新驿站"，创新打造政府引导、专家参与、企业发展、群众受益的科技扶贫新模式。截至2020年底，保定19个县（市、区）已建成50家"太行山农业创新驿站"，30.27万贫困人口在创新驿站辐射带动下走出贫困。

3.1.2 我国高校农业技术推广模式的调研实施过程

我国高校在农业技术推广中尽管探索出了众多成功模式，但也存在诸多问题，如高校农业专家科研成果因为缺乏经费而推广不下去、基层种养大户因为求教无门而使生产实践中遇到的许多技术难题得不到解决、技术创新和技术推广严重脱节等。2015年，农业部、财政部为改进和完善农业技术推广体系，解决好农业科技"最后一公里"问题，发布《关于做好推动科研院校开展重大农技推广服务试点工作的通知》（农办财〔2015〕48号），遴选出河北、辽宁、江苏、安徽、福建、河南、湖北、广东、重庆、陕西10省（直辖市）为试点省份，开展重大农业技术推广试点工作。此次重大农业技术推广活动将科技、资金、产业有机结合起来，有效地解决了农业科技棚架、资金不足、产业"散""弱"等问题，是农业技术推广模式变革的有益尝试。

2015年9月以来，笔者主持的课题组以农业部、财政部重大农业技术推广服务试点项目——湖北省水稻产业重大农技推广服务项目为契机，组织行业专家及研究生30余人对10多个试点县市进行跟踪调研，跟进开展关于新型农业技术推广管理的研究工作，旨在促进农业科技服务"最后一公里"畅通、高效，努力构建面向未来的农业技术推广新模式。

3.1.3 我国高校农业技术推广模式的调研问卷设计

本书针对华中农业大学承担的湖北省水稻产业重大农技推广服务项目的实践进程，设计出高校农业技术推广的农户卷、示范村/示范点卷、专家教授卷和管理干部卷共四份调研问卷，旨在考察当前我国高校农业技术推广中推广工作、农户参与、受益与体会等状况。

每份问卷分为四个部分，包括问卷对象者的基本情况、水稻产业新技术推广前的情况、水稻产业新技术推广后的情况和对于实施水稻产业新技术推广的体会及看法。以农户卷为例，第一部分被访人"基本情况"包括性别、年龄、家庭人口、主要劳动力人口、家庭年经济收入水平、家庭年经济收入的主要途径、受教育的程度、家庭中青壮年劳动力受教育的平均程度、家庭中青壮年劳动力的外出务工情况等问题。第二部分"水稻产业新技术推广前的情况"包括家庭主要农作物、耕种面积、当前接受农业技术推广的主要渠道主要、当前农业技术推广存在的最大问题、当前农田种养存在的最大问题等，其中"水稻产业新技术推广前的农户家庭收入状况"的问题设计具体如表3.1所示。第三部分"水稻产业新技术推广后的情况"包括当前家庭主要农作物、耕种面积、接受农业技术推广的主要渠道、当前农业技术推广存在的最大问题、当前农田种养存在的最大问题等，其中"水稻产业新技术推广后的农户家庭收入状况"的问题设计具体如表3.2所示。第四部分"对于实施水稻产业新技术推广的体会和看法"包括对当前政府统管的农业技术推广管理体制的认知、对当前多元混合的农业技术推广运行机制满意度、对当前多主体参与的农业技术推广服务模式的认知、对本次

3 | 我国高校农业技术推广模式的现状分析

高校专家教授主导水稻产业新技术推广的管理体制满意度、对本次高校专家教授主导水稻产业新技术推广的运行机制满意度、对本次高校专家教授主导水稻产业新技术推广的服务模式满意度、对本次农业农村部和财政部试行的水稻产业新技术推广的经费制度的认知、对高校能够胜任以某一产业为主主导农业技术推广的历史重任的认知、对高校专家教授将水稻产业新技术推广定位于解决农业具体问题的目标的认知、对高校关于教师从事农业技术推广的制度的认知、对目前高校教师完全致力于农业技术推广的认知、对目前对于高校教师致力于农业技术推广的激励制度的认知、对高校教师经常在农业技术推广中权衡自我得失的认知，以及开放性题目：实施水稻产业新技术推广后，对农业技术推广和农田种养在哪些方面较之前有很大转变的认知；实施水稻产业新技术推广后农田种养取得显著成效的认知及引发这一结果的合力因素主要有哪些；对当前的种养补贴的认知；当前的种植亩产量；对目前农业技术推广管理体制、运行机制和服务模式有何改善建议；对激励、引导科研院校主导农业技术推广有何政策建议等。其他三份问卷的内容结构与农户卷大体一致，详细内容见后文的分析之中。

表 3.1 "水稻产业新技术推广前的农户家庭收入状况"问卷

1	当时您家农田主作物投入的成本要素主要包括	每年第一季作物为_____，每亩成本约_____元
		每年第二季作物为_____，每亩成本约_____元
		每年第三季作物为_____，每亩成本约_____元
2	当时您家农田主作物的销售收入	每年第一季，每亩销售收入约为_____元
		每年第二季，每亩销售收入约为_____元
		每年第三季，每亩销售收入约为_____元
3	当时您家农田的纯收入	每年第一季，每亩纯收入约为_____元
		每年第二季，每亩纯收入约为_____元
		每年第三季，每亩纯收入约为_____元
4	当时您家农田的总纯收入	每年第一季，总纯收入约为_____元
		每年第二季，总纯收入约为_____元
		每年第三季，总纯收入约为_____元
5	当时您家的其他收入途径为	其他收入①，每年约为_____元
		其他收入②，每年约为_____元
6	当时您家的其他收入占比	每年其他收入共占家庭总收入的_____%

表 3.2 "水稻产业新技术推广后的农户家庭收入状况"问卷

1	目前您家农田主作物投入的成本要素主要包括	每年第一季作物为_____，每亩成本约_____元
		每年第二季作物为_____，每亩成本约_____元
		每年第三季作物为_____，每亩成本约_____元
2	目前您家农田主作物的销售收入	每年第一季，每亩销售收入约为_____元
		每年第二季，每亩销售收入约为_____元
		每年第三季，每亩销售收入约为_____元
3	目前您家农田的纯收入	每年第一季，每亩纯收入约为_____元
		每年第二季，每亩纯收入约为_____元
		每年第三季，每亩纯收入约为_____元
4	目前您家农田的总纯收入	每年第一季，总纯收入约为_____元
		每年第二季，总纯收入约为_____元
		每年第三季，总纯收入约为_____元
5	目前您家的其他收入途径为	其他收入①，每年约为_____元
		其他收入②，每年约为_____元
6	目前您家的其他收入占比	其他收入每年共占家庭总收入的_____%

3.1.4 我国高校农业技术推广模式的调研分析思路

本书以华中农业大学承担的湖北省水稻产业重大农技推广服务项目实践作为观测活动，通过蹲点跟踪调研，研究农户尤其种粮大户对农业产业技术推广的需要和要求、收益状况，水稻产业在该村及其农户经济收入中所占的比例，该项重大农业技术推广项目对农户带来的影响等。具体而言，本书将基于调研数据总结高校试点主持重大农业技术推广中管理体制、运行机制、服务模式及激励、导向政策方面的做法及成效，分析传统农业技术推广带来的管理体制、运行机制、服务模式及激励、导向政策方面的问题及不足，探究高校农业技术推广中管理体制、运行机制、服务模式及激励、导向政策方面存在问题的深刻原因。

课题组在华中农业大学承担的重大农业技术推广服务试点项目调研中发放问卷1300份，回收有效问卷1123份，回收有效率为86.38%。其中，回收农户问卷835份、示范村/点问卷12份、专家教授问卷111份、管理干部问卷

165份。基于问卷和实地考察，本书获得了高校试点主持重大农业技术推广的实践全貌。

3.2 我国高校农业技术推广现行模式的成效分析

高校试点主导的重大农技推广领导有力，经费充分，运行模式得到示范农户、示范村/点、科技管理干部和专家教授们普遍认可。围绕水稻综合种养，华中农业大学水稻产业重大农技推广专项项目组不仅促进了农产品初级品产量提高，而且探索出了生态种养的高效模式。

3.2.1 运行模式认可度高

与传统农业技术推广任务由部、省、市、县、乡（镇）农业技术推广部门层层传递不同，此次重大农业技术推广专项活动由财政部出资，农业农村部主管并直接委托科研院校实施，省（市）农业农村厅（委）监管。这使农业技术的持有者成为推广者，省去了中间环节，运行高效，获得农业技术推广相关工作的管理干部、重大农业技术推广专项的示范村/点及其农户的高度认可（图3.1）。从表3.3可以看出，99%以上被访者对此次重大农技推广专项活动的管理体制、运行机制和服务模式表示满意，其中"很满意"率平均达到92.5%。

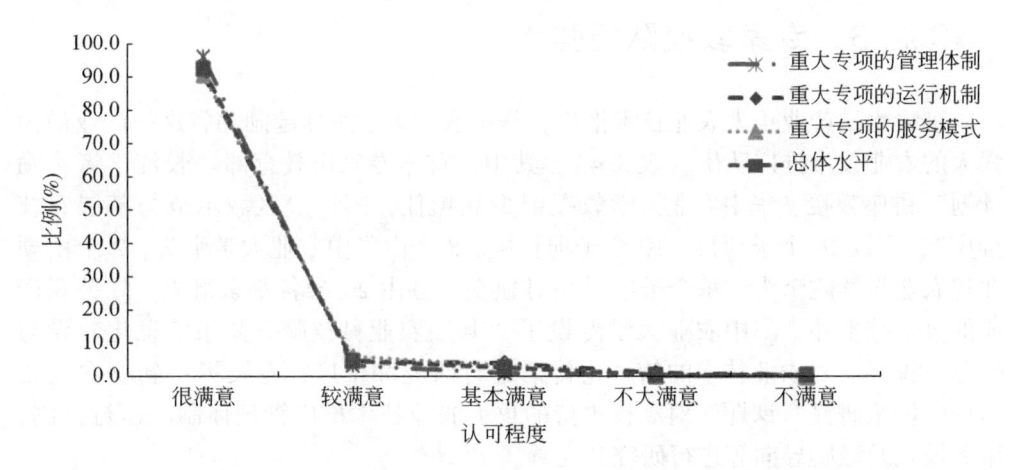

图3.1 高校主导的重大农业技术推广运行模式认可程度变化图

表 3.3 高校主导的重大农业技术推广运行模式认可程度

程度 项目	很满意 人数（人）	很满意 占比（%）	较满意 人数（人）	较满意 占比（%）	基本满意 人数（人）	基本满意 占比（%）	不大满意 人数（人）	不大满意 占比（%）	不满意 人数（人）	不满意 占比（%）
重大专项的管理体制	1 078	96.0	35	3.1	8	0.7	1	0.1	1	0.1
重大专项的运行机制	1 019	90.7	51	4.6	43	3.8	8	0.7	2	0.2
重大专项的服务模式	1 021	90.9	66	5.9	35	3.1	1	0.1	0	0
总体水平	1 039	92.5	51	4.5	29	2.6	3	0.3	1	0.1

3.2.2 政府支持联动有力

此次重大农业技术推广专项活动不仅在国家层面上有农业农村部和财政部谋划和支持，而且省、市、县、乡（镇）政府也对科研院校鼎力相助。湖北省农业农村厅不仅监管项目实施，还提供人员配置、基地选择等各种协调服务。涉及该项目的市、县、乡（镇）政府则积极参与，大力配合。例如，荆州市农业农村局及农科院直接参与多个项目实施，蕲春县农业农村局合作进行水稻技术推广试验，蕲春的多个乡镇主动承担试点工作。

3.2.3 专家教授队伍强大

围绕水稻产业重大农业技术推广，华中农业大学组建起湖北省这一产业最为强大的农业技术推广队伍（表3.4）。其中，首席专家由教育部"长江学者奖励计划"讲座教授、华中农业大学教授彭少兵担任，围绕"区域示范与基层农技推广"，下设10个子项目。10个子项目中，8个由华中农业大学牵头，2个由湖北省农业科学院牵头。每个子项目相对独立，各由20余名专家组成。除关联产业的直接技术外，华中农业大学专设了"基层农业科技服务体系信息化建设与示范"课题，对农业技术的信息化传播进行研究和推广；专设了"新型农业技术推广体系研究"课题，对高校主持的重大农业技术推广管理体制、运行机制、服务模式及激励导向等进行研究和完善。

3 | 我国高校农业技术推广模式的现状分析

表 3.4 高校主导的湖北水稻产业重大农业技术推广专项专家队伍

序号	子项目名称	首席专家	专家职称	专家单位	成员
1	水稻"一种两收"丰产高效技术集成与示范	彭少兵	教授/长江学者	华中农业大学	25人
2	鄂中北"优质稻"丰产高效技术集成与示范	曹凑贵	教授/院长	华中农业大学	26人
3	江汉平原水稻大面积平衡丰产增效技术集成与示范	程建平	研究员/主任	湖北省农业科学院	21人
4	鄂东南双季稻周年丰产提质增效技术集成与示范	黄见良	教授/副院长	华中农业大学	20人
5	丰产优质广适多抗新品种及配套栽培技术集成与示范	游艾青	研究员/所长	湖北省农业科学院	24人
6	水稻病虫害绿色综合防控与化学农药减施技术集成与示范	黄俊斌	教授	华中农业大学	27人
7	油菜全程机械化生产技术集成与示范	周广生	副教授	华中农业大学	22人
8	稻渔综合种养提质增效技术集成与示范	王卫民	教授/院长	华中农业大学	28人
9	基层农业科技服务体系信息化建设与示范	贺立源	教授	华中农业大学	24人
10	新型农业技术推广体系研究	李忠云	教授/省委决策支持顾问	华中农业大学	28人
		陈新忠	教授	华中农业大学	

3.2.4 专项经费保障充分

对于这次重大农技推广专项试点项目，财政部划拨每省（市）经费5000万元。就湖北省而言，华中农业大学承担水稻产业重大农业技术推广专项，支持经费3000万元；湖北省农业科学院承担园艺产业的重大农业技术推广专项，支持经费2000万元。根据湖北省农业农村厅统筹谋划，华中农业大学分类用好该项经费。如表3.5所示，高校主导的湖北省水稻产业重大农技推广专项分为区域示范与基层农技推广、科研实验基地、基层农业科技服务体系信息化建设与示范、新型农业技术推广体系研究、推广专家工作经费及驻点补贴、项目绩效考核等7类，每个项目组基本都获得了充足的推广经费。其中，该项目安排区域示范与基层农技推广经费1740万元，安排科研实验基地（包括武汉南湖站、鄂州峒山站、武汉马湖—随县站）建设经费570万元，安排推广专家工作经费及驻点补贴319万元，安排基层农业科技服务体系信息化建设与示范经费171万元，安排第三方项目绩效考核经费50万元。

表3.5　高校主导的湖北水稻产业重大农业技术推广专项资金分配

序号	类别	子项目	资金分配（万元）
1	区域示范与基层农技推广	水稻"一种两收"丰产高效技术集成与示范	285
2		鄂中北"优质稻"丰产高效技术集成与示范	225
3		江汉平原水稻大面积平衡丰产增效技术集成与示范	200
4		鄂东南双季稻周年丰产提质增效技术集成与示范	200
5		丰产优质广适多抗新品种及配套栽培技术集成与示范	200
6		水稻病虫害绿色综合防控与化学农药减施技术集成与示范	200
7		油菜全程机械化生产技术集成与示范	200
8		稻渔综合种养提质增效技术集成与示范	230
9	科研实验基地	湖北省水稻产业现代种养技术创新基地	570
10		基层农业科技服务体系信息化建设与示范	171
11		新型农业技术推广体系研究	40
12		园艺产业柑橘部分	110
13		推广专家工作经费及驻点补贴	319
14		项目绩效考核	50
15	合计		3 000

3.2.5　产品增收效益明显

围绕水稻综合种养，华中农业大学主导的湖北水稻产业重大农业技术推广专项项目组多年来成功探索出了水稻"一种两收"丰产高效的机械化种植模式。近年来，华中农业大学水稻项目组筛选出"新两优223""黄华占""两优6326""丰两优香1号"等多个适宜湖北水稻种植区一种两收的抗病抗倒伏再生稻品种，提升了品种质量；通过筛选品种和研发机械，破解了制约再生稻低产的技术难题，使水稻一种两收成为越来越多农户的选择；制定了再生稻从品种选择到收

3 | 我国高校农业技术推广模式的现状分析

割技术的高产高效栽培技术规程，规范了产业的高产优质生产标准。

在项目组的努力下，再生稻再生季平均单产从新技术推广前每亩不足 150 千克增至新技术推广后的 350 千克，水稻"一种两收"全程机械化大面积示范区亩均年产量达到 1030 千克，全省再生稻增产近 10 亿多斤[①]。"一种两收"水稻栽培与一季中稻相比，增产 300 千克以上；与双季稻相比，产量相当，每亩却节约种子成本 60 元、节约用工 7 个、节约肥料农药投资 200 元，合计每亩节约 800 元以上。新技术推广后，该项种植为全省农民增收近 15 亿元。

据对蕲春县酒铺村的调研，课题组发现水稻产业新技术推广前的 2005 年，该村村民种植早稻、晚稻，每亩每年纯收入仅为 630 元；水稻产业新技术推广后的 2015 年，该村村民种植再生稻，每亩每年纯收入可达 1620 元，比之前提高了 1000 元左右（表 3.6 和表 3.7）。

表 3.6　水稻产业新技术推广前蕲春县酒铺村农户家庭平均农业收入状况问卷

序号	内容类别	投入与收入
1	当时贵村农户的农田主作物投入成本主要包括 种子、农药、化肥等	每年第一季作物为 早稻，每亩成本约 450 元
		每年第二季作物为 晚稻，每亩成本约 560 元
2	当时贵村农户的农田主作物销售收入	每年第一季，每亩销售收入约为 640 元
		每年第二季，每亩销售收入约为 1000 元
3	当时贵村农户的农田纯收入	每年第一季，每亩纯收入约为 190 元
		每年第二季，每亩纯收入约为 440 元

表 3.7　水稻产业新技术推广后蕲春县酒铺村农户家庭平均农业收入状况问卷

序号	内容类别	投入与收入
1	目前贵村农户的农田主作物投入成本主要包括 种子、农药、化肥、机械、人工等	每年第一季作物为 再生稻，每亩成本约 950 元
		每年第二季作物为 禾生稻，每亩成本约 180 元
2	目前贵村农户的农田主作物销售收入	每年第一季，每亩销售收入约为 1550 元
		每年第二季，每亩销售收入约为 1200 元
3	目前贵村农户的农田纯收入	每年第一季，每亩纯收入约为 600 元
		每年第二季，每亩纯收入约为 1020 元

---

① 1 斤 = 500 克。

3.2.6 辐射带动效果显著

华中农业大学水稻项目组积极试验筛选新品种，示范机械化种植和收割，2015年示范面积达到20.5万亩；再生稻由2012年的30多万亩增至2015年的140万亩，成为极富潜力、广受农户欢迎的新品种。项目组研发出第一代、第二代再生稻专用收割机，建立了水稻"一种两收"的全程机械化技术体系，机械化辐射面积2015年达到98万亩；项目组探索出了水稻一次耕整、育秧、栽插，两季收获的规模化、机械化之路，使水稻种植省工、省种、省水、省肥、省药、省秧田，使再生稻成为湖北省调优水稻结构、实现粮食优质高产增效的有效途径。2016年，项目组还围绕水稻探索出稻渔综合种养等多种模式，示范面积达到222万亩（表3.8）。

表3.8 高校主导的湖北水稻产业重大农业技术推广专项示范辐射情况

序号	子项目名称	示范区域	目标示范面积（万亩）	实际示范面积（万亩）
1	水稻"一种两收"丰产高效技术集成与示范	蕲春、洪湖、江陵	25	36
2	鄂中北"优质稻"丰产高效技术集成与示范	荆门、随州、襄阳、谷城、建始	30	30
3	江汉平原水稻大面积平衡丰产增效技术集成与示范	监利、江陵	25	39
4	鄂东南双季稻周年丰产提质增效技术集成与示范	武穴、蕲春、英山	25	25
5	丰产优质广适多抗新品种及配套栽培技术集成与示范	京山、武穴、监利、随州、江夏	30	30
6	水稻病虫害绿色综合防控与化学农药减施技术集成与示范	江陵、武穴、随州	20	27
7	水稻全程机械化生产技术集成与示范	沙洋、武穴	20	28
8	稻渔综合种养提质增效技术集成与示范	荆州、荆门、鄂州	3	7

3.3 我国高校农业技术推广现行模式的问题分析

高校主导重大农业技术推广是我国现代农业发展的客观需要，是高校彰显社会服务功能的现实反映。然而，目前农业技术推广还未成为涉农高校的核心职能，涉农高校在主导重大农业技术推广中仍然存在着主导能力、工作方式、时间投入、推广动力、团队协作、推广效益等方面的诸多问题。

3.3.1 主导能力方面

从对示范农户、示范村/点、专家教授和管理干部开展调研的情况看，1123个调研对象中66.4%（746人/个）都认为高校胜任重大农业技术推广，但仍有33.6%（377人/个）持不信任或否定态度。并且，66.4%（746人/个）持认可态度的群体中，认为"非常胜任"者的比例不高，仅占20.1%（226人/个）；而认为"基本胜任"者的比例较高，占到25.1%（282人/个）。在持胜任态度者的群体中，专家教授自我认可的程度最高，比例达92.8%（103人）；在持不胜任态度者的群体中，示范农户对专家教授农业技术推广能力予以否认的程度最高，比例达38.8%（324人）（表3.9）。这一方面说明专家教授自我信心充足，有决心做好农技推广工作；另一方面也说明专家教授与群众沟通交流少，专家教授的农业技术推广能力还未赢得群众高度认可（图3.2）。

表3.9 高校主导重大农业技术推广的胜任能力认可程度

认可程度 判断主体	非常胜任 人数（人）	非常胜任 比例（%）	较胜任 人数（人）	较胜任 比例（%）	基本胜任 人数（人）	基本胜任 比例（%）	不大胜任 人数（人）	不大胜任 比例（%）	不胜任 人数（人）	不胜任 比例（%）
示范农户及自占比	128	15.3	146	17.5	237	28.4	215	25.7	109	13.1
示范村/点及自占比	2	16.7	3	25.0	4	33.3	2	16.7	1	8.3
专家教授及自占比	57	51.4	31	27.9	15	13.5	6	5.4	2	1.8
管理干部及自占比	39	23.6	58	35.2	26	15.8	37	22.4	5	3.0
合计及占总比	226	20.1	238	21.2	282	25.1	260	23.2	117	10.4

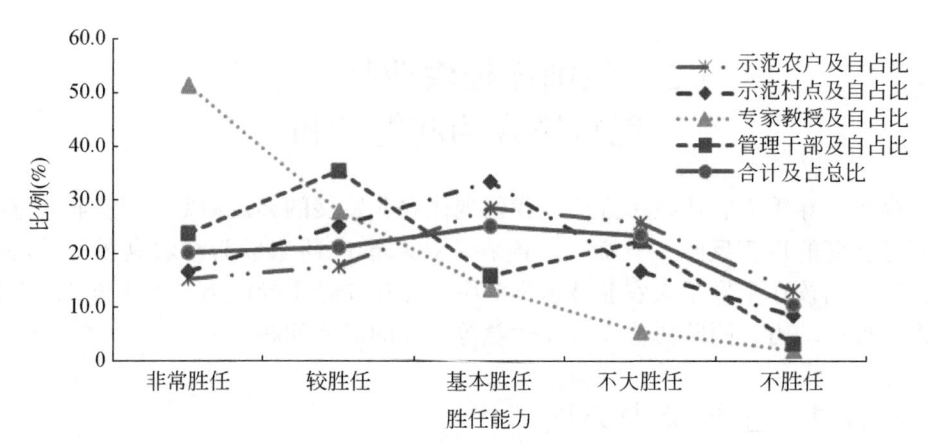

图 3.2　高校主导重大农技推广的胜任能力状况

从访谈情况看，一些访谈对象认为高校专家教授在农业技术推广方面存在能力不足问题。部分示范村/点负责人和示范农户认为，高校专家教授在农业技术推广上不如县乡的农业技术推广人员扎实、负责，对他们传授技术较少；部分管理干部认为，高校专家教授结合地方实际进行农业技术推广方面的探索不多，大多只针对性地解决个别问题；部分高校专家教授也认为，自身在农业一线实践方面从事生产性事务较少，年轻学者们从事农业生产性事务更少。

3.3.2　工作方式方面

由表 3.10 可以看出，1123 个调研对象大多认为高校专家教授在重大农业技术推广中主要从事了设计与指导、派研究生蹲点、试验实验等工作。其中，认为高校专家教授在重大农业技术推广中主要从事设计与指导的共有 1107 人/个，约占 99.5%；认为高校专家教授在重大农业技术推广中主要派研究生蹲点的共有 857 人/个，约占 81.0%；认为高校专家教授在重大农业技术推广中主要从事试验实验的共有 758 人/个，约占 79.4%。然而，调研对象大多认为高校专家教授在重大农业技术推广中存在明显弱项，即示范推广和自身蹲点方面显著不足（图 3.3）。其中，认为高校专家教授在重大农业技术推广中从事示范推广的只有 467 人/个，仅占 43.3%；认为科研院校专家教授在重大农业技术推广中自己蹲点的更少，只有 114 人/个，仅 27.2%（表 3.10）。这说明，高校的专家教授在重大农业技术推广中的主要工作方式是项目设计与指导、派研究生蹲点和试验实验，示范推广和自身蹲点较少（图 3.3）。

3 | 我国高校农业技术推广模式的现状分析

表 3.10　高校主导重大农业技术推广的工作方式调研反馈（多选）

认可程度 判断主体	设计与指导 人数（人）	设计与指导 比例（%）	自己蹲点 人数（人）	自己蹲点 比例（%）	研究生蹲点 人数（人）	研究生蹲点 比例（%）	试验实验 人数（人）	试验实验 比例（%）	示范推广 人数（人）	示范推广 比例（%）
示范农户及自占比	819	98.1	11	1.3	597	71.5	486	58.2	324	38.8
示范村/点及自占比	12	100	4	33.3	8	66.7	8	66.7	4	33.3
专家教授及自占比	111	100	48	43.2	111	100	111	100	57	51.4
管理干部及自占比	165	100	51	30.9	141	85.6	153	92.8	82	49.7
合计及平均占比	1107	99.5	114	27.2	857	81.0	758	79.4	467	43.3

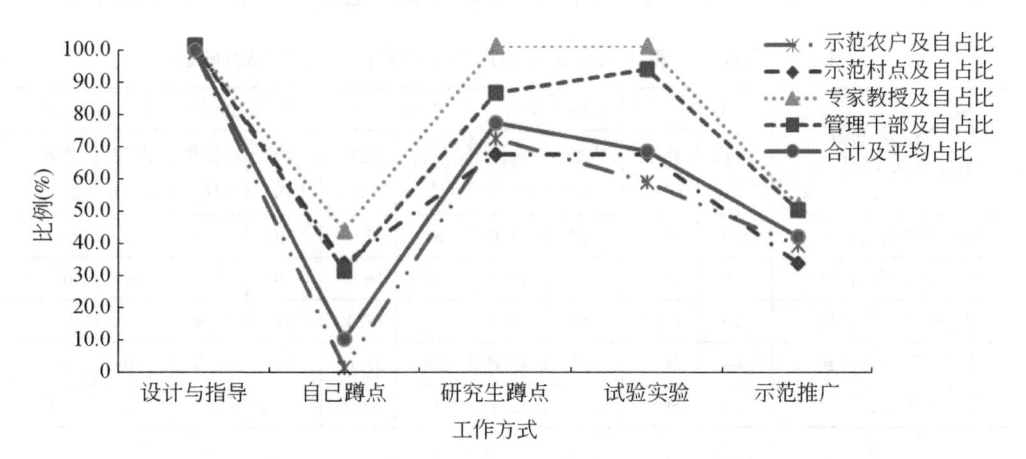

图 3.3　高校主导重大农业技术推广工作方式状况

从访谈情况看，一些访谈对象认为高校专家教授在重大农业技术推广方面存在工作方式的问题。部分示范村/点负责人和示范农户认为，高校专家教授在农业技术推广方式上不如县乡农业技术推广人员那样能够常年与他们待在一起，手把手地传授他们技术；部分管理干部认为，高校专家教授能够驻村蹲点开展农业技术推广的较少，大多当天来当天走；部分高校专家教授也表示，自己常年待在示范村/点的时间较少，与示范农户一起深入探索现代农业发展之道更少。

3.3.3　时间投入方面

由表 3.11 可以看出，1123 个调研对象大多认为高校专家教授在重大农业技术推广中 1 年累计投入的时间为 1 个月。其中，认为高校专家教授在重大农业技术推广中 1 年累计投入时间为 1 个月者共有 670 人/个，占 59.7%；认为科研院校专家教授在重大农业技术推广中 1 年累计投入时间为 2~3 个月者只有 248 人/个，仅占 22.1%；认为科研院校专家教授在重大农业技术推广中 1 年累计投入时间为 4 个月以上者只有 205 人/个，仅占 18.2%（表 3.11）。在不同调研对象群体中，高校专家教授自认为在重大农业技术推广中 1 年累计投入时间为 2~3 个月者居多，占 52.3%；示范农户认为高校专家教授在重大农业技术推广中 1 年累计投入时间为 1 个月者最多，占 71.3%；示范村/点负责人认为高校专家教授在重大农业技术推广中 1 年累计投入时间为 1 个月者的比例仅次于示范农户，占 66.6%（表 3.11）。这说明，高校专家教授在重大农业技术推广中直接投入的时间较少，下乡时间不多，为示范村/点负责人和示范农户所见更少（图 3.4）。

表 3.11 高校主导重大农业技术推广的 1 年累计时间投入调研反馈

认可程度 判断主体	1 个月 人数（人）	比例（%）	2~3 个月 人数（人）	比例（%）	4~6 个月 人数（人）	比例（%）	7~9 个月 人数（人）	比例（%）	10~12 个月 人数（人）	比例（%）
示范农户及自占比	595	71.2	117	14.0	64	7.7	36	4.3	23	2.8
示范村/点及自占比	8	66.6	2	16.7	2	16.7	0	0	0	0
专家教授及自占比	23	20.7	58	52.3	19	17.1	11	9.9	0	0
管理干部及自占比	44	26.7	71	43.0	38	23.0	12	7.3	0	0
合计及占总比	670	59.7	248	22.1	123	10.9	59	5.3	23	2.0

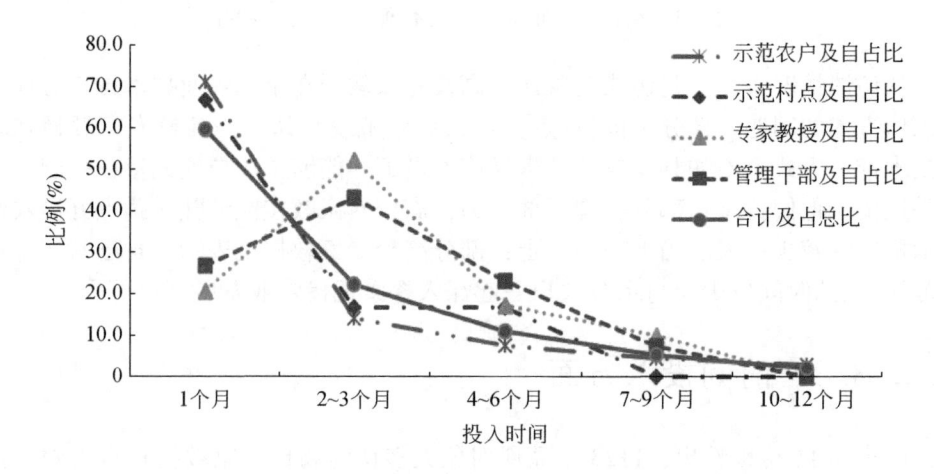

图 3.4 高校主导重大农业技术推广时间投入状况

从访谈情况看，一些访谈对象认为高校专家教授在重大农业技术推广方面存在时间投入的问题。部分示范村/点负责人和示范农户认为，重大农业技术推广项目实践中看到高校专家教授的身影较少，想及时地面对面请教高校专家教授农业技术问题比较困难；部分管理干部认为，高校专家教授主要在农产品播种、收获和生长的关键节点才到示范村/点，平时基本不来；部分高校专家教授也表示，自己主要在农作物生长的关键时期才去示范村/点，平常待在那里的时间不多。

3.3.4 推广动力方面

由表3.12可以看出，1123个调研对象大多认为高校专家教授在重大农业技术推广中享有激励的程度一般。其中，认为对于高校专家教授在重大农业技术推广中致力于农业技术推广的激励程度为"一般"者共有806人/个，占71.8%；认为对于高校专家教授在重大农业技术推广中致力于农业技术推广的激励程度为"基本没有"和"没有"者也有140人/个，占12.4%；而认为在重大农业技术推广中对于高校专家教授致力于农业技术推广的激励程度为"很大"和"较大"者只有177人/个，仅占15.8%（表3.12）。在不同调研对象群体中，高校专家教授认为对于自己致力农业技术推广的激励程度为"一般"者比例最高，占78.4%；示范农户认为对于高校专家教授致力于农业技术推广的激励程度为"一般"者人数最多，达619人，占74.1%；示范村/点负责人和管理干部认为对于高校专家教授致力于农业技术推广的激励程度为一般者的比例也比较高，均在56.0%以上（表3.12）。这说明，高校的专家教授在农业技术推广中受到的激励较少，政府、高校及社会对专家教授农业技术推广行为的关注度、关心度、投入度和激励度不高，外在刺激性动力极为不足（图3.5）。

表3.12 高校主导重大农业技术推广的激励程度调研反馈

认可程度 判断主体	激励很大		激励较大		激励一般		基本无激励		无激励	
	人数（人）	比例（%）	人数（人）	比例（%）	人数（人）	比例（%）	人数（人）	比例（%）	人数（人）	比例（%）
示范农户及自占比	34	4.1	126	15.1	619	74.1	31	3.7	25	3.0
示范村/点及自占比	1	8.3	3	25.0	7	58.4	1	8.3	0	0
专家教授及自占比	0	0	0	0	87	78.4	18	16.2	6	5.4
管理干部及自占比	0	0	13	7.9	93	56.4	56	33.9	3	1.8
合计及占总比	35	3.1	142	12.7	806	71.8	106	9.4	34	3.0

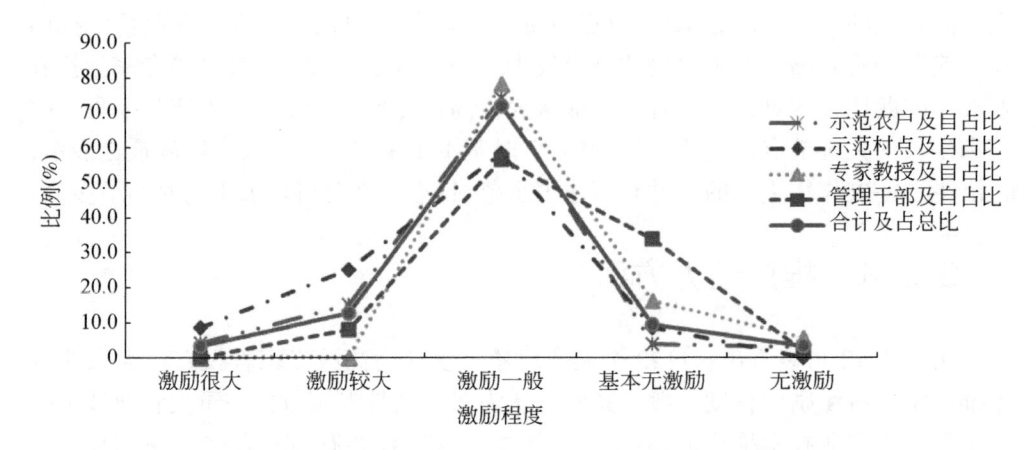

图 3.5　高校主导重大农业技术推广激励状况变化情况

从访谈情况看，一些访谈对象认为高校专家教授在农业技术推广方面存在激励欠缺的问题。部分示范村/点负责人和示范农户认为，很少听说高校专家教授致力于农业技术推广还能得到什么奖励，也极少听说专家教授因为从事农业技术推广受到什么表彰；部分管理干部认为，高校专家教授进行农业技术推广基本属于公益服务，几乎没有听说服务取酬，也很少听说他们所在单位即高校对其推广行为有奖励；部分高校专家教授也表示，自己单位（高校）对从事农业技术推广的人员没有具体奖励，没听说有人得到过相关奖励。

3.3.5　团队协作方面

由表 3.13 可以看出，1123 个调研对象大多认为高校专家教授在重大农业技术推广中的工作内容是提高农产品产量、帮助农民增收，属于第一梯队及方阵的内容。其中，认为高校专家教授在重大农业技术推广中的工作内容是帮助农民增收者比例最高，共有 839 人/个，占比达 86.6%；认为高校专家教授在重大农业技术推广中的工作内容是提高农产品产量者次之，共有 956 人/个，占比达 84.3%（表 3.13）。另外，认为高校专家教授在重大农业技术推广中的工作内容是改进农产品种子质量和提高机械化水平者也有超过半数，占比为 52.0% 左右，属于第二梯队及方阵的内容（表 3.13）。此外，认为高校专家教授在重大农业技术推广中的工作内容是绿色防控者较少，占比为 39.5%，属于第三梯队及方阵的内容（表3.13）。在不同调研对象群体中，调研对象对于高校专家教授在重大农业技术推广中工作内容的判断又有较大差异。这说明，高校的专家教授在重大农业技术推广中工作内容有所侧重，不同团队的工作重点不同；但在同一示范村/点和项目团队中大多没有涉及全面内容，项目团队实施重大农业技术推广主要推广自己熟悉和擅长领域的农业技术，缺乏全面协作（图3.6）。

表3.13 高校主导重大农业技术推广的工作内容调研反馈（多选）

认可程度 判断主体	改进种质 人数（人）	比例（%）	提高产量 人数（人）	比例（%）	绿色防控 人数（人）	比例（%）	机械化 人数（人）	比例（%）	农民增收 人数（人）	比例（%）
示范农户及自占比	218	26.1	716	85.7	321	38.4	458	54.9	574	68.7
示范村/点及自占比	9	75.0	10	83.5	6	50.0	6	50.0	11	91.7
专家教授及自占比	73	65.8	98	88.3	39	35.1	58	52.3	108	97.3
管理干部及自占比	67	40.6	132	80.0	57	34.5	89	53.9	146	88.5
合计及平均占比	367	51.9	956	84.3	423	39.5	611	52.8	839	86.6

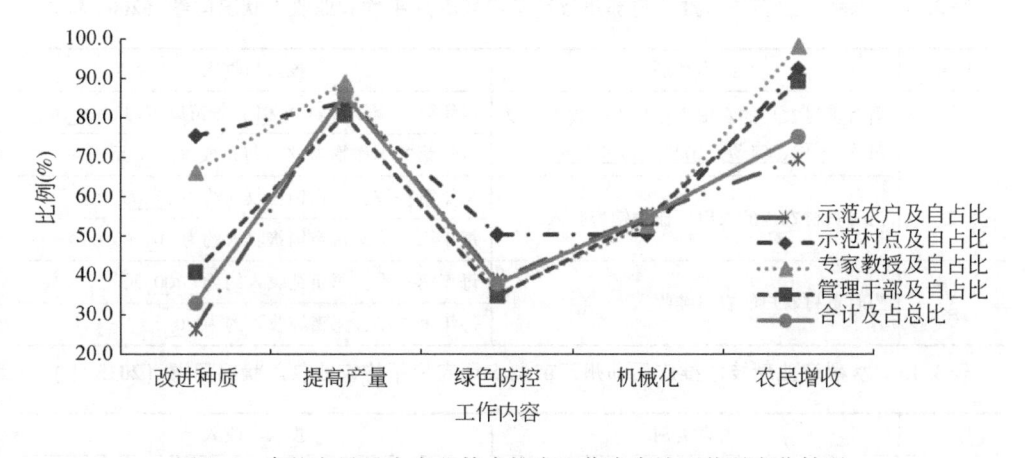

图3.6 高校主导重大农业技术推广工作内容认可状况变化情况

从访谈情况看，一些访谈对象认为高校专家教授在重大农业技术推广方面存在协作不足的问题。部分示范村/点负责人和示范农户认为，高校专家教授主要利用自己及其团队的研究和技术专长在重大农业技术推广中来改善农作物生长实践中的突出问题，单兵作战现象比较突出；部分管理干部认为，高校专家教授虽然在重大农业技术推广中瞄准了示范村/点农作物生长中的突出问题，但在整合农产品产业化各个环节的技术团队力量方面距离地方期望还有较大差距；部分高校专家教授也表示，自己主要组合所在研究及其技术团队的力量去攻克农作物生长的问题难关，进而开展农业技术推广服务，在整合其他团队力量方面急需加强。

从表3.8也可以看出，高校主导的湖北水稻产业重大农业技术推广专项8个子项目在地域分布上虽有重叠，但交叉实施的较少。这说明，一些子项目团队只是注重自身技术的单项推广，协作帮扶某地全面提高做得明显不够。

3.3.6 推广效益方面

高校主导的湖北农业技术推广重大专项活动不仅使水稻主打产品再生稻每亩每年纯收入达到了1620元，比之前提高了1000元左右，而且使水稻综合种养的收益大大提高。如表3.14所示，在湖北水稻产业综合种养项目组的指导下，鄂州万亩湖农场实施"虾稻共生"模式——稻田养虾、虾稻轮作，每亩每年纯收入达到3400元，比之前提高了2700元（表3.14和表3.15）。

表3.14　水稻产业新技术推广前鄂州万亩湖农场农户平均农业收入状况问卷（2005年）

序号	内容类别	投入与收入
1	当时贵村农户的农田主作物投入成本主要包括 稻种、农药、化肥、病虫害等	每年第一季作物为 水稻，每亩成本约 500 元
		每年第二季作物为 /，每亩成本约 / 元
2	当时贵村农户的农田主作物销售收入	每年第一季，每亩销售收入约为 1200 元
		每年第二季，每亩销售收入约为 0 元
3	当时贵村农户的农田纯收入	每年第一季，每亩纯收入约为 700 元
		每年第二季，每亩纯收入约为 0 元

表3.15　水稻产业新技术推广后鄂州万亩湖农场农户平均农业收入状况问卷（2015年）

序号	内容类别	投入与收入
1	目前贵村农户的农田主作物投入成本主要包括 虾种、稻种、农药、化肥、病虫害等	每年第一季作物为 龙虾，每亩成本约 200 元
		每年第二季作物为 水稻，每亩成本约 900 元
2	目前贵村农户的农田主作物销售收入	每年第一季，每亩销售收入约为 3000 元
		每年第二季，每亩销售收入约为 1500 元
3	目前贵村农户的农田纯收入	每年第一季，每亩纯收入约为 2800 元
		每年第二季，每亩纯收入约为 600 元

3 我国高校农业技术推广模式的现状分析

然而，目前高校主导的湖北水稻产业重大农业技术推广服务试点项目的推广效益仍然较低，与湖北现有的种养模式相比仍然存在较大差距。如表 3.16 所示，在非项目实施区的潜江市龙湾镇黄桥村，农户采用"虾稻共生"模式进行种养，全村平均每亩每年纯收入达 6300 元，比鄂州万亩湖农场模式每亩每年高出 2900 元，比蕲春酒铺村再生稻模式每亩每年高出 4680 元；如表 3.17 所示，同样在非项目实施区的潜江市龙湾镇黄桥村，农户魏成林采用"一年三季虾"模式进行种养，平均每亩每年纯收入达 14 600 元，比鄂州万亩湖农场模式每亩每年高出 11 200 元，比蕲春酒铺村再生稻模式每亩每年高出 12 980 元。

表 3.16 非项目区潜江市龙湾镇黄桥村农户平均农业收入状况问卷

序号	内容类别	投入与收入
1	目前贵村农户的农田主作物投入成本主要包括 虾种、稻种、农药、化肥、机械、人工 等	每年第一季作物为 龙虾 ，每亩成本约 800 元
		每年第二季作物为 水稻 ，每亩成本约 500 元
2	目前贵村农户的农田主作物销售收入	每年第一季，每亩销售收入约为 5000 元
		每年第二季，每亩销售收入约为 2600 元
3	目前贵村农户的农田纯收入	每年第一季，每亩纯收入约为 4200 元
		每年第二季，每亩纯收入约为 2100 元

表 3.17 非项目区潜江市龙湾镇黄桥村魏成林家农业收入状况问卷

序号	内容类别	投入与收入
1	目前您家农田主作物投入成本主要包括 虾种、机械、人工 等	每年第一季作物为 龙虾 ，每亩成本约 1000 元
		每年第二季作物为 龙虾 ，每亩成本约 800 元
		每年第三季作物为 龙虾 ，每亩成本约 600 元
2	目前您家农田主作物的销售收入	每年第一季，每亩销售收入约为 7000 元
		每年第二季，每亩销售收入约为 6000 元
		每年第三季，每亩销售收入约为 4000 元
3	目前您家农田的纯收入	每年第一季，每亩纯收入约为 6000 元
		每年第二季，每亩纯收入约为 5200 元
		每年第三季，每亩纯收入约为 3400 元
4	目前您家种养 30 亩，农田的年总纯收入	家庭全年农业总纯收入 438 000 元

3.4 我国高校农业技术推广现行模式的症因分析

透过重大农业技术推广项目，我们看到了高校主导农业技术推广存在的诸多问题。高校主导的农业技术推广之所以呈现如此多的问题，既有高校内部思想和行动方面的原因，也受高校之外政府相关管理制度和评价体系的约束，是内外部影响因素共同作用的结果。本书以制约高校农业技术推广的关键因素为依据，主要从体制、经费、思想、目标、考评、激励等方面对我国高校农业技术推广现行模式的症因予以分析。

3.4.1 现有体制方面

我国现有农业技术推广由政府农业部门主导和统管，农业科技力量在各自所在单位发挥支农作用。在当前农业技术推广管理体制之下，具有农业技术推广能力的人员散布在各级各类科研院所、高等院校、农业行政和技术部门、社会团体与农民当中，他们大都为了自身利益寻找农业技术推广的暂时依托或阶段性平台，很难形成有效合力，共同致力于农业产业化发展。如表3.18所示，鄂州万亩湖农场近十余年发展中，有效的基本生产模式为本土农民专家余国清在实践中摸索出来，2013年之后各级各类专家逐步介入支持其发展。但在支持万亩湖农场过程中，专家们各自为政，联合极少；并且大多出自自己利益需要，存在利益交换。

3.4.2 经费跟进方面

由表3.19可以看出，1123个调研对象虽然大多认为这次高校主导的重大农业技术推广中经费跟进状况合理，但合理程度不高。其中，认为高校主导的重大农业技术推广中经费跟进状况"很合理"者只有156人/个，仅占13.9%；认为高校主导的重大农业技术推广中经费跟进状况"较合理"者也只有209人/个，仅占18.6%；而认为高校主导的重大农业技术推广中经费跟进状况"基本合理"者最多，有452人/个，占40.3%（表3.19）。此外，认为高校主导的重大农业技术推广中经费跟进状况"不大合理"和"不合理"者仍有306人/个，占27.2%（表3.19）。在不同调研对象群体中，调研对象对于高校主导的重大农业技术推广中经费跟进状况的判断尽管略有差异，但认可程度普遍较低。这说明，高校主导的重大农业技术推广中经费跟进状况存在不合理成分，示范农户、示范村/点负责人、专家教授和管理干部均有不同程度的不满和意见（图3.7）。

3 | 我国高校农业技术推广模式的现状分析

表 3.18 近 10 余年鄂州万亩湖农场发展中科技人员支持状况

专家姓名	年龄	职称/职务	工作单位	工作期限、年工作时段	年工作天数、次数	工作内容及方式	工作作用及效果	群众评价
王卫民	57	教授/院长	华中农业大学	2014 年 5 月至今；每年 3~8 月	10 天；每月 1 次	选种育种；研究生蹲点观察记录种质数据	虾种稍有改良；协助申报省部级良种场	对虾种保质有一定贡献
高泽霞	34	副教授	华中农业大学	2014 年 5 月至今；每年 3~8 月	15 天；每月 1~2 次	选种育种；研究生蹲点观察记录种质数据	虾种稍有改良；协助申报省部级良种场	对虾种保质有一定贡献
孟小林	59	教授	武汉大学	2013 年 3 月至今；每年 4~8 月	20 天；每月 1~2 次	虾病防治与免疫研究	对小龙虾害防治及免疫有所突破	病害发生明显减少
马达文	58	研究员	省水产技术推广总站	2013 年 3 月至今；每年 4~6 月	20 天；每月 1~2 次	虾苗种阶段生物饵料投喂实验，提高成活率	苗种成活率提高 20% 左右，协助申报省部级良种场	虾苗种成活率提高，且相对规格整齐，体质增强
汤亚斌	43	高级工程师	省水产技术推广总站	2013 年 3 月至今；每年 4~6 月	20 天；每月 1~2 次	虾苗种阶段生物饵料投喂实验，提高成活率	苗种成活率提高 20% 左右，协助申报省部级良种场	虾苗种成活率提高，且相对规格整齐，体质增强
徐兴川	58	高级工程师	鄂州市水产局	2013 年 3 月至今；每年 3~8 月	65 天；每月 2~3 次	小龙虾稻田生态繁育技术研究	摸索总结出一套较为成熟的技术模式，主持申报省部级良种场	模式效益高，易操作，粮渔双增
李健	57	工程师	鄂州市渔业技术推广中心	2013 年至今；3~8 月	92 天；每月 2~3 次	小龙虾稻田生态繁育技术研究	摸索总结出一套较为成熟的技术模式，负责申报省部级良种场	模式效益高，易操作，粮渔双增
邵义欣	51	工程师	鄂城区水务农业水产局	2013 年至今；3~8 月	95 天；每月 2~3 次	小龙虾稻田生态繁育技术研究与示范	摸索总结出一套较为成熟的技术模式，负责申报省部级良种场	模式效益高，易操作，粮渔双增

| 91 |

续表

专家姓名	年龄	职称/职务	工作单位	工作期限、年工作时段	年工作天数、次数	工作内容及方式	工作作用及效果	群众评价
鲍继良	58	工程师	市水产局	2013年至今；每年3~8月	95天；每月2~3次	小龙虾稻田生态繁育技术研究与示范	摸索总结出一套较为成熟的技术模式，负责申报省部级良种场	模式效益高，易操作，粮渔双增
吕琰	30	技术员	鄂城区水务水产局	2013年至今；每年3~8月	105天；每月2~3次	小龙虾稻田生态繁育技术研究与示范	摸索总结出一套较为成熟的技术模式，负责申报省部级良种场	模式效益高，易操作，粮渔双增
袁学军	39	技术员	泽林镇水产服务中心	2013年至今；3~8月	120天；每月2~3次	小龙虾稻田生态繁育技术研究与示范	摸索总结出一套较为成熟的技术模式，负责申报省部级良种场的具体工作	模式效益高，易操作，粮渔双增
翁泽生	41	工程师	泽林镇农技站	2013年至今；3~8月	102天；每月2~3次	稻谷品种选择与种植方式技术指导	探索出稻谷和小龙虾品种优化搭配技术，负责有机大米的生产与加工	优质稻和小龙虾共生，好上加好
余国清	42	工程师	小龙虾合作社	2005年至今；3~10月	常年	稻谷品种选择与种植，小龙虾生态繁育技术指导	探索出稻谷和小龙虾品种优化搭配技术，负责有机大米的生产与加工	优质稻和小龙虾共生，好上加好

3 我国高校农业技术推广模式的现状分析

表 3.19 高校主导重大农业技术推广的经费跟进状况调研反馈

认可程度 判断主体	很合理 人数（人）	很合理 比例（%）	较合理 人数（人）	较合理 比例（%）	基本合理 人数（人）	基本合理 比例（%）	不大合理 人数（人）	不大合理 比例（%）	不合理 人数（人）	不合理 比例（%）
示范农户及自占比	113	13.5	137	16.4	338	40.5	244	29.2	3	0.4
示范村/点及自占比	1	8.3	2	16.8	4	33.3	4	33.3	1	8.3
专家教授及自占比	25	22.5	31	27.9	43	38.7	12	10.8	0	0
管理干部及自占比	17	10.3	39	23.6	67	40.6	38	23.1	4	2.4
合计及占总比	156	13.9	209	18.6	452	40.3	298	26.5	8	0.7

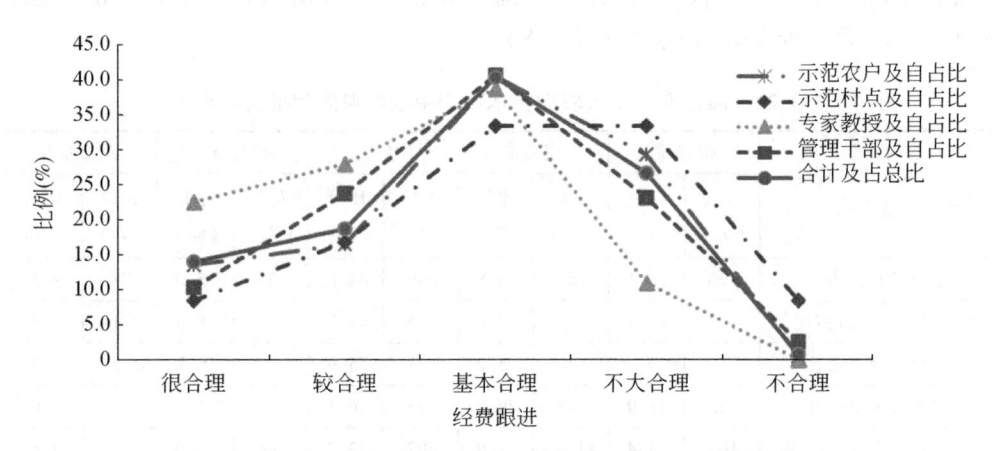

图 3.7 高校主导重大农业技术推广经费跟进的人员反馈情况

从访谈情况看，一些访谈对象认为高校主导的重大农业技术推广中经费跟进的确存在问题。部分示范村/点负责人和示范农户认为，重大农业技术推广的专项经费较少，划拨投入到示范村/点和直接让利给农户的经费更少；部分管理干部认为，重大农业技术推广专项经费还不能满足示范村/点及农户的实际需求，经费划拨和使用极其缓慢、烦琐；部分专家教授也表示，面向全省实施某一产业重大农业技术推广的专项经费的确不多，并且存在划转不畅、规定过多、使用麻烦等问题。

3.4.3 人员思想方面

由表 3.20 可以看出，1123 个调研对象大多数人认为高校专家教授会在重大农业技术推广中经常权衡利益得失。其中，认为高校专家教授会在重大农业技术推广中"经常"权衡利益得失者比例最高，共有492人/个，约占43.8%；认为高校专家教授会在重大农技推广中"较经常"权衡利益得失者次之，有236人/个，约占21.0%；认为高校专家教授会在重大农技推广中"很经常"权衡利益得失者也有162人/个，约占14.4%（表3.20）。三者累计有890人/个，即近8成的调研对象认为高校专家教授会在重大农业技术推广中经常地权衡利益得失。在不同调研对象群体中，高校专家教授认为自身会在重大农业技术推广中"经常"权衡利益得失者比例最高，达55.9%（表3.20）。这说明，高校的专家教授在农业技术推广中会自觉或不自觉地权衡利益得失，示范村/点负责人、示范农户和管理干部大多也认为高校专家教授在农业技术推广中权衡利益得失很正常，其思想行为与市场社会环境相吻合（图3.8）。

表3.20 高校专家重大农业技术推广中权衡得失状况调研反馈

认可程度 判断主体	很经常 人数（人）	很经常 比例（%）	较经常 人数（人）	较经常 比例（%）	经常 人数（人）	经常 比例（%）	不大经常 人数（人）	不大经常 比例（%）	从来都不 人数（人）	从来都不 比例（%）
示范农户及自占比	126	15.1	157	18.8	349	41.8	125	15.0	78	9.3
示范村/点及自占比	2	16.7	3	25.0	5	41.7	1	8.3	1	8.3
专家教授及自占比	11	9.9	28	25.2	62	55.9	7	6.3	3	2.7
管理干部及自占比	23	13.9	48	29.1	76	46.1	13	7.9	5	3.0
合计及占总比	162	14.4	236	21.0	492	43.8	146	13.0	87	7.8

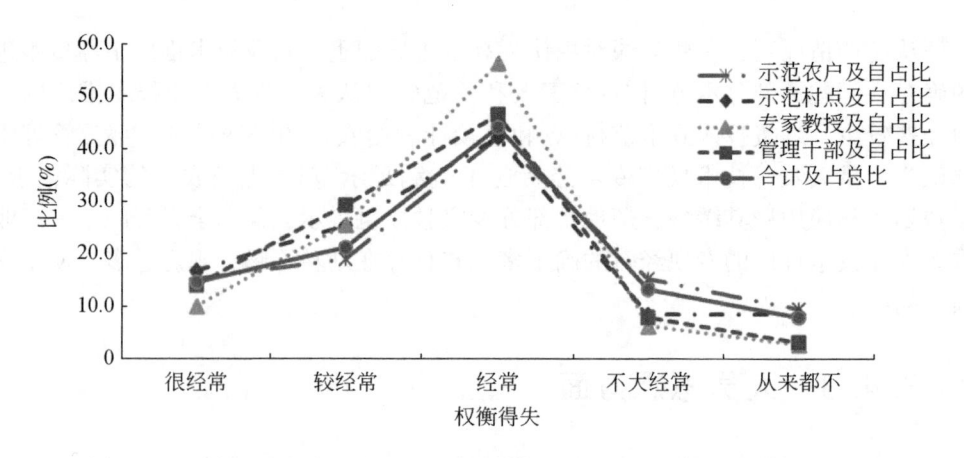

图3.8 高校专家农业技术推广中权衡得失的不同主体反馈变化情况

从访谈情况看，一些访谈对象认为高校专家教授在农业技术推广方面存在利益顾虑的问题。部分示范村/点负责人和示范农户认为，高校专家教授是市场化环境中的社会人，考虑自身利益得失是正常的，不考虑自身利益得失反而不正常了；部分管理干部认为，高校专家教授能够有公益服务的志向和行为很难能可贵，下乡驻村很辛苦，考虑自身的利益回报问题理所应当；部分高校专家教授也表示，经常下乡搞服务花费了很多时间和精力，少做了许多原先所做的科研、论文等事情，与整天待在单位却拿丰厚报酬的人相比心理会有不平衡，考虑利益得失会在每个人心中不同程度存在。

3.4.4 目标设计方面

由表 3.21 可以看出，1123 个调研对象虽然大多认为高校主导的重大农业技术推广目标定位合理，但认可程度不高。其中，认为高校主导的重大农业技术推广目标定位"很合理"者只有 189 人/个，约占 16.8%；认为高校主导的重大农业技术推广目标定位"较合理"者也只有 245 人/个，约占 21.8%；而认为高校主导的重大农业技术推广目标定位"基本合理"者最多，有 385 人/个，约占 34.3%（表 3.21）。此外，认为高校主导的重大农业技术推广目标定位"不大合理"和"不合理"者仍有 304 人/个，约占 27.1%。在不同调研对象群体中，调研对象对于高校主导的重大农业技术推广目标定位状况的判断尽管略有差异，但认可程度普遍较低。其中，示范农户、示范村/点负责人和管理干部认为高校主导的重大农业技术推广目标定位"不大合理"和"不合理"者的比例都相对较高，均达 25.0%以上（表 3.21）。这说明，高校主导的重大农业技术推广目标定位与现实需求有一定差距，需要改进目标让示范农户、示范村/点负责人和管理干部满意（图 3.9）。

表 3.21 高校农业技术推广目标定位状况调研反馈

认可程度 判断主体	很合理 人数（人）	很合理 比例（%）	较合理 人数（人）	较合理 比例（%）	基本合理 人数（人）	基本合理 比例（%）	不大合理 人数（人）	不大合理 比例（%）	不合理 人数（人）	不合理 比例（%）
示范农户及自占比	143	17.1	178	21.3	281	33.7	204	24.4	29	3.5
示范村/点及自占比	1	8.3	4	33.3	4	33.3	2	16.8	1	8.3
专家教授及自占比	17	15.3	26	23.4	44	39.7	19	17.1	5	4.5
管理干部及自占比	28	17.0	37	22.4	56	33.9	34	20.6	10	6.1
合计及占总比	189	16.8	245	21.8	385	34.3	259	23.1	45	4.0

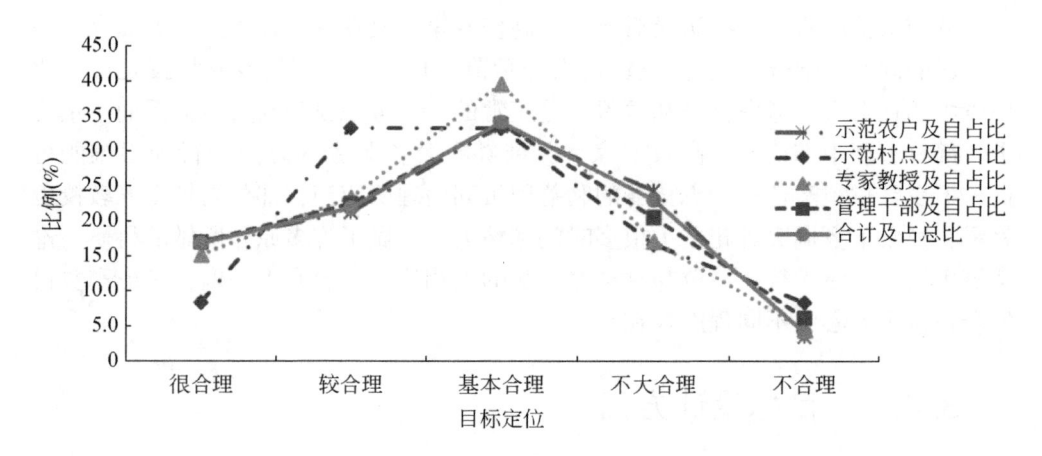

图 3.9　高校农业技术推广目标定位的不同主体反馈情况

从访谈情况看，一些访谈对象认为高校主导的重大农业技术推广目标定位的确存在不合理的地方。部分示范村/点负责人和示范农户认为，高校专家教授在重大农业技术推广活动中设定的目标很难从根本上改变他们的处境，只是将技术小步推进了一下；部分管理干部认为，重大农业技术推广专项中高校专家教授应瞄向农产品的全程产业化，不应只局限于农产品本身；部分高校专家教授也表示，农业产业化是一项系统工程，目前我国的农业产业化还处在较低水平，只能逐步转变和提升。

3.4.5　考评制度方面

由表 3.22 可以看出，1123 个调研对象虽然大多认为高校主导的重大农业技术推广中考评制度完善，但认可程度不高。其中，认为高校主导的重大农业技术推广中考评制度"很完善"者只有 152 人/个，约占 13.5%；认为高校主导的重大农业技术推广中考评制度"较完善"者也只有 200 人/个，约占 17.8%；而认为高校主导的重大农业技术推广中考评制度"基本完善"者最多，有 390 人/个，约占 34.7%（表 3.22）。此外，认为高校主导的重大农业技术推广中考评制度"不大完善"和"不完善"者仍有 381 人/个，约占 34.0%。在不同调研对象群体中，调研对象对于高校主导的重大农业技术推广中考评制度状况的判断尽管略有差异，但认可程度普遍较低。其中，高校专家教授认为高校主导的重大农业技术推广中考评制度"不大完善"和"不完善"者的比例最大，约占 58.6%

（表3.22）。这说明，高校主导的重大农业技术推广中考评制度状况差强人意，示范农户、示范村/点负责人、专家教授和管理干部均有不同程度的不满和意见；高校专家教授身处其中，体会最深，不满程度最大（图3.10）。

表3.22　高校农业技术推广的考评制度调研反馈

认可程度 判断主体	很完善 人数（人）	比例（%）	较完善 人数（人）	比例（%）	基本完善 人数（人）	比例（%）	不大完善 人数（人）	比例（%）	不完善 人数（人）	比例（%）
示范农户及自占比	137	16.4	158	18.9	304	36.4	141	16.9	95	11.4
示范村/点及自占比	1	8.3	3	25.0	4	33.4	3	25.0	1	8.3
专家教授及自占比	0	0	11	9.9	35	31.5	46	41.5	19	17.1
管理干部及自占比	14	8.5	28	17.0	47	28.5	58	35.1	18	10.9
合计及占总比	152	13.5	200	17.8	390	34.7	248	22.1	133	11.9

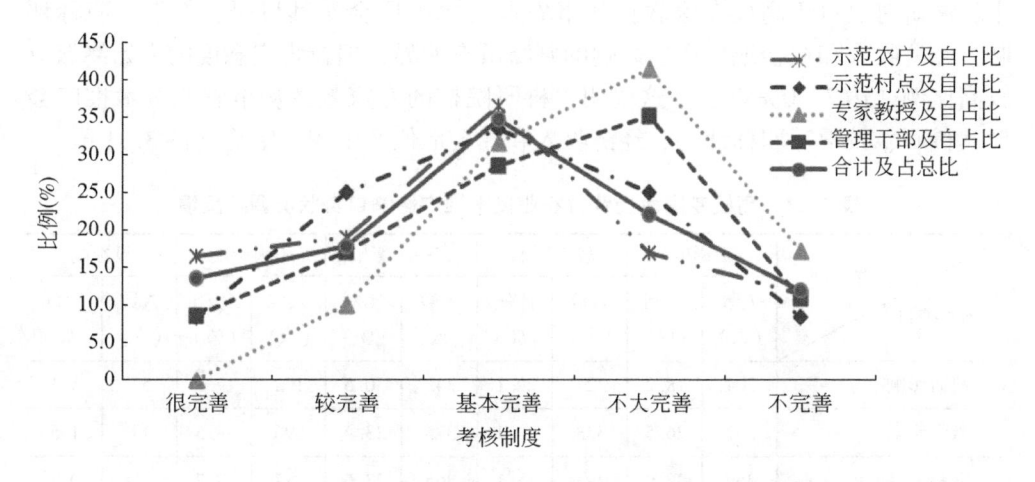

图3.10　高校农业技术推广考评制度的不同主体反馈情况

从访谈情况看，一些访谈对象认为高校主导的重大农业技术推广中考评制度的确存在不完善的问题。部分示范村/点负责人和示范农户认为，高校专家教授在重大农业技术推广活动中下乡蹲点较少，肯定与其所在单位的评价奖惩制度有关，把农业技术推广算作他们职责上的分内事情，他们就会欣然而来；部分管理干部认为，考评制度是风向标，引导着专家教授的行为，高校重大农业技术推广专项中高校专家教授没有发挥出最大力量与考评制度不完善密切相关；部分高校专家教授也表示，自身承担的职责和义务很多，考评制度不完善是造成当前高校专家教授未尽全力于农业技术推广的主因之一。

3.4.6 激励举措方面

由表 3.23 可以看出，1123 个调研对象大多认为高校专家教授从事农业技术推广会对其科研、教学、职称评聘、经济收入和社会地位产生影响。其中，认为高校专家教授从事农业技术推广会对其科研产生影响的有 975 人/个，约占77.8%；认为高校专家教授从事农业技术推广会对其教学产生影响的有 1010 人/个，约占 90.0%；认为高校专家教授从事农业技术推广会对其职称评聘产生影响的有 1028 人/个，约占 91.6%；认为高校专家教授从事农业技术推广会对其经济收入产生影响的有 928 人/个，约占 82.6%；认为高校专家教授从事农技推广会对其社会地位产生影响的有 927 人/个，约占 82.6%。在不同调研对象群体中，调研对象对于高校专家教授从事农业技术推广会对其科研、教学、职称评聘、经济收入和社会地位产生影响的判断虽有差异，但持肯定态度的人始终保有较高比例，达 77.0% 以上。这说明，科研院校的专家教授从事农业技术推广会对其科研、教学、职称评聘、经济收入和社会地位产生较大影响（图 3.11）。

表 3.23 高校专家教授致力农业技术推广影响自身状况调研反馈

认可程度 内容项目	很影响 人数（人）	很影响 比例（%）	较大影响 人数（人）	较大影响 比例（%）	有一定影响 人数（人）	有一定影响 比例（%）	不大影响 人数（人）	不大影响 比例（%）	没影响 人数（人）	没影响 比例（%）
科研影响	204	18.2	327	29.1	343	30.5	192	17.1	57	5.1
教学影响	297	26.5	338	30.1	375	33.4	96	8.5	17	1.5
职称评聘影响	369	32.9	394	35.1	265	23.6	87	7.7	8	0.7
经济收入影响	164	14.6	293	26.1	471	41.9	132	11.8	63	5.6
社会地位影响	249	22.2	265	23.6	413	36.8	121	10.7	75	6.7

从访谈情况看，多数访谈对象认为高校专家教授从事农业技术推广会大幅影响其科研、教学、职称评聘、经济收入和社会地位。部分示范村/点负责人和示范农户认为，高校专家教授从事农业技术推广意味着主要精力发生转移，原来从

| 3 | 我国高校农业技术推广模式的现状分析

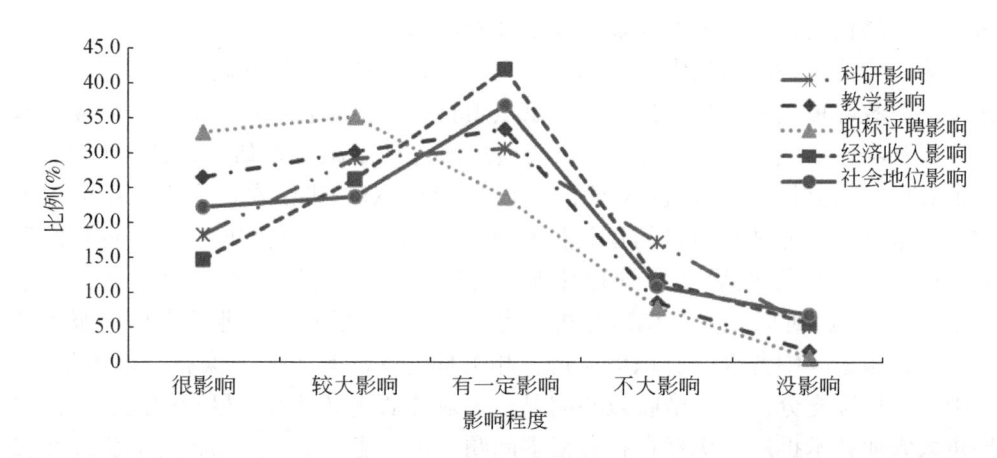

图 3.11　高校专家教授致力农业技术推广影响自身状况的不同主体反馈情况

事的各种工作肯定会不同程度地受到影响；部分管理干部认为，高校专家教授要想富有成效地从事农业技术推广，只能抓住原来工作中适宜与农业技术推广结合的部分工作做实做好，而其他工作必须有所舍弃；部分高校教授专家也表示，常年从事农业技术推广工作确实对先前工作安排有较大冲击，如果持续做下去，必须重构推广模式和工作体系。

3.5　本章小结

在以政府农业部门为主体的农业技术推广体系之下，我国高校发挥人才培养和科学研究的优势，主动承担公益性农业技术推广服务，在农业技术推广中涌现出了南京农业大学的"双线共推"、中国农业大学的"科技小院"、华中农业大学的"四个一"和河北农业大学的"太行山道路"等卓有成效的典型模式。然而，除承担国家相关农业科技服务专项外，高校对农业产业的社会服务主要目的在于满足学生实习和教师科研的需要。尽管一定程度地促进了产业发展，但高校将人才培养作为核心目标，服务农业产业旨在让学生得到实习机会，使教师获得一些科研数据和服务经历，不以促进产业发展为使命。据项目组调研，涉农高校教师科技服务以促进教育本职工作为根本目的者达91%以上。作为农业科技的来源地和指导者，涉农高校没有将促进农业产业发展和农业现代化作为自己的第一要务和核心职责，而是主要围绕自己的本职工作参与农业服务，未能全力以科技促进农业产业发展和农业现代化进步。由于没有与产业进步的实际效果联系起来，涉农高校的社会服务对农业产业发展发挥的促进作用较小。

为充分认识我国高校农业技术推广现行模式存在的具体问题，本书以农业农村部、财政部重大农业技术推广服务试点项目——湖北省水稻产业重大农业技术推广服务项目实践为例，对10多个试点县市进行了跟踪调研。调研分析发现，示范农户、示范村/点、科技管理干部和专家教授对于华中农业大学承担的重大农业技术推广服务试点项目的运行模式认可度较高，被访者99%以上对此次重大农业技术推广专项活动的管理体制、运行机制和服务模式表示满意，其中"很满意"率达到92.5%。调研分析认为，高校主导的重大农业技术推广服务试点项目设施进程中各级政府积极支持，相关部门联动有力，专家教授队伍强大，专项经费保障充分，产品增收效益明显，辐射带动效果显著。尽管如此，高校主导重大农业技术推广中仍然存在着诸多问题。主导能力方面，高校专家教授在农业一线实践方面从事生产性事务较少，农业技术推广方面能力不足；工作方式方面，高校专家教授在重大农业技术推广中注重项目设计与指导、派研究生蹲点和试验实验，示范推广和自身蹲点较少；时间投入方面，调研对象大多认为高校专家教授在重大农技推广中1年累计投入时间为1个月，直接投入时间较少，下乡时间不多；推广动力方面，高校专家教授在农业技术推广中受到的激励较少，政府、高校及社会对专家教授农业技术推广行为的关注度、关心度、投入度和激励度不高；团队协作方面，高校专家教授在同一示范村/点主要专注于自己擅长领域的技术推广，大多没有涉及全面内容，项目团队缺乏协作；推广效益方面，高校主导的湖北水稻产业重大农业技术推广服务试点项目的推广效益仍然较低，与湖北现有的种养模式相比仍然存在较大差距。高校主导的农业技术推广之所以呈现如此多的问题，既有高校内部思想和行动方面的原因，也受高校之外政府相关管理制度和评价体系的约束，是体制、经费、思想、目标、考评、激励等内外部影响因素共同作用的结果。

近年来，我国农业尽管取得了巨大进步，实现了粮食生产连续丰收和主粮完全自给，但农业现代化水平仍然较低。以中国农业大学为代表的涉农高校近年在世界大学农业科学、农林专业排名中跻身前列，但农业科研成果多体现为论文，农业科技成果有效转化率很低，农业科技转化为先进生产力的极少，高校对农业现代化支撑仍然极大不足。提升高校对农业现代化的贡献度，我国亟须重构高校农业技术推广模式。

4 美国高校农业技术推广模式的历史与经验

自殖民地时期开始，农业就在北美经济中占据重要地位，后来成为美国经济社会发展的强大支柱和动力。美国是世界上农业最发达的国家之一，农业生产率和生产力水平一直居于世界前列，大宗农产品产出量和出口量常年居于世界首位。尽管美国农民人数占总人口仅约1%（300多万人），但农产品年产值约3000亿美元，每年有近50%的粮油和40%的动物产品用于出口，出产的粮食可供养全球20亿人口。美国农场平均一个农业劳动力可以耕地450英亩[①]，可以照料6万~7万只鸡、5000头牛，可以生产10万多千克谷物和1万多千克肉类，养活98个美国人和34个外国人。中国从事第一产业的农民将近2亿人，是美国农民的近70倍，但农业整体水平与美国相差甚远。中美农业差距究竟在哪里？首先，美国农业专业化程度高。美国20世纪40年代实现粮食作物机械化耕种，20世纪70年代实现棉花油菜等经济作物机械化耕种，极大地推动了农业发展。其次，美国农业专业化支撑力量强大。美国有四大农业研究中心、130多所农学院、56个州农业试验站、3300多个推广站及农业合作推广机构、63所林学院、27所兽医学院、9600名农业科学家和17 000多名农技推广人员，满足了美国农业发展对人才和科技的需求。最后，美国农业科技推广服务体系先进。美国以农业院校为依托，构建了"科研+教育+推广"三位一体的农业技术推广服务体系，对美国农业强盛与持续繁荣贡献巨大。20世纪80年代以来，美国农业技术推广成为我国学者关注的重要内容之一。本章将对美国高校主导的农业技术推广模式的历史与经验进行探究，从中获取对我国农业技术推广改革的启示。

---

① 1英亩≈4046.9平方米。

4.1 历史演变与模式形成

19世纪中期,美国已成为世界主要工业化国家,但农业现代化水平极低。为提高农业现代化水平,美国通过系列赠地法案,建设农业学院,培养农业科技人才,推广农业现代科技,逐步形成了以农业院校为主导的农业技术推广模式,大大加快了美国农业现代化步伐,有力推动了美国农业发展。

4.1.1 基于赠地法案的美国农业院校概况

农业院校是涉农教育院校的总称,是美国农业教育、农业科研和农业技术推广的主力。美国农业院校是赠地法案的结果,绝大部分农业院校是各州的州立赠地院校,赠地院校中又以赠地大学数量最多。美国农业院校主要分为三类:其一,分布于50个州和8个美属领地的赠地大学,即受1862年赠地法案《莫里尔法案》资助的赠地学院及享有与1862年赠地学院相同权利和义务的新增赠地学院,称为"1862机构"(1862 Institutions);其二,18所传统黑人赠地农业学院,即按1890年《第二莫里尔法案》的规定受资助的赠地学院,称为"1890机构";其三,31所1994年获得赠地资格的土著印第安人学院,称为"1994机构"(杨倩,2014)。这三类院校共同构成了美国的州立赠地学院系统,形成了美国的农业教育体系。据美国农业部统计,截至2009年12月,"1994机构"增加到34所,这样,全美农业院校达到110所。

4.1.2 农业院校主导的农业技术推广模式溯源

美国现行农业技术推广体系伴随赠地学院的发展而产生,在赠地学院的壮大中逐步健全完善。纵观现代农业与高等院校融合的历史,美国现行农业技术推广体系经历了以下三大发展阶段。

4.1.2.1 公办赠地学院是美国高校"教学+科研+推广"模式建立的依附基础

1787年美国颁布的《西北法令》是第一部高等学校赠地法令,是联邦政府干预农业高等教育的萌芽(王慧敏,2019)。该法令声明对西部土地上个体的政治和经济权益予以保护,并明确规定,"宗教、道德和知识对一个好政府和人类的幸福是必要的，学校和各种教育途径永远都应受鼓励"（Greene，1975）。虽然整个法律文件中只有这么短短的一句话提到了教育事务，但是，"这句话成了为免费公立学校系统奠基的基石……使得在一个快速成长和扩展的民主社会发展中培养有教养的和有用的公民成为可能。对今天来说，它也树立了一个鼓舞人心的先例，成了强有力地宣扬公立教育的声音"（Continental，1936；Taylor，1922）。《西北法令》是赠地法案的先声，为1862年《莫雷尔法案》的颁布及其之后美国高等教育发展和转型奠定了根基。

19世纪50年代，美国农业现代化短板影响了国家现代化步伐，而生物学发展带来的动植物病虫害防治技术进步对农业生产者素质提出了更高要求。1852年，美国农业协会成立。该协会从成立之日起便竭力敦促联邦政府支持创办农学院和示范农场，这一时期建立的许多小型农业技术学校都得到了州政府和地方农业协会的支持。美国高等农业教育快速发展是在1862年《莫里尔法案》颁布之后，联邦政府发挥了至关重要的决定性作用。1862年7月2日，美国总统林肯颁布了佛蒙特州众议员贾斯廷·莫里尔（Justin S. Morrill）提出的旨在促进美国农业技术教育发展的《莫里尔法案》（The Morrill Act of 1862）。《莫里尔法案》又称《赠地法案》，规定联邦政府根据1860年各州拥有国会议员的人数，将1743万英亩公有土地划分到各州，每名国会议员拨给3万英亩土地；各州使用这些土地或出售土地所得经费在本州资助和维持至少一所农工院校或学院，开设农业和机械课程，讲授与农业和机械有关的知识。该法颁布之后，美国各州有的在原州立大学内增设农学院，有的新建了独立的农工学院，有的把原有的农业学校改造成农工学院。这些因政府赠地新建或改造而成的学院被认为获得了"赠地身份"，统称为"赠地学院"。赠地学院以开展农工教育为主，但不排除其他科学、军事和古典学科的学习。赠地法案催生了一批"赠地学院"或"农工学院"，促进了美国农业教育普及，为美国工农业发展培养了急需的专门人才。作为早期农工教育的代表，赠地学院是美国州立大学之外公立高等教育的重要发展形式。据统计，自1862年《莫雷尔法案》实施到1896年，美国共建了69所"赠地学院"，现在美国知名的加利福尼亚大学、麻省理工学院、康奈尔大学、威斯康星大学等都是在"赠地学院"基础上发展起来的。"赠地学院"的创建，标志着美国农业技术教育进入了一个新的阶段（兰建英，2009）。

赠地学院在各州建立后，师资和教材成了新的问题。当时的教师和教材主要来自欧洲，教材与美国的实际情况大相径庭，教师难以解答学生和农民提出来的农业生产中的实际问题。为解决这一窘况，美国国会提出了兴办农业试验站点的议案。1887年，美国国会通过《哈奇法案》（The Hatch Act of 1887）。该法规定，为传播农业信息，促进农业科学研究的发展，各州建立农业试验站并由联邦和各州政府专门拨款资助。农业试验站是由美国农业部、各州和州立大学农学院共同筹建，每个州都要在赠地大学农学院领导下兴建农业试验站，负责向农民示范其研究成果并传授有价值的农业信息。农业试验站的建立使教学和科研更好地结合在了一起，赠地学院的教授们不仅要讲授农业知识，而且要走进农田，帮助农民解决生产中遇到的实际问题。美国农业部、赠地大学和农业试验站合作进行农技推广，推动着美国现代农业科技推广体系形成，促进了美国农业蓬勃发展。截至1893年，美国建立了56个农业试验站，基本达到了每州至少一个试验站的要求。1906年颁布的《亚当斯法案》，1925年颁布的《珀纳尔法案》，以及后续法案为农业试验站争取了大量拨款。1995年美国国会对《哈奇法案》进行修改，规定联邦按固定公式向各州分配研究经费，该公式以各州人口普查得出的农业人口为基础，同时规定各州也要提供与联邦拨款等额的资助。1998年美国颁布的《农业研究、推广与教育改革法案》对《哈奇法案》做了补充，要求各州拿出《哈奇法案》所得拨款的25%用于发展州际或区域合作研究，这在1955年相关规定的基础上增加了5%。

《莫里尔法案》和《哈奇法案》分别代表着美国农业教育和农业研究立法的先驱，但两个法案颁布后带来的社会即时效益并不明显。法案成效不显著的原因很多，主要表现在以下几个方面：第一，赠地学院的生源不足，即使是农村家庭的学生，在赠地学院里学习农业知识的也不多；第二，农业研究的成果并没有走出校园，惠及农民；第三，罗斯福总统在1908年成立"农村生活委员会"，倡导复原农村，这在一定程度上阻挠了对农村的改造。尽管如此，美国农业技术推广工作发展迅速，1913年时全国38个州的农学院开设了推广系，赠地院校农学院已无法在人力和经费等多方面满足广大农场主和农民的需要，不得不向联邦寻求帮助。于是，1914年5月8日威尔逊总统签署《史密斯—利弗法案》（即农业技术推广法），授权联邦政府资助各州建立合作农业技术推广站，雇用专人从事农业技术推广，并为推广机构提供永久年度财政拨款，但各州政府要提供与联邦政府拨款等额的匹配资金。其后，美国农业部与赠地院校签订了一个谅解备忘录，提出每个州都应在赠地院校农学院中设立一个农业技术推广的管理部门，该部门的负责人是农学院与农业部的联合代表，全权管理州内的农业技术推广事务。该备忘录为《史密斯—利弗法案》提供了操作性指南，赠地院校的拓展功能从此被正式称为"合作推广服务"（Cooperative Extension Service），这标志着大学社会服务功能的制度化。

随着农业科技水平不断提高，赠地学院只能接纳有限学生，而不能面向全体农民快速推广农业新知识、新技术成为突出问题。为解决这些问题，1914年《史密斯—利弗法案》规定：由联邦政府、州和郡/县拨款，资助各州、郡/县建立合作农业技术推广服务体系，推广服务工作由农业部和农学院合作领导，以农学院为主，州设立农业技术推广中心，郡/县设农业技术推广站（李素敏，2004）。农学院通过各种宣传手段把最新科技成果传播给全州农民，指导农民改进农业生产技术和经营管理方法，解决农业生产实践中碰到的各种问题。威尔逊总统称该法案为"政府制定的对成人教育最有意义、影响最为深远的政策之一，将确保农村地区拥有高效和令人满意的人力资源"。这一法案的颁布，标志着美国合作农业技术推广体系正式形成。

之后，随着农业形势发展，美国又颁布了新的农业技术推广法案或修正案，但农业技术推广体系的基本形式没有发生变化。1977年，美国国会通过《全国农业研究、推广和教育政策法》（1981年修正），把美国农业部确定为负责食物和农业科学研究的联邦一级机构，专门设立1位负责科研和教育的助理部长，以确保科研机构工作协调一致。此外，《农业法》作为一部统领整个农业经济活动的法律，在农业科教方面也有专门的法律规定。目前，美国共有农业高校100余所，过去它们都是独立的，后来基本上都并于综合大学中，使农业教育得到进一步加强和发展。

综上所述，美国农业院校"教育+科研+推广"体系是伴随着《莫里尔法案》《哈奇法案》《史密斯—利弗法案》及其后续修订和补充性法案的颁布逐步确立和完善的。《莫里尔法案》规定了赠地学院的教学职能，《哈奇法案》规定了赠地学院领导下的农业试验站的科研职能，《史密斯—利弗法案》明确了赠地学院参与联邦、州、郡/县合作推广的职能，这为美国内战之后农业发展提供了人才、科技和服务支持。

4.1.2.2 合作教育计划为美国高校"教育+科研+推广"模式创造了文化氛围

"合作推广"俗称"农业技术推广"，而合作推广服务其实是美国国家教育系统的组成部分，涉及农科之外的更多学科和产业领域（高启杰，2013）。19世纪，美国高校和企业的零散合作及赠地学院的迅猛发展促使企业开始关注大学与企业的合作，并着手探索高校与企业合作的人才培养模式。1865年麻省理工学院（MIT）迎来第一批学生，第一任院长就提出MIT应成为科学与实践并重的学校，并付诸实施，开创了美国高等工程教育理论与实践相结合的先河（徐浩贻，2005）。但是，真正意义的科学、教育、推广合作教育始于1906年，由美国辛辛那提大学教授赫曼·施耐德首次提出。赫曼·施耐德认为，每一个专业都有不少内容是在课堂中学不到的，尤其对工程师来说，仅在大学的教室和实验室工作是不够的，学生必须到大学的合作实践单位去体验和历练（余群英，2007）。1906年，美国第一个合作教育项目在辛辛那提大学开始。它规定，一部分专业和一些教育项目的学生，一年中必须有 1/4 的时间到与自己专业对口的公司或企业等单位去实习，以获得必要的实践知识（傅维利和李英华，1996）。随着参加的学生和雇主的增加，合作教育规模不断扩大。1917 年，辛辛那提大学已经将合作教育推广到大学各类科学技术和工程教学教育领域。这种教育模式尽管有许多优点，但却有一个致命弱点，那就是合作教育限制在应用技术学科，从而限制了合作教育在高等教育每个学科领域展开。

美国其他高校看到合作教育的前景之后，也纷纷加入合作计划项目。比较典型的当属 20 世纪 30 年代，以安提亚克大学为代表的一些美国大学形成了一种合作教育模式——全人合作教育制度（安提亚克模式），将合作领域几乎扩展到了所有学科。在这种教育制度中，学习与社会生产实践定期转换，合作教育不单纯被看成是帮助学生掌握社会实践经验和操作经验的手段，而更主要是被看成促进学生各个方面得到充分发展的不可缺少的过程。因此，安提亚克大学在实施合作教育中始终不渝地要求在校的每一个学生都必须采取"学习—工作—学习"的方式完成学业（何杰等，1995）。合作教育不仅没有给学生造成经济负担，反而为学生带来了一笔不菲收入，该校参与合作教育的学生一年总收入竟达数百万美元之多（胡昌送等，2006）。在安提亚克人眼里，缺乏工作和社会实践经历的人，是不可能获得较全面的发展的。安提亚克大学要求每个毕业生都应当具有在多个社会生产领域和部门工作的经验。

美国的其他高校包括一些传统大学纷纷仿效这两所高校开展合作教育计划，促进了大学教学、科研、推广合作体系发展。截至 1957 年，全美有 55 所大学采用了合作教育计划。为了进一步推广合作教育模式，美国于 1962 年成立了国家合作教育委员会。目前，美国开办不同层次、不同类型和不同形式合作教育项目的院校已有 1000 多所，参与高等教育合作教育的公司和企事业单位已达 5 万多家。从美国合作教育的起源和发展我们可以看出：合作教育是基于学生的生活和发展需要的一种培养模式，是学校选择推行的一种教育模式或者说培养模式，学生和雇主为了各自利益而主动和自愿地参加。美国社区学院的兴起和推广，使得学院教育发展与当地经济及职业需求联系日益紧密，社区需要什么人才，学院就尽可能设置相关专业。这为农业院校教学、科研、推广进一步发展创造了理所当然的文化氛围，为教学、科研、推广繁荣准备了经济社会条件（蔡志华，2009）。

4.1.2.3 科技园区建设将美国高校"教育+科研+推广"模式引向大范围繁荣

几乎与推进农业院校农业技术推广同一时间，美国也在更多领域探索社会与高校合作科研及科技成果转化之路。早在第二次世界大战时期，美国大学就参与了政府引导的技术创新活动，标志性成就是研制原子弹的"曼哈顿"工程和第一台电子计算机问世。当时，美国大学的许多教授都参与了这两个计划。从此，美国大学在传播高深理论知识、开展科学研究和服务社会的职能之上，又凸显出技术创新优势，而技术创新实质上是大学科研与服务社会职能的拓展。

第二次世界大战后，美国政府和企业更加关注科研成果转化，并将科技创新的目光由军用产业转向民用领域，试图建立一种全新的国家科技创新体系，促进教育和经济新发展。1950年，美国国会通过了设立"国家科学基金"的法案，极大地推动了美国政府与大学之间的科学攻关与技术应用合作。美国政府为了安置第二次世界大战后大量退伍军人，于1944年通过《退伍军人就业法》，保护了大量退伍军人参加职业培训和正常就业的权利（续润华，2007）。这在很大程度上刺激了社区学院发展，而社区学院和职业学院的发展又大大促进了大学教学、科研和推广合作发展。

20世纪50年代起，美国工商界和政府面对日新月异的高新技术，将从事高新技术开发和研究的实验室设立在大学周围，充分利用大学研究力量，形成知识密集、技术实力雄厚的高新技术开发区。人们称之为"研究园区"或"工业园区"，统称为"科技园区"。1951年，由特曼教授提议建立的"斯坦福研究园"是美国最早的科技工业园，主要研究与开发领域涉及电子、航空与宇航、制药与化学等（曾建国和唐金生，2006）。科技园区的建立不仅增加了斯坦福大学的经费收入，而且促进了整个地区的经济繁荣，加快了美国西海岸高新技术发展速度，并最终导致全球最大电子基地"硅谷"诞生。以斯坦福工业园为依托发展起来的硅谷是美国第一个科技工业园，为美国科技园区乃至世界科技园区发展提供了成功典型范例。

美国"128号公路"科技工业园区始建于20世纪50年代，20世纪70年代初公路两旁已建立上千家研究机构和开发机构。在这条道路上，位于波士顿的麻省理工学院（MIT）有着特别突出的贡献（刘力，2006）。既注重基础科学研究又重视实践应用的MIT为美国的工业起飞、军事强盛和经济发展做出了不可磨灭的贡献，可以毫不夸张地说，没有MIT就没有"128号公路"科技工业园区。

以上工业园加上之后建立的北卡罗来纳州三角园区研究园，都是利用大学向周围辐射,标志着美国教学、科研和推广合作进入繁荣时期。这一时期,合作对象扩展到更多的政府部门、企业、商业组织、中介机构、基金会及其他社会公益组织和大量国外机构,合作范围几乎扩展到美国所有大学乃至世界各地,合作内容从早期的农业和工程技术扩展到所有学科领域,合作形式除建立科技工业园外还创办有教学、科研、推广合作联合体,如"科技研发中心""工程研究中心""材料研究中心"等。截至2006年,全美拥有115个科学园、45个科技研发中心、21个工程研发中心和12个材料研发中心(蔡志华,2009)。

4.2 主要做法及双赢效果

从创办赠地学院开始,美国逐步尝试让具有人才培养和科学研究突出功能的农业院校从幕后走向前台,主导农业技术推广,形成了独具特色的"教学+科研+推广"三位一体现代农业技术推广体系。这一模式不仅始终维持了美国农业技术的全球领先地位,而且也使通过系列增地法案建立的赠地学院大多成为当今世界一流大学。

4.2.1 农业院校主导全国多层级农业技术推广组织体系

如何以最快的速度,将农业科技研究成果在农业上进行推广,把潜在的生产力转化为现实的生产力,是现代农业发展的关键因素,也是美国在农业新经济进程中最为关心的事情之一。美国农业技术推广体系属于高等院校主导的多元主体合作结构,主要由美国联邦政府农业部推广局、各州农业技术推广中心、郡/县农业技术推广站三个层次构成。每一级农业技术推广机构都有适合其特点的组织结构模式,其中州技术推广中心在农业技术推广体系中居于核心地位,其主体则是广泛分布在全国3150个郡/县的农业技术推广站,它们既相互独立又密切联系,保持沟通,共同组成了覆盖美国200多万个农场的技术服务网络。

4.2.1.1 联邦农业技术推广局

联邦农业技术推广局是全国农业技术推广工作的管理机构,也是农业部的宣传教育机构,主要职能是执行有关农业技术推广的法律和规章,督促合作推广体系高质量地服务于农民及其企业,协调全国农业技术推广工作顺利进行。推广局局长通常从各州推广中心主任中选拔,由农业部部长任命。推广局局长指导州推广部门制定和执行推广计划,有效协调各州农业技术推广的合作与交流。农业技术推广局下设农业科学技术和管理处、管理经营处、4-H青年发展处（4H是英文head、hand、heart和health的缩写）、家政处、信息处、推广研究与培训处、经济发展和公共事务处、销售和应用科学处等8个处，具体负责协调全国相关领域的推广工作（章世明，2011）。联邦推广局与州立大学之间的工作人员经常交换，推广局的许多工作人员有在州立大学工作的经验，州立大学的许多工作人员也有在推广局工作的经验，从而增强了相互之间的了解，有利于工作开展。大体来说，联邦政府推广机构的业务主要包括以下内容：第一，负责农业部本身的所有推广教育活动，协调农业部的教育计划，审议和批准农业部所有推广教育活动，向有关机构负责人提供建议和咨询，向农业部长提交报告和建议等。第二，协调和领导各州的推广教育活动，包括各州推广教育计划的制定和实施，向各州推广中心提供指导、信息和帮助，收集、汇总资料以备各州农业技术推广中心查阅使用。第三，发挥农业技术推广体系里中介机构的作用。联邦农业技术推广局的100多名农业技术推广员虽然经常到各州指导工作，协调领导农业技术推广活动，但直接的农业技术推广活动在其工作中并不占主要地位。美国联邦政府农业技术推广机构关系如图4.1所示。

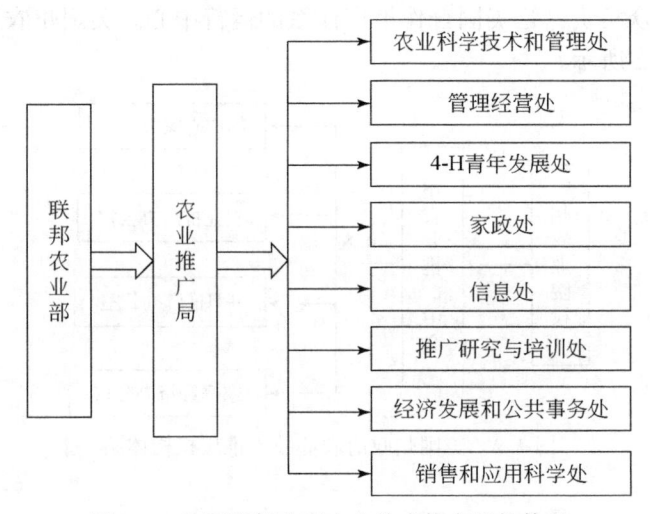

图 4.1 美国联邦政府农业技术推广机构体系

4.2.1.2 州农业技术推广中心

州是美国的联邦成员单位，以州农业技术推广中心为代表的州农业技术推广机构是美国农业技术推广体系的主体。美国50个州，以及哥伦比亚特区、波多黎各、关岛和美属维尔京群岛各设有一个州级农业技术推广中心。每州都有一所农业院校或大学农学院，农学院一般设在州立大学之中。农业院校或大学农学院从1914年起正式成为美国合作推广体系的重要组成部分，其农业技术推广中心是美国农业技术推广工作的中级管理机构。州农业技术推广中心是美国农业技术推广体系的核心，主要任务有：制定各州农业技术推广计划并负责组织实施；选聘郡/县农业技术推广人员并进行各种培训；向郡/县农业技术推广人员提供技术、信息等服务，在美国的所有州和特区设置农业技术推广站（武天耀和张改清，2003）。州农业技术推广中心隶属于农业院校或大学农学院，主任或站长由大学农学院院长兼任。农学院院长是农业技术推广方面教育、科研和推广的总负责人，从而将农业教育、科研和推广三者紧密地联系在一起（章世明，2011）。州农业技术推广中心设有若干办公室，分别领导农业技术推广示范、4-H俱乐部及农产品运销等工作（知钟书，2013）。州合作推广中心有站长、督察及郡/县推广员，组成行政管理和监督工作班子，以及从事人事和财务管理的推广工作附属机构。州合作推广中心既是各州推广工作的组织者、管理者，又是各州农业技术推广计划的具体实施者。它上对赠地大学农业学院和农业部推广局负责，下对本州农场及公众负责，是美国合作推广体系的运行中心。美国州农业技术推广机构关系如图4.2所示。

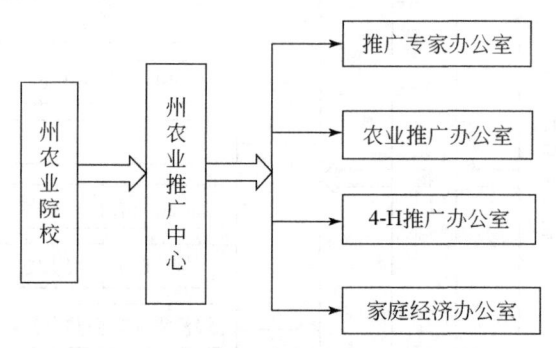

图 4.2　美国州政府农业技术推广机构体系

4.2.1.3　郡/县农业技术推广站

郡/县农业技术推广站是美国合作推广体系的基础，是联邦农业技术推广局和州农业技术推广中心在地方上的代理机构。郡/县级推广机构主要由两部分组成：一是由郡/县政府官员和地方群众代表组成的郡/县推广理事会，是郡/县推广工作的决策部门，在推广工作中代表该郡/县利益并与州推广站联合指导本郡/

县的所有推广工作；二是郡/县推广办公室或服务站，这是州农业技术推广中心的派出机构，具体负责本郡/县的推广工作，其职责是帮助该郡/县群众发现并了解他们在现实生活中存在的各种问题，提出解决这些问题的各种可能方法，帮助农场和居民解决实际问题等。郡/县农业技术推广服务站由专业农业技术推广人员、秘书人员及乡村领导人组成。专业推广人员由州农业技术推广中心任命，推广员的大部分时间在农场和农户家度过，通过访问农场主和农户，发现农业生产中存在的问题，帮助他们寻找解决问题的办法，向他们提供技术援助，保障农场主和农户的农业生产高水平、高质量进行（盖玉杰，2006）。郡/县农业技术推广站的主要任务是：诊断农业生产中的问题，帮助农民寻找解决之道；引导农民加强农资购买、农业生产、产品销售过程中的合作，保护农民利益；向农民提供农业信息、咨询服务等（聂海，2007）。美国郡/县农业技术推广站一般设在郡/县政府所在地，站内分农业技术推广、家政推广、四健会推广三个工作组。美国有3150个郡/县，每个郡/县有一至数名农业技术推广员，专职农业技术推广员共有16 000余名。此外，美国还有大约300万志愿服务人员在农业技术推广人员的训练和指导下帮助从事农业技术推广工作。郡/县农业技术推广机构关系如图4.3所示。

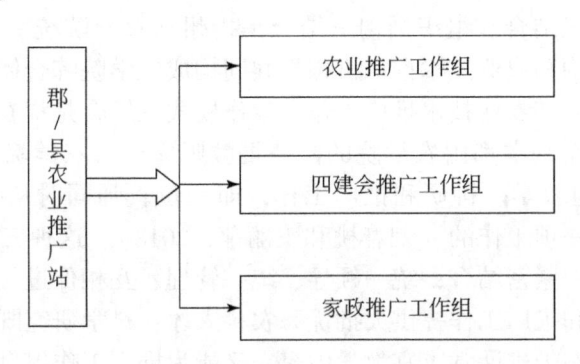

图4.3 美国郡/县政府农业技术推广机构体系

上述三级农业技术推广机构密切联系，构成了一个完整的合作农业技术推广体系。联邦农业技术推广局向州农业技术推广中心提供信息和帮助，负责全国农业技术推广工作的计划和协调；州农业技术推广中心由农业院校或农学院负责管理，将农业教育、科研、推广融为一体；郡/县农业技术推广站接受州农业技术推广中心的领导，负责具体实施农业技术推广计划。这样，教育、科研和推广"三位一体"的农业技术推广体系极大地促进了美国农业经济的发展，加速了美国农业现代化的进程。

4.2.1.4　赠地大学农学院

美国的大学农学院集教育、研究和农业技术推广三位于一体，内部都设有农业技术推广中心，下设多个专业办公室，有许多专职和兼职的研究及教学人员。大学农学院在业务上指导管理州农业技术推广中心，负责大学所在州的农业技术推广业务工作，并直接与本州若干农场保持联系，随时将自己或者收集到的最新科技成果提供给农场。

4.2.2　运行"三位一体"农业技术推广服务新机制

20世纪初，在《史密斯—利弗法案》推动下，美国农业院校从参与农业技术推广走向主导农业技术推广。经过迄今100余年探索和改进，"三位一体"的农业技术推广服务运行机制愈益成熟。

4.2.2.1　运作模式

美国"农业教育—农业科研—农业技术推广"三结合模式包括组织结构三结合和运作模式三结合。组织结构三结合是指州立农学院统一领导农业教育机构、农业科研机构和农业技术推广机构，共同构成农学院综合体，负责本州的农业教育、科学研究和农业技术推广工作。运作模式三结合是指农学院的教育、研究和推广三项工作基本都由农学院的同一批教师完成。农学院教师大多"一身三任"，同时承担教学、科研和推广工作，即一位教师同时从事二项或三项工作，很少只从事一项工作的（刘春桃和王丽萍，2018）。这种三结合模式可以将教学、科研和推广紧密结合，统一领导、统一管理、互相促进、协调发展。农业教育为科学研究和推广工作提供大批优秀农科人才；科学研究既能将最新研究前沿和最新研究动态带进课堂丰富教学内容，又能为推广工作提供研究成果和先进技术；推广工作既能将科研成果和先进技术及时传递给农民转化为生产力，又能将生产实践中遇到的新问题反馈到科学研究中，这种紧密联系又互相协调的农业"教育—科研—推广"模式加快了美国农业教育、农业科学研究和农业技术推广工作的发展和繁荣，推动了美国农业现代化进程（王思明，1999）。

美国"三位一体"农业技术推广模式通过州立大学农学院对农业科研、推广和教学三大系统活动进行统一管理与协调，避免了三大系统间的相互隔离，较好地解决了农业科研、推广和教学工作的脱节问题，促进了科研成果向现实生产力转化。据统计，美国农业科研成果转化率高达85%，居世界各国首位（陈华宁和刘伟，2004）。由于美国农业技术推广制有自身显著优点，许多国家纷纷仿效，印度、菲律宾等国就采用了与之相类似的体制模式。当然，美国农业技术推广体制也有许多先天性不足之处，就是它的分散性和松弛性特点。在美国，农业技术推广工作既缺乏一个对农业技术推广发展行使全面宏观管理的权威性机构，也缺乏一个指导全局的农业技术推广规划，致使农业技术推广力量分散，农业科技和农业技术推广政策缺乏连贯性和一致性。由于各级农业技术推广系统彼此相对独立，各有自己的资金来源、研究目标、服务对象及管理办法，联邦政府和州政府只有通过增加农业科技预算及在预算中体现的干预办法来控制农业科技推广的运行。

4.2.2.2 资金来源

美国农业院校主导的农业技术推广体系推广资金主要有三个来源：联邦政府拨款、州县拨款和各种私人投资及捐赠。农业技术推广经费的大体比例为：联邦政府拨款占30%~35%，州政府拨款占40%~45%，郡/县政府拨款占15%~20%，其余3%~5%为社会捐助。例如，1986年美国合作推广的资金总额为10.42亿美元，其中联邦政府拨款为3.3亿美元，约占32%；各州政府提供4.87亿美元，约占47%；地方政府提供约1.93亿美元，约占18%；私人投资约0.32亿美元，约占3%（信乃诠和许世卫，2006）。

在美国农业技术推广和农业高校研发过程中，政府提供的经费支持是主要经费来源途径。美国的农业法律法规对于州政府提供的财政支出比例有着明文规定，并对其增长情况做出了明确要求。在农业技术推广实践中，美国主要通过财政预算的方式保障农业技术研发和推广工作顺利开展。

作为当前美国农业类高校在农业技术和农业研发过程中的重要投入主体，农户及产业协会的地位日渐增长，通常能为农业院校农业技术研发和推广工作提供超过五分之一的供给。其中较为典型的如华盛顿州立大学维纳奇试验站，产业协会提供的研发费用已经占到了该大学农学院农业技术总研发费用的五分之二。事实上，产业协会的投资因地而异，不能一概而论，主要根据农业技术推广和产业受益情况来提供经费。

此外，农业科研推广工作还会受到企业直接资助，资助多的州县占到总经费的15%左右，资助目标主要用于研制各种生产资料，如农药化肥等。一些基金会也会对农业研究项目慷慨解囊，能够为相关研究和推广提供5%左右的经费，这一部分经费主要用于公益性研究，如去除土地盐碱化研究等（戴姣，2014）。

4.2.2.3 经费管理

为了保障高效使用农业技术推广资金,美国出台的系列赠地法律中多有强调和申明。例如,1914年的《史密斯—利弗法案》规定,如果资金被浪费或滥用,则将停止拨付,并将被其他有关州所取代。法案中详细规定了资金不能用于:购置、建筑、维护或修理任何建筑物或建筑群;购置或租赁土地;学院内部的课程教授或讲座、农业培训,或法案中没有明确提出的其他花费。美国农业技术推广工作由于资金使用合理,分配得当,推广项目大都得到顺利实施。

鉴于农业技术推广工作经费不属于个人资产,农业技术推广进程中一般有专人对其进行专门管理。在试验站日常支出中,试验站后勤保障支出是重要部分,主要支出是各种实验项目。繁杂的支出形式必须保证结果正确,只有如此,才能获得经费提供者信任,保证试验站经费来源稳定。试验站及其推广设施不可避免地需要受到定期维护,必然会产生维修经费。这部分经费交由高校管理,财务机构设在学校内部。学校和学院的管理费提取比例不同,这需要经费负责人与学校及学院协商。一般情况下,这些经费学校可以提取5%作为管理经费,而学院可以提取10%。各个院校可以根据实际情况不同,做出不同的分配比例。农业技术推广过程中不被允许进行营利活动,对于必须展开的活动需要先向学院报备,在获得活动资格后才能进行。活动中产生的盈利要上缴学院,经过学院分配,投入到试验站的建设之中,以缓解试验站活动经费紧张问题,促进试验站农业技术推广深入开展(戴姣,2014)。

4.2.2.4 人员管理

农业试验站是联结农业科技和经营主体的纽带,建立之后的人员管理是农业技术推广必须面对的重要问题。为推动试验站高效发展,农业试验站要根据岗位需求配置不同的工作人员。工作人员既要有科研类和推广类人员,也要有日常管理类人员,彼此之间要相互配合,为工作站提供全面服务。农业试验站工作人员的专业素养极其重要,高校教授可以在试验站担任专职或兼职工作人员。人员主体一般由农学院院长按照工作站需求,组织专家在全国范围内对工作人员进行招聘,吸收优秀人才,为试验站快速发展打下坚实基础。对于专职或兼职工作的人员,高校农业技术推广部门进行监督。高校通过一年一度的考评,对过去一年的农业技术推广工作进行总结,将个人成绩作为工作人员薪酬提升及职级评定的重要参数,最终结果由学院院长审核(戴姣,2014)。

美国对农业技术推广人员的要求较高,农业技术推广专家必须具有农业背景知识、良好的训练、农场或农户推广工作经验、良好的品性和各种工作能力，以及追求和热爱事业的精神等五个方面的条件，而且要具备组织领导、农业技术推广、推销攻关、联系服务对象、较强的实践、适应复杂条件、现代信息处理、写作演讲、项目实施开发和研究评估等十大能力。早在 20 世纪 70 年代，州农业技术推广人员中 53.7%拥有博士学位、37.3%拥有硕士学位、9%拥有学士学位；郡/县农业技术推广人员中 1.3%拥有博士学位、43.3%拥有硕士学位、55.4%拥有学士学位（董永，2009）。同时，美国还实行定期培训制度，农业技术推广人员每年都要定期到州农业院校或大学农学院的农业技术推广中心进行在职培训，以保证知识更新和业务技能提高。高素质的农业科技推广队伍保证了美国农业科技推广的成功。

4.2.2.5 推广内容

作为全球规模最大、发展最好的农业生产国，美国每年有近 50%的粮油和 40%的动物产品用于出口。美国农业发展迅速主要是由于美国农业高校极为重视对农业的研究、教育及推广工作。农业院校对从事农业的生产者提供系统化的教育，让这些人学习到先进的管理理论与生产技术，更好地应用于农业生产实践之中。美国农业技术推广内容非常丰富，包括了美国农业生产的方方面面，并且随着推广范围的扩大，推广内容仍在不断增加。目前，美国农业技术推广为农户提供的服务主要包括以下几个方面：

（1）农业自然资源利用

美国农业技术推广组织及其成员帮助农民合理规划、利用土地，保护自然资源和环境，做好资源综合利用，减少化肥、农药使用剂量，防止水资源污染，以及保证食品安全等。

（2）农业技术推广服务

这是美国农业技术推广的基础和重心，美国农业技术推广组织及其成员主要向农场主和农户传授农业科学知识，帮助农户利用现代化的生产技术和经营管理知识，有效从事农业生产，提高劳动收益。美国农业技术推广工作中，农业院校高度重视生产技术推广，常年通过系列培训班、系统讲座为广大农业生产者提供技术指导、咨询及示范工作，将最新的农业技术传递给生产者，使广大农民能够及时迅速地掌握先进的管理理念与生产技术，提高生产效率，降低劳动成本，向市场上推出更多类型的新产品。美国农业技术推广的主要内容及技术手段极具时代特色，早期注重新型农产品、肥料应用及病虫防治等方面的推广，基本上以专家讲座、现场示范等方式进行；随着现代通信技术发展，美国农业技术推广内容相继增加了管理理念、产品销售等，并融合了网络、电话、即时聊天工具等现代化通信技术。

(3) 家政服务

为改善农村妇女的家庭生活处境，美国农业技术推广组织及成员开展家政服务活动，提高农村妇女的家庭生活水平，增加农村妇女参与其他社会事务的机会。美国推行的家政推广服务对象是农村地区的广大妇女，主要采用家务咨询、家庭示范等方式让广大农村妇女掌握相关的健康饮食、形体塑造、生活环境等生活方面的知识，以期提高和改善农村家庭的生活质量与生活环境。在美国，从事这项服务工作是以志愿者为主，政府农业技术推广工作人员只是对志愿者进行选拔和培训，让这些志愿者能够提高广大农村妇女的积极性，学习相关的家庭日常事务。志愿者经过政府组织的相关培训后，分成不同的兴趣小组，分别教授家庭妇女家庭经济、营养、理财、幼儿教育、服装搭配等方面知识。美国家庭妇女通过这种系统的、全方位的学习方式能够很好掌握这些知识。相关调查表明，在1930年，美国的家政服务志愿者仅30万人次；到1950年时，家政服务志愿者人数已经扩展到100余万人；到1976年时，家政服务志愿者人数激增到250多万。1968年，美国联邦政府与各级地方政府成功实施了与食品安全及营养有关的全民教育计划，该计划由政府提供财政支持，为贫困家庭提供安全营养食品，以提升他们的生活水平（王春法，1994a）。经过十年左右时间，该计划提升了美国全国大约180万个贫困家庭的生活水平，使他们能够享受安全饮食。密歇根州来自13万个家庭的大约20万年轻人接受了该培训，其中少部分人还接受了专业的家政训练，大约有8.6万个家庭的生活水平通过该计划得到了较大幅度提升（王春法，1994b）。目前，该计划仍在实施，实施内容已从最初单一的饮食问题扩展到了居民日常的教育、安全、财务等方面。

(4) "四健"青年服务

"四健"（即4H）是指脑（Head）健、手（Hand）健、心（Heart）健、身（Health）健（赵红亚，2008）。"四健"教育服务的目的在于激发青少年参加社会活动的兴趣，增长他们的实践技能，使其成长为能够驾驭自我、全面发展的社会生产成员。"四健"会（4-H Club）是美国农业部农业合作推广体系管理的一个非营利性青年组织，创立于1902年，使命是"让年轻人在青春时期尽可能地发展他的潜力"。"四健"会在美国有约90 000个俱乐部，会员从5岁到19岁均有，总人数约650万人，其目标是通过大量实践学习项目发展年轻人的品德、领导能力和生存技能。虽然历史上的"四健"会均以农业的相关学习为主，但它也鼓励会员学习一些其他的内容，如协作能力、领导能力及公开演讲等。目前，"四健"会已成为美国一个知名度较高的社会团体，通过为青少年制定培训计划，可以有效促进青少年在德、智、体、美等方面全面发展，帮助健全他们的人格，合理规划其人生发展计划，使之成为对社会有用的一员。

（5）社区开发服务

社区开发包括社区发展的战略计划制订、政府机构工作能力开发、公共设施建设等，目的是促进社区建设。美国农业技术推广组织及其成员通过为社区组织和居民提供专业化的信息、研究成果和科技知识，促使他们共同努力加快社区发展步伐。

现在，美国的赠地大学及其农学院大都高度发达，有世界上最好的教学设备，有几百甚至上千公顷的试验基地，有农业、畜牧等多个研究室，还有农业技术推广机构，形成了教育、科研和技术推广三结合的完备体系，不断向农业输出技术和人才。在农业教学上，美国的农学院理论与实践紧密结合，突出培养学生的实际做事能力。在每个农学院，所有的学生每年都可以提出一个完整的生产技术方案，在试验农场里实施，而且不管成功还是失败，都不要自己花一分钱，使得大学生一出校门便能做实事。农学院的科学研究机构是出产农业新技术成果最多的地方，农业技术推广组织则将农业技术成果转化推广给农户，送到农场中，形成了覆盖全国农场的完整网络。

4.2.3 运用务实有效的农业技术推广系列方法方式

为将农业技术真正传递到农户手中，变现为真实农业生产力，农业院校主导的农业技术推广体系十分注重农业技术推广方法的地域针对性，不断增强农业技术推广效果。为让农户切身感受到新技术的力量，农业院校几乎每年都要举办 1~2 次大型田间农业展，每个月都要举行教学实践观摩活动，使农业技术真正走进使用者和受教者的心田。

4.2.3.1 推广方法

美国农业技术推广方法很多，常用农业技术推广方法包括演讲、短期培训、野外实习、应用示范、方法示范、角色扮演、一对一指导等。美国地域广阔，各地农产品种养种类和种养方式有所差异，农业技术推广也随地方实际情况实施不同的方法。其中应用示范法便是农业技术推广主体——农业院校根据农业的区域性原则，在一定地域内选择一家或若干家农户的田地作为示范地，将最新研究成果和农业技术应用于这块示范地。如果外人想参观这块示范地，则应获得农户和农业院校的允许。

4.2.3.2 推广方式

美国农业技术推广体系以公立大学或赠地设立的大学农学院为主，主要依托农业试验站和大学附属的农业试验农场开展农业技术推广活动。

(1) 举办大型田间农业展

大型田间农业展由大学农业技术推广站举办，政府职能部门、各种农业协会、涉农企业积极参加。农业展内容包括主要粮食类农作物、果蔬、牧草、家畜新品种展示，病虫害识别与防治现场演示，农牧业新技术应用说明与成效展示，农业新机械展示与推介。

(2) 开办农业空中广播节目

节目内容涵盖有害生物入侵途径、识别与防治内容，干旱状态下牧草载畜量计算与牧场管理，禽流感传播途径与防治措施，新作物栽培技术，农业结构区域调整市场机遇与实践案例等。

(3) 举行教学实践观摩活动

大学农学院组织由教授、学生参与的各项农业技术推广观摩活动，旨在推动、引领实践和创新。

(4) 提供免费农业技术资料

农业试验站制定年度推广目标计划和上一年度推广项目效果评价，州、郡/县农场企业可免费获取农业试验站印制的农业技术推广技术刊物和农业技术资讯、影音资料等。

4.2.3.3 传递路径

为便于农业新技术快速应用于农户，美国农业院校设计了较为完善的农业技术系列传递路径。一是开展农业技术推广人员现场指导和咨询服务。在农业服务过程中遇到一些农业技术难题，农业技术推广人员若解决不了，则反馈给州立大学农学院，大学农学院组织专家会商，定案后再反馈给农户应用于生产实践，确实解决不了的问题就立项进行专题研究。二是对农户进行技术培训。培训一般在春秋两季农闲时集中进行，培训中针对农户问题予以一对一答疑。三是定期发布农业技术信息。农业院校指导州、县农业技术推广机构利用互联网定期发布农业技术信息，并在线解答农户咨询。四是建立农业技术推广示范户。根据农产品的地域分布状况，农业院校在一定区域内选择部分种养地方特色农产品且产品具有代表性和影响力的农户作为示范户，影响带动当地产业发展。除此之外，美国农业技术推广设备和手段比较先进，也是促进农业技术推广卓有成效的因素之一。美国各级农业技术推广机构都配有联网的计算机系统，州推广中心还有电视台和广播站，卫星定位系统可以直接向农户提供各种信息。美国农业院校推广专家和郡/县推广人员充当中间人，既与合作者和研究者交流科研及技术事宜，又指导农业技术推广教育项目，培训志愿者。志愿者接受推广专家和郡/县推广人员的推广教育后，再对农民等利益相关者进行教育。

4.2.4 实施便于农业技术推广增效的庞大成人教育工程

为增强农业技术推广效果，美国农业技术推广体系非常重视农民素质教育。推动农村教育并帮助农民学习各种知识，是美国农业技术推广服务制度的一项重要任务。美国大学开办成人教育课程历史悠久，不少大学专门设有普通教育学院或由推广部负责成人教育（杨笑等，2013）。全美大学推广部联合会在20世纪初期正式成立以后，大学推广部发展迅速，全国建立推广部的大学和学院有100多所。据统计，全美接受成人教育和继续教育的人口中，四分之一的人在建有推广部的大学和学院学习。大学农学院为农场主安排了各种各样的课程，为农村不够条件上大学的男女青年举办冬季短期课程并创办多种训练机构。鉴于此，美国农业技术推广服务体系被誉为世界上规模最为庞大的成人教育工程。设有推广部的大学和学院一般开办夜校，专门招收成人学生。成人教育课程多是学分课程，学生修满一定数量的学分就可获得一种学士学位。学校为每个学生指定一名学习顾问，帮助学生制订学习计划，进行辅导并评价学生的学习成绩。学生可以完全按自己的速度学习，每一门课程只要求学生集中三周来学校参加研讨班。课程考试则由学生选择在距离最近的大学或社区学院进行，一般学习半年到两年，便可取得学士学位。

芝加哥大学率先把大学一二年级与高年级分开，成为一个独立的部分，称为"初级学院"。到20世纪80年代，美国共有这类学院700所，学生100多万名。公立的初级学院通常称为"社区学院"。社区学院类型多样，分全日制、部分时间制和夜间制3种。凡是中学毕业和具有相当学力的人，都可以到学院进修自己需要的课程，可以边工作边学习。社区学院的许多课程都是根据社会上急需的新知识和新技术而开设的，在职人员通过学习可以提高他们的业务水平或为转业提供新的职业训练，也有少数经过考试成绩优秀者可以升入大学三四年级攻读学士学位。目前，社区学院的经费主要来自州政府。

美国成人教育和继续教育发展很快，大学和学院推广部具有更浓厚的"开放大学"色彩。在大学教师指导下，学生加大了选课自由权，学分可以通过在职经验和独立学习来取得，课程范围也扩大到普通教育之外的专业教育，某些课程可以在家或在农场通过收听广播、收看电视或通过函授来学习。因此，通过"校外学习"取得"校内学位"已成为大学和学院成人学生的重要特点。近年来，大学研究生院也为大批文化程度较高的成年人开设了各种专业的高级学位课程。为改变美国农场主的专业素质，不少大学特别重视利用现代化教育手段对农场主进行继续教育。据统计，美国现有 30 多所大学或学院通过电视、录像带、互联网等，每年对 5 万多名农场主、工程师进行继续教育，而且成人学生的数量增长较快，不少大学和学院的成人学生已远远超过本科生数量。设有推广部的大学和学院运用多种方式开展成人教育和继续教育，主要目的是为在职的农业劳动力和农村居民提供进修机会（刘志杨，2002）。

4.2.5 塑造富有农业院校特色的农业技术推广时代特征

概括而言，美国以农业院校为主导的现代农业技术推广特点是科学化。所谓科学化，是指美国农业技术推广在雄厚基础学科的基础上，在农业各产业之间进行综合科技推广且以实用为目标，重点推广适合美国各地区、各产业、各品种需要的应用技术。具体来讲，就是系统化、综合化、市场化和实用化。

4.2.5.1 系统化

农业技术推广系统化是指农业科技推广在农业产前、产中和产后一条龙配套实施，即在农业社会生产全过程中进行科技推广。美国农业技术推广是先从一定环节取得突破后，逐步实现系统化的。因而，系统化是现代美国农业技术推广的重要特点之一。以美国重要谷物——玉米的生产为例，农业技术推广体系在产前不仅向农场提供各种先进的农用基础设施、机器设备、肥料、杀虫剂和除草剂等方面的技术建议，而且推广了各种优良种子和农艺技术；在产中，则根据产前提供的先进设备和技术，科学实施推广，并依据玉米生长的需求及当地土质、气候、病虫害等情况及其变化，及时采取措施，保证作物正常发育成长和及时收割；在产后，对于玉米的储存运输、加工和销售等，也都推广了先进科学技术。

在畜牧业中，针对猪、牛、鸡等所推广的先进科学技术也是系统的、配套的。美国积极推广的这些系统化高科技，是美国农业发展的重要物质技术基础，也是美国各农业经济产业高效率的主要因素之一（刘志杨，2002）。

4.2.5.2 综合化

如果说农业技术推广系统化是农业各产业、各品种社会生产纵向的全面科技进步，那么农业技术推广的综合化则除了包括纵向科技进步之外，还包括农业和非农业部门之间、农业内部各产业和品种之间，以及机械工程科技和生物工程科技的综合推广。美国农业科技进步从某些产品或某些环节到综合、全面实行先进的科学技术，经历了相当长的过程。美国农业技术推广应用综合化主要表现在：其一，整个农业经济领域的产前、产中和产后均全面推广采用了先进的科学技术；其二，农业内部各产业、各品种、各地区均逐步研究和推广应用了适合各自特点的先进科学技术；其三，农用机械工程科技、生物工程科技、计算机和卫星技术，相辅相成，互相促进；其四，农业科技和非农业科技联为一体，共同进步；其五，科技进步的农业经济效益和社会效益有机结合，如环保、生态农业科技的发展等。总的来说，农业技术推广应用的综合化既是美国农业进入到新经济时期的重要标志，也是美国农业持续高效发展的基本条件（刘志杨，2002）。

4.2.5.3 市场化

所谓农业技术推广应用的市场化，是指形成了农业科技进步成果的市场。长期以来，对于农业科技的基础研究和推广，美国联邦政府和州政府给予了诸多必要的支持和扶植。与此同时，美国农用科技成果也通过市场实行自由买卖，买卖双方均有自由选择权利，形成了竞争性的市场机制。现代农业发展过程中，美国在继承市场基本原则及有关法规的基础上，进一步完善了农业科技成果的市场体系和管理机制，形成了规范化的农业科技市场。除了联邦制定有诸如专利法等法律外，各州也根据自己的特点制定出各种法规，明文规定可在本州销售的技术设备、种子、幼畜及其农艺技术须经检验并达到标准，否则不准出售；对农用技术产品的假冒、伪劣者绳之以法，并建立相关管理机构。此外，联邦和各州政府还在经济上对一些农用科技进行程度不同的调控，包括提供不同程度的补贴，以促进高效农用科技进步，保持农业持续、健康发展（刘志杨，2002）。

4.2.5.4 应用化

与其他科学一样，农业科学也分为基础科学和应用科学。如前所述，美国农业的基础科研实力雄厚,但农业基础科学的归宿在于应用。大力推广应用型农用科技,是美国农业技术推广成功的显著特点之一。其一,同农业科技成果的市场化紧密联系在一起,发明者和应用者各得其所。其二,应用型科技与各地区、行业、品种紧密联系在一起,便于推广,农场获得的经济和社会效益均较好。其三,把投资、研究、推广紧密联系在一起,易于解决农业科技投资的经费来源。其四,与上述三者结合,加上国家和各级政府适度扶植,促成了农业科技进步的系统化和综合化(刘志杨,2002)。

4.2.6 引领美国现代农业产业最具全球行业竞争力

美国农业院校在参与和主导农业技术推广过程中将理论与实践充分结合,实现了理论和实践的大发展,多数赠地学院逐步成为美国乃至世界一流大学。2011年世界大学学术排行(Academic Ranking of World Universities, ARWU)500强中有151所美国院校,其中56所是赠地院校,且全部是"1862机构"。2011 ARWU前5名的大学中有4所是美国高校,其中有2所是赠地院校(刘晓光等,2014)。美国和加拿大顶级研究型大学俱乐部——美国大学联合会(Association of American Universities, AAU)的61所会员单位中,有22所是具有赠地院校身份的大学。美国授予博士学位最多的50所大学中,有19所是赠地学院。在QS世界大学排名(Quacquarelli Symonds World University Rankings, QS)中,加利福尼亚大学戴维斯分校和康奈尔大学的农业科学常年居于世界前三位。农业科研和人才培养的世界领先地位使得美国农业高校更加有能力领导国内农业技术推广,助推美国农业发展。

美国农业在以高校为主导的农业技术推广体系推动下,经过100余年的现代化发展,农业结构与布局日趋合理,以利益为最大追逐目标,各种要素有机结合,创造出特色产业带和具有全球竞争力的高品质农产品生产体系。

为加快农业农村现代化,美国政府在100多年前建立了合作推广服务体系。当时,50%的美国人生活在农村地区,30%的劳动力从事农场工作,合作推广帮助美国实现了农业革命,极大地提高了农业生产力。1945年,生产100蒲式耳①的玉米需要在2英亩土地上劳动14个工时;1987年,生产100蒲式耳玉米仅需在1英亩多土地上劳动3个工时;从1950年到2010年,美国农作物产量大幅增

---

① 蒲式耳只用于固体物质的体积测量。在美国,1蒲式耳相当于35.238升。

长，大豆产量增长了约一倍，玉米产量增长了四倍多。在这60年间，大豆产量每英亩增加了22蒲式耳，玉米产量每英亩增加了115蒲式耳。总体而言，1948~2011年，美国农业部门的劳动生产率增长非同寻常，2011年，每工时的农业产出几乎是1948年的16倍。第二次世界大战后，美国农业劳动生产率（每小时产出）的增长超过了美国制造业，1948~2011年的平均年增长率为4.3%。[①] 劳动生产率提高使美国可以用较少劳动力生产更多的粮食。1950~1997年，美国农场数量大幅度减少，从540万个降到190万个，但保留下的农场土地量有了大幅增加，这一成效得益于机械化、化肥、杂交种子和其他技术的发展。随着高校主导的农业技术推广系统将农业新技术普遍推广给农民，美国农场生产力明显提高，1950年1个农民可以养活15.5人，到1990年时，1个农民可以养活100个人，而到1997年，1个农民差不多可以养活140个人。尽管目前地方推广办公室有所减少，一些郡/县推广办公室整合到地区推广中心，但全美仍然保留了大约2900个推广办公室。经过多年的农业技术推广，美国形成了极具特色的农产品分布地域。

如今，美国农业形成大农场占主体、中小农场相互竞争的格局。美国农业部统计数据显示，2007年美国农场有2 075 510个，农场拥有土地37 765万公顷，平均农场规模约为182公顷。2005年销售收入10 000美元以下的农场平均规模为40.86公顷；销售收入10 000~99 999美元的农场平均规模为176.81公顷；销售收入100 000~299 999美元的农场平均规模为466.10公顷；销售收入300 000~499 999美元的农场平均规模为684.18公顷；销售收入超过500 000美元的农场平均规模为1069.36公顷；年收入超过1 130 000美元的农场约占美国农场数的16.2%，占全美农场土地的59.9%。2006年全美农场现金收入2393亿美元，其中农作物现金收入1200亿美元，畜牧业现金收入1190亿美元；全美每公顷农地平均产值6673.26美元，每公顷牧地平均产值2867.03美元；全美农场平均农地雇工费用每小时9.87美元，每只动物每月放牧费用13.8美元。截至2017年，美国共有大小农场200多万个，农业产值3890亿美元，农业耕地9亿英亩，目前产值基本稳定在4000亿美元水平[②]。

4.3 值得借鉴的模式经验

美国从颁布赠地法案建设赠地学院让高校参与农业技术推广，到以法律明确

---

① https://www.ers.usda.gov/webdocs/publications/45387/53417_err189.pdf?v=8341.9.
② 同①。

赠地学院在农业技术推广中的主导地位，经历了较为漫长的探索过程。美国农业院校主导农业技术推广的历程值得我们学习和研究，其调动高校农业技术推广能力、活力和潜力方面积累的经验值得我们参考和借鉴。

4.3.1 围绕农业技术推广优化高校机构设置与运作

美国农业院校内部教学、科研、推广部门分工明确，设置合理。在组织结构方面，美国农业院校设有院、系和学生事务办公室，负责学术事务和学生事务的管理；设有州立农业实验站，统筹管理农业科研工作；设有区域农业研究与教育中心，致力于增强农业教学与科研工作的针对性和实效性，并为农业科技成果转化与应用提供平台；设有州立农业技术推广中心，统筹管理与开展农业技术推广工作。在运作方式方面，农业院校内部的农业教学、科研以及推广工作由校长统筹，并由分管农业教学、科研、推广工作的副校长协助管理。农业院校内部的教师既要开展农业教学、科研工作，又要从事农业技术推广服务工作。借鉴美国农业院校经验，我国农业院校应以农业技术推广为着力点，推进管理部门职能整合，优化内部管理机构设置。一方面，学校要合理划分科研管理部门内设机构之间的职责，完善农业科研管理部门内部的统筹联动、信息共享、沟通协调等机制，构建权责统一、分工合理、富有活力的科研管理体系，解决内设机构之间职能划分过细、沟通不畅、协调不佳等问题。另一方面，学校要整合校内农业服务管理职能，增设农业技术推广管理部门，统筹管理校内的农业技术推广工作，解决校内管理部门之间农业技术推广职能交叉重叠的问题。同时，农业院校要探索建立服务农业产业发展的新模式，充分发挥引领、促进、服务农业产业发展的重要作用。

4.3.2 构建有利于推广的行政与学术权力关系

美国农业院校实行董事会领导下的校长负责制，董事会拥有校内重大事务的决策权。农业院校的校长行使校内行政事务管理权，学术评议会行使校内学术事务管理权。董事会、校长与学术评议会既相互独立，又相互制约，呈现出行政权力与学术权力分立、结合及职责制衡等特点。校董事会具有遴选与任命校长、制定办学大政方针及重大事项宏观决策等权力；校长具有人事任免、财务管理及教学管理等权力；学术评议会具有学术事务决策权及对校内行政权力的监督权。行政权力与学术权力是高校内部权力结构的重要组成部分，美国农业院校的行政权力与学术权力呈现出既相互独立，又相互制约的关系，保证了农业技术推广更多从专业角度而非行政角度出发开展工作，有力促进了农业技术推广良性开展。借鉴美国经验，针对国内农业院校内部行政权力泛化、行政权力与学术权力失衡等问题，我国要重构农业院校内部权力结构，促使校内行政权力与学术权力既相互独立，又相互制衡（薄建国和王嘉毅，2012）。一方面，学校要完善内部章程，通过校内章程明确行政主体与学术主体的地位，明确行政权力与学术权力之间的关系，规定行政主体与学术主体应行使何种权力，承担何种责任。另一方面，学校要强化学术委员会的学术事务管理权力，落实学术委员会在学术管理与决策、学术评议、学位授予等方面的权力，明确学术委员会在学术事务管理中的主体地位，让学术委员会成为校内学术事务管理的中心。

4.3.3 赋予农业院校、院系以充足的自主办学权

在美国农业院校内部，院、系是相对独立的办学实体，具有较大的办学自主权。美国农业院校院、系内部的行政管理主体是院长和系主任，他们具有统筹管理学院和系内行政事务的权力。院长一般具有教学管理、科研管理、人事管理、财务管理等权力；系主任具有组织与管理系内教学与科研工作、制定系内战略发展规划、管理系内经费开支及聘任系内教师等权力。正常情况下，农业院校内部的院、系可以依据自身发展现状与农业产业发展需求自主开展农业教学、农业科研及农业技术推广工作。借鉴美国经验，针对国内农业院校与院、系之间的支配与依附关系，我国要使农业院校充分授予院、系自主办学权力，确保校内管理重心下移，逐步使院系成为独立的办学实体，调动院、系自主开展农业教学、农业科研及农业技术推广的积极性（汤建，2019）。

4.3.4 激发农业技术推广中产学研结合的创新动力

美国公立和私立研发机构分别根据自身优势和特点在基础研究、应用开发等不同领域发挥出巨大作用，并随着知识产权管理力度增强、市场体系日趋完善，在农业科技领域逐渐形成了良好的"生态平衡"（段莉，2010）。美国农业院校主导"政府—大学—企业"联盟的农业技术推广研发体系，通过研究机构与企业间联合研发、专利授权或转让等方式有机结合，极大缩短了从基础研究、成果转化到产品上市的周期，也大大减少了研发成本投入。同时，通过政策倾斜、技术支撑和资金支持，鼓励特定研究机构对小宗作物和粮食保障作物的应用型开发，对不具备市场竞争优势的作物研发工作提供了保障，为农业科技研究扩大了

平台。美国农业技术推广体系中明确的分工协作机制在促进成果转化的同时，也充分激发了农业创新动力，全方位解决了农业市场的科技需求。借鉴美国经验，针对国内政府、高校与企业之间的松散关系，我国要扭转高校与企业各自为政的局面，强化政府、高校与企业之间的联结，调动高校和企业开展农业教学、农业科研及农业技术推广的积极性，面向产业激发高校和企业的创新活力。

4.4 对我国模式改革的启示

随着农业生产对科技需求的不断增长，农业科技创新愈来愈成为推动农业转型发展的主要驱动力量。对比美国农业高速发展进程中的科技支撑作用，我国农业的科技发展暴露出诸多不足：科学研究方面，自主创新能力不强、产品开发进展缓慢、科研成果转化率低下（刘可，2016）；技术推广方面，地方农业技术推广队伍薄弱、技术推广落实不到位（许越先和许世卫，2000）；生产应用方面，科技成果与生产需求结合度不高、农业生产者科学认识不足（许越先和许世卫，2000），种种问题给农业发展质量提升造成了多方掣肘。借鉴美国农业技术推广经验，我国亟须改革以政府农业主管部门为主体的推广体系，建构农业院校主导的农业技术推广新模式。

4.4.1 通过立法赋予农业院校农业技术推广职能

美国农业技术推广实践证明，以高校为依托的合作农业技术推广体系成功实现了"产、学、研"紧密结合，充分发挥了高等院校在区域经济建设中的成果、人才支撑作用，最大限度地践行了大学引领社会发展的价值。我国有不同层次的涉农院校数百所（含设有农林水牧专业的高校），拥有农业科教人员数万人（雷新华等，2007），是国家农业科技创新的重要支撑力量。然而，由于国家没有赋予农业院校农业技术推广的具体职能，农业院校到农村开展农业技术推广工作名不正、言不顺，且缺乏系统的规划和必要的推广经费支持。为发挥高校集科研、培养和服务于一体的天然优势，我国应进一步修订《农业技术推广法》，突出农业院校在国家农业技术推广体系中的主导地位，明确赋予农业院校主导农业技术推广的职能，并从法律上保证国家及各省、市财政对农业院校推广经费的预算投入，支持农业院校根据区域农业发展需要开展农业技术开发和推广工作，加快先进技术在农业生产中的普及应用（张正新等，2011）。

4.4.2 支持农业院校在生产一线建立推广平台

美国大学之所以在农业技术推广体系中处于核心地位，重要原因之一是它拥有"州农业技术推广中心—区域农业试验站（研究中心）—郡/县农业技术推广站"三个层次的推广平台，其中"区域农业试验站"和"郡/县农业技术推广站"两级平台都建设在生产一线，极大提高了高校农业科研与推广的针对性和实效性。我国农业院校在开展农业科研与推广工作中，应充分学习借鉴美国这一成功经验，一是要依据区域自然资源条件和农业产业特色，结合学校学科优势，在区域农业产业中心地带建立产学研"三位一体"的农业试验示范站，围绕区域农业发展需要开展应用研究，解决农业生产中的技术难题。同时，在区域农业主导产业的重点县（区），农业院校可采取多种形式与地方政府、龙头企业、专业合作社等合作建立农业技术推广工作站（办公室），开展农业产业新技术的示范推广工作。二是要积极推进基层综合农业技术推广机构建设，方便农民获取各种信息和服务，拓宽基层农业技术推广机构服务领域。目前基层农业技术推广服务机构多数依然停留在农业生产技术服务，而农民对服务的实际需求领域很宽，包括家庭、健康、生活、文化、儿童教育等。农业院校应积极探索拓宽农业技术推广服务领域，增强农业技术推广的吸引力，满足农民对服务的多样化需求（郭敏，2017）。三是要广泛开展交流合作，积极争取各方支持。我国农业院校在农业技术推广中应进一步加强与地方政府、基层农业部门、涉农企业、农村经济合作组织和农户的广泛合作，争取各方支持。农业院校要加强与各级政府的交流合作，争取省、市政府项目与经费支持，争取县级政府试验示范站建设用地及配套设施支持；加强与农业部门的合作，共同组建高校专家和基层农业技术骨干参与的推广团队；加强与龙头企业合作，争取企业对新技术推广的资金扶持；加强与农民专业合作社及农户合作，共同开展新技术示范。实践证明，在我国社会主义市场经济体制下，农业院校作为一支相对独立的农业技术推广力量，只有与各方密切合作，才能在农业技术推广中发挥统筹和主导作用，才能更加有效地开展农业技术推广工作，加速农业新技术推广步伐（张正新等，2011）。

4.4.3 丰富现代化农业技术推广的方法方式和手段

美国农业院校在农业技术推广中积极采用先进推广方法和手段，大大提高了农业技术推广工作效率。利用政府体系对农业技术推广的支持，美国建立了农业科技网络数据资料库，运用电视、电台、网络、卫星处理系统等为社会全方位提供各种农业先进技术及相关资料。在传统农业向现代农业转型过程中，美国对于物联网、云计算、智能化等前沿技术的应用起到了非常重要的作用。新技术的应用在提高农业生产效率的同时，还降低了资源消耗，减少了环境污染。农业生产的全产业链涉及生产环节的天气、土壤、温度、虫灾等信息，以及销售环节的国内外价格、供需情况、政策等诸多方面的巨量信息。传统农业模式对于数据处理的能力十分有限，通过云计算和深度学习技术则使得这些数据成为利于模型优化的有用数据，物联网和大数据技术的使用大大提升了美国农业的精准化和智能化水平（张燕，2015）。与美国相比，我国的农业技术推广手段还十分落后。大多数地方的农业技术推广工作还停留在依靠推广人员口头讲授、黑板报和宣传单上，不仅不能激发农民的兴趣，而且推广工作效率低、效果差。借鉴美国经验，我国农业院校在农业技术推广工作实践中要充分利用网络、电信、电视、卫星等各种现代科技手段和设备，不断创新科技培训、科技咨询、信息服务和技术指导方法，促进先进实用农业科技成果快速进村入户，大力提高农业技术推广的效率，增强农业技术推广的效果。我国应加强在农业生产经营管理、农业科技资源、农业技术推广及农业市场流通等领域的信息化、现代化建设，综合运用互联网、多媒体技术、远程教育等方式，配合传统的电视、广播、报纸、期刊等大众媒体，进行形式多样、内容丰富、立体交叉的农业技术推广活动，全方位地为农业生产提供咨询、信息、教育、管理等农业技术推广服务。

4.4.4 构筑农业院校农业技术推广的法律支撑体系

法制是权利的保障，把农业技术推广纳入法治化轨道是确保农业技术推广连续性和有效性的重要前提条件。在过去的100多年里，美国出台了一系列关于农业技术推广的法律，严格规定了农业技术推广的运行机制与经费投入，使农业技术推广事业的发展实现了法治化。相比之下，我国关于高校农业技术推广方面的法律制度建设较为薄弱，无论是针对服务主体，还是服务内容、经费筹措等，相关的法律规范远远不够。我国《农业技术推广法》于1993年7月颁布实施，2012年8月予以修订。近10年来，《农业技术推广法》的一些条款已不适应当前情形，如内容空泛，可操作性差；执法主体不明确，违法处罚规定模糊；很多需要用法律来规范的农业技术推广工作，如投资的来源及其比例、推广人员的素质及考核、奖罚机制等都没有明确的规定，对农业技术推广的定位带有明显的计划经济色彩，对推广职能和推广体系反映不全面、不科学。此外，该法对于高校农业技术推广只笼统地指出"农业科研单位和有关学校应当适应农村经济建设发展的需要，开展农业技术开发和推广工作，加快先进技术在农业生产中的普及应用"，没有单独强调高校在农业技术推广中的地位和作用，也没有明确高校应该如何开展农业技术推广，农业科研、政府投入、农业教育等方面的内容未能与农业技术推广制度有效衔接，保障机制不健全，这极大地制约了高校独立承担或积极参与农业技术推广工作。因此，借鉴美国为代表的发达国家经验，我国亟须完善农业技术推广法律法规，保障农业科学、农业技术推广和农业人才培养一体化建设，有效提高农业院校对于农业技术研发的参与度和创新力。同时，我国要以法律法规来保障农业院校农科人才培养、农业科学研究和农业技术推广的经费供给，以法律法规来支持农业院校与农业企业联合进行农业技术攻关，解决农业生产过程中重大疑难技术问题（熊鹏等，2018）。

4.4.5 提升农业技术推广人员业务水平和整体素质

坚持不懈地大力开展基层农业技术骨干教育培训，不断提升农业技术推广人员的业务水平和整体素质是美国农业技术推广工作的重要保障手段。在马里兰州，马里兰大学每年都要在学校农业技术推广中心、区域研究中心和郡/县推广站面向基层农业技术推广人员、农场主、农业产业工人、农业技术推广工作志愿者举办若干期/次农业技术推广业务培训活动，以保证他们的知识更新和业务技能提升，从而有效推动农业新成果、新技术的快速传递与推广应用。借鉴美国农业院校主导农业技术推广的经验，我国推进高校主导农业技术推广，应把基层农业技术推广骨干和农业科技示范户的培养教育放在重要位置。农业技术推广人员素质不高，是当前制约我国农业技术推广工作的主要因素之一。加强对基层农业技术推广人员培训教育，使他们更新知识、开阔视野，可以促使他们更好地适应现代农业发展的需要，使他们成为懂技术、会管理、善经营的复合型人才；加强对科技示范户、专业户培训教育，使他们掌握规范化、标准化的操作技术，提升产业发展水平和效益，可以示范带动周边更多农户发展产业，增收致富。与此同时，各级农业管理部门，推广、科研和教学等工作单位，产业技术体系机构，综合试验站等，要采取集中办班、异地研修及现场实训等形式，对乡镇和分区域的职业农民分层分类组织培训学习，增长他们从事农业工作的本领和技能；分批次选送各乡镇和分区域的优秀职业农民到农业高校进行专业学习，提高其专业水平和学历层次，打造一批业务水准高、综合实践能力强的现代农业骨干人才，增进农业技术推广效果（袁伟民等，2011）。

4.4.6 注重推广中的跨学科合作与多部门攻关

美国农业技术推广注重从实际出发,针对农业产业化进程中遇到的单一学科不能解决的问题,积极开展多学科之间的联合攻关。例如,美国农业专家研究转基因作物时,针对农业企业提出基因漂移是否危害毗邻作物的问题,联合空气动力学专家研究花粉传播的途径、风力影响范围和散落数量等,较好地解决了生产企业的隐忧;农产品加工专家与植物病害专家联手,及时解决了导致储存中食物变质的病原体发生规律和相应的预防措施;农业专家与计算机图形处理专家合作,利用 RFID 技术有效解决了农畜产品从销售终端到生产源头的溯源问题;等等。促进农业技术可持续创新需要认识技术问题的根源和结构,加强学科之间合作交流,加快技术突破和创新速度。我国农业院校在侧重基础性和公益性研究的同时,要积极搭建成果转化和产业孵化平台,整合多学科力量,联合企业研发农业新技术;然后,利用企业市场优势和灵活运营机制,将具有产业前景的研究成果投入市场。

4.5 本章小结

美国经验表明,为了使高校农业技术推广制度持续发展,国家不仅应给予法律保障,而且在农业院校和农业实验站建设、农业科技研究、研究成果开发和示范、农业技术推广项目实施等方面各级政府均应提供经济保证。对比美国高校主导的农业技术推广模式,我们可以学习和借鉴其中一些成功经验来完善我国现有农业技术推广模式。我们可以从法律政策入手,进一步修订完善《农业技术推广法》,激发农业院校在农业技术推广中的作用和潜力;健全农业技术推广投资机制,增加省级政府在农业技术推广投资中的总量、改善经费使用结构,逐步形成以省级政府投资为主体的各级政府分担、社会资金捐助的多元化的农业技术推广融资机制;完善现有农业技术推广体系,加强科研、教育、推广部门之间的协调,充分重视高校在农业技术推广活动中的地位和优势,形成以高校为主导的国家公益性农业技术推广体系;改进农业技术推广人员的招聘机制、激励机制、评价与考核机制,使基层农业技术推广人员"留得住、用得上、下得去";加强继续教育、学历教育、自主学习和内部交流,提高农业技术推广人员的综合素质;强化农村基础教育、农业职业教育、农民职业培训和农民学历教育,逐步提高农民综合素质;关注农业和农村生态、农民健康及其子女成长,拓展农业技术推广的领域和内容。

农业技术推广是农业科技转化为现实生产力的桥梁，是提高农民科技素质的重要途径，也是实现农业现代化的重要手段。农业技术推广事关国计民生，是一项长期的基础性公益事业。尽管美国农业院校主导农业技术推广的体制产生于美国的制度和文化背景，我们不能机械照搬，但我国陕西、青海、山西的相关探索已充分彰显出高校在农业技术推广中的活力，政府支持下的高校农业技术推广潜力巨大。

5 我国高校主导农业技术推广的新模式案例

农业技术推广体系是推动农业科技进步的重要力量，是科技成果转化为现实生产力的桥梁和纽带。现阶段，农业技术推广是我国实施科教兴农战略的主要抓手和核心载体。加大农业技术推广力度有助于推进先进科学技术同农业生产结合，促进农业科学技术从潜在生产力向实际生产力转变，带动农业经济效益和质量提高。2012年中央一号文件提出要强化基层公益性农业技术推广服务，引导高等院校、科研院所成为公益性农业技术推广的重要力量。该文件强调了高等院校在农业技术推广中的地位和作用，为高等院校进一步强化农业技术推广提供了政策保障。农业高校是我国农业教学和农业科技的中心，具有学科齐全、人才集中、设备先进、信息灵通等特点，既是农业科技成果产生的重要源头，又是农业科技人才培养的主要基地，也是农业科技信息传播的有效力量，在我国农业技术推广中具有不可替代的独特优势。近年来，一些高等农业院校在农业技术推广方面进行了积极实践与探索，积累了丰富的农业技术推广经验，形成了高校主导型农业技术推广模式。该模式在政府支持和引导下，高校以本体农业技术成果为推广对象，联合各类农业技术推广机构和涉农企业，面向农户开展新技术示范和推广。这一模式是对现行农业技术推广模式的补充和完善，旨在整合高校资源优势，将农业技术推广融入高校整体工作之中，实现科研、教学和推广"三位一体"地有机融合。迄今为止，我国西北农林科技大学、青海大学和山西农业大学已在国家教育主管部门与地方政府的大力支持和促进下，对高校主导的农业技术推广开展了多年有益尝试，初步形成了既有共性又有差异的高校主导农业技术推广新模式。本章将回溯西北农林科技大学、青海大学和山西农业大学三所高校探索农业技术推广新模式的历程，提炼成功做法和经验，获取对我国普遍构建高校主导农业技术推广新模式的启示。

5.1 西北农林科技大学主导的农业技术推广模式

西北农林科技大学是我国第一所实施高校主导地方农业技术推广的高校，其模式由国家教育主管部门和陕西省政府共同推动与促成。西北农林科技大学开启了我国高校主导地方农业技术推广的先河，20余年来在探索中不断走向完善。

5.1.1 西北农林科技大学概况

西北农林科技大学（Northwest A&F University）简称"西农"或"西北农大"，地处中华农耕文明发祥地、国家级农业高新技术产业示范区——陕西杨凌，是教育部直属全国重点大学、中央直管32所副部级建制重点大学之一，国家"双一流"建设高校，"985工程""211工程"重点建设高校，"111计划""2011计划""卓越农林人才教育培养计划""国家建设高水平大学公派研究生项目""中国政府奖学金来华留学生接收院校""国家大学生创新性实验计划"成员，教育部"援疆学科建设计划"40所全国重点大学之一，由教育部与中国科学院、农业农村部、水利部、国家林业和草原局等16个部委和陕西省共建，是中国西北地区现代高等农业教育的发源地，也是全国农林水学科最为齐备的农业高校，葡萄酒专业稳居全国第一。学校前身是创建于1934年的国立西北农林专科学校，为西北地区最早的高等农林教育学府。1999年9月，经国务院批准，地处杨凌的原西北农业大学、西北林学院、中国科学院水利部水土保持研究所、水利部西北水利科学研究所、陕西省农业科学院、陕西省林业科学院、陕西省中国科学院西北植物研究所等7所科教单位合并组建为西北农林科技大学，实行部省院共建机制，赋予学校支撑和引领干旱半干旱地区现代农业技术推广和产业发展的重要使命。

人才培养方面，截至2021年3月，学校设有27个学院，74个本科专业；14个博士后科研流动站，16个博士学位授权一级学科，27个硕士学位授权一级学科；7个国家重点学科，2个国家重点（培育）学科；农业科学、植物学与动物学、工程学、环境科学与生态学、化学、生物学与生物化学、药理学与毒理学、分子生物学与遗传学、微生物学、地球科学等10个学科进入ESI全球学科排名前1%，农业科学、植物学与动物学2个学科进入ESI前1‰之列。教职工4554人，专职教师2452人；本科生20 921人，硕士生9031人，博士生2479人。学校坚持立德树人，促进学生全面发展，设有综合素质教育学院；重视大学生创新能力培养，鼓励和支持学生参加各类高水平学科竞赛、创新创业项目训练与实践，三次获全国"互联网+"大赛金奖，位居全国农林高校首位。建校以来，学校为社会累计培养输送各类人才 20 万余名，毕业生遍布海内外，有 19 位校友成为两院院士，其中有 9 位深耕中国农业科学领域，为西北乃至全国农业现代化建设及农村经济社会发展做出了重要贡献。

学科建设方面，学校高度重视一流本科教育，积极参与"新农科"建设，25 个专业入选国家一流本科专业建设点，"生物科学拔尖学生培养基地"入选教育部基础学科拔尖学生培养计划 2.0。拥有 1 个国家生命科学与技术人才培养基地、3 个国家级人才培养模式创新实验区、12 个国家级特色专业、8 个"卓越农林人才教育培养计划"专业。农学专业通过农科专业（第三级）认证，水文与水资源工程、农业水利工程、水利水电工程、食品科学与工程专业通过工程教育专业认证。

教学建设方面，学校拥有国家级"万人计划"教学名师 2 人、国家级教学名师 2 人、国家级教学团队 5 个，建成国家级精品课程 12 门、国家级精品资源共享课 8 门、国家级视频公开课 4 门、国家级一流本科课程 20 门，入选国家级"十一五""十二五"规划教材 52 种。2007 年，学校被教育部批准为首批大学生创新性实验计划项目实施试点院校之一。学校现有国家级实验教学示范中心 3 个，包括动物科学实验教学示范中心、农业水工程实验教学示范中心和园艺实验教学中心。

科学研究方面，学校坚持"顶天""立地"相结合的科技工作方针，瞄准国际科技前沿，紧扣国家战略需求和区域发展需要，积极开展面向农业生产实际的应用基础研究和应用技术研究，在农作物遗传育种与病虫害防治、水土保持与生态修复、旱区农业高效用水、畜禽良种繁育与健康养殖、农业生物技术、葡萄与葡萄酒等研究领域形成鲜明特色和优势。建校以来，学校累计获得各类科技成果 6000 余项，获奖成果 1800 余项。合校以来，学校牢记服务旱区可持续发展的国家使命，始终站在助推西部大开发、"一带一路"建设、乡村振兴战略前沿，累计获得国家级科技奖励 44 项、省部级一等奖 91 项，获国家授权发明专利 1667 件。学校积极发挥社会服务功能，面向国家和区域主导产业发展需求，积极开展科技成果示范推广和产业化服务工作，在国内率先探索实践以高校为依托的农业技术推广新模式，与 500 多个地方政府或龙头企业建立科技合作关系，在区域主导产业中心地带建立农业科技试验示范站 28 个、示范基地 46 个，构建了高校农业科技成果进村入户的快捷通道，累计创造直接经济效益 800 多亿元。学校在长期的办学实践中积淀形成了服务社会的优良传统，积极投身脱贫攻坚，聚焦

| 5 | 我国高校主导农业技术推广的新模式案例

"产业扶贫""教育扶贫"两大主线,探索出的"三团一队"定点扶贫工作模式,被教育部推选为"直属高校精准扶贫精准脱贫十大典型项目",定点扶贫工作连续三年被国务院扶贫开发领导小组评价为"好"。学校在全国首批建设新农村发展研究院,成立乡村振兴战略研究院、陕西省乡村振兴产业研究院,建有农民发展学院,为服务新时代农业农村现代化建设提供了重要智力支持[①]。

对外交流方面,学校坚持开放办学,通过加强与世界一流大学和学术机构实质性合作,积极拓展国际科技教育合作与交流,形成了全方位、多层次、多渠道的国际合作交流新格局。2006 年,学校取得了接收中国政府奖学金来华留学学生资格。学校先后与美国、英国、加拿大、以色列、德国、日本、澳大利亚、新西兰、荷兰等 35 个国家和地区的 152 所大学或科研机构建立校际合作关系,年均 1000 名国(境)外学者来校开展学术交流;成立了"中美水土保持与环境保护研究中心""中加旱区农业科技创新中心""中英农业可持续发展协作网络""中奥环境保护研究中心"等 9 个国际学术交流平台。学校积极参与"一带一路"建设,已逐步成为我国开展农业国际交流合作和服务丝绸之路经济带建设的高地,主导成立的"丝绸之路农业教育科技创新联盟"影响广泛。学校牵头在"丝路"沿线国家建立 8 个农业科技示范园和 3 个海外人才培养基地,与杨凌示范区共建上合组织农业技术交流培训示范基地,牵头成立上合现代农业发展研究院、组建上合国际联合实验室、加入上合组织大学(牵头现代农业方向)。2006 年至今,每年一届的"杨凌国际农业科技论坛",已成为国际农业科技界的品牌论坛。

5.1.2　西农主导的农业技术推广模式概况

西北农林科技大学开启的高校主导型农业技术推广模式起源于学校的办学传统,成型于 20 世纪末的 7 所科教单位合并。建校之初,西北农林科技大学就将教学、科研与农业生产实践有机结合,确定了"未建系组,先办场站;未开课程,先抓科研"的办学思想,形成了"切实从事农场、林场实际工作""与农民生活密切联系"等人才培养理念,在学校设置了专门的农业技术推广机构,统筹谋划和推动农业科学技术的推广工作。1999 年 7 所科教单位合并后,西北农林科技大学名正言顺地担负起陕西省农业技术推广的重任。为探索适合新时期中

---

① https://www.nwsuaf.edu.cn/xxgk/xxjjl/index.htm.

国的农业技术推广模式,创新完善农业推广体系,西北农林科技大学承担了财政部"探索以大学为依托的农业科技推广新模式"项目,探索由政府引导,高校主导,高校科研成果与涉农企业紧密结合,专家学者深入农村传播农业科学技术的新模式,推动农业科学技术迅速转化为农业现代化进程中的现实生产力。西北农业科技大学通过政府搭台,专家唱戏,改革体制,创新机制,精心管理,全程服务,把农业科技直接导入农村,探索出了"农业科技专家大院"的服务模式(杨敬华和蒋和平,2005)。2004年,西北农林大学面向全国推介这种高校主导的农业技术推广新模式。

"农业科技专家大院"模式由专家、政府、企业(协会)、农户四个部分组成,专家负责研究开发推广农业高新技术,面向农户组织技术培训;政府配合企业提供全程化服务,出台聘用专家和专家大院的管理方法,负责组织协调、项目包装、科研项目立项、信息供给及农业信息应用软件开发等综合服务;企业或协会设有专门的信息服务组织,既负责农产品的销售,又兼管向政府和农户上传下达(郭鹏和杨文斌,2006)。专家大院建在田间地头,形成了"专家+龙头企业+农户"或"专家+技术推广机构+农户"或"专家+中介组织+农户"或"专家+科技示范园"的对接方式。"农业科技专家大院"模式有四大特点:第一,政府将"农业科技专家大院"的管理纳入农业技术推广体系,配置研究及服务经费、组建科技服务团队、优化科技力量;第二,政府把农业科技成果划分为公益性成果和经营性成果,确定差别性的服务运行机制,公益性农业科技成果以财政经费支持和保障为主,经营性农业科技成果则按照市场化、商业化原则运作;第三,政府重视企业和农户的技术需求,依托"农业科技专家大院"这一平台,建立有效的技术供需沟通机制;第四,政府为该模式引入市场机制,按照"谁主办、谁受益、谁管理"的原则,实行有偿服务和无偿服务相结合,技术入股、带资入股、利润提成与投资多元化相结合,专家大院与专家责利互联,增强专家大院的凝聚力和竞争力。

除"农业科技专家大院"外,西北农林科技大学还通过区域试验示范推广站和农业专项项目示范基地向农户或农业企业推广农业技术,形成了特色农业技术推广模式。图5.1展示了西北农林科技大学通过区域试验示范推广站、农业专项项目示范基地或"农业科技专家大院"开展农业技术推广,结合信息咨询和多层次培训,为农民、农业企业、技术及管理人员服务并最终实现多元化目的的服务架构。不断应用和健全该模式,西北农林科技大学实现了区域内农民增收、地方政府满意和农业主管部门认同的预期效果。其中,"农业科技专家大院"模式利用农业高校的农业科技资源,结合区域农业产业的特点,推进地方农业产业化的效果尤为显著。西北农林科技大学以自身教学和研究为基础，不仅向农业科技研究和农业技术推广培养了大批人才，而且向农业生产提供了农业新技术、新成果和新知识，充分发挥了农业教学基地的实践带动作用，使校内农业科技专家、基层农业技术人员与农民实现了直接互动，加快了农业科技成果转化，促进了地方农业产业发展（高翔等，2002）。

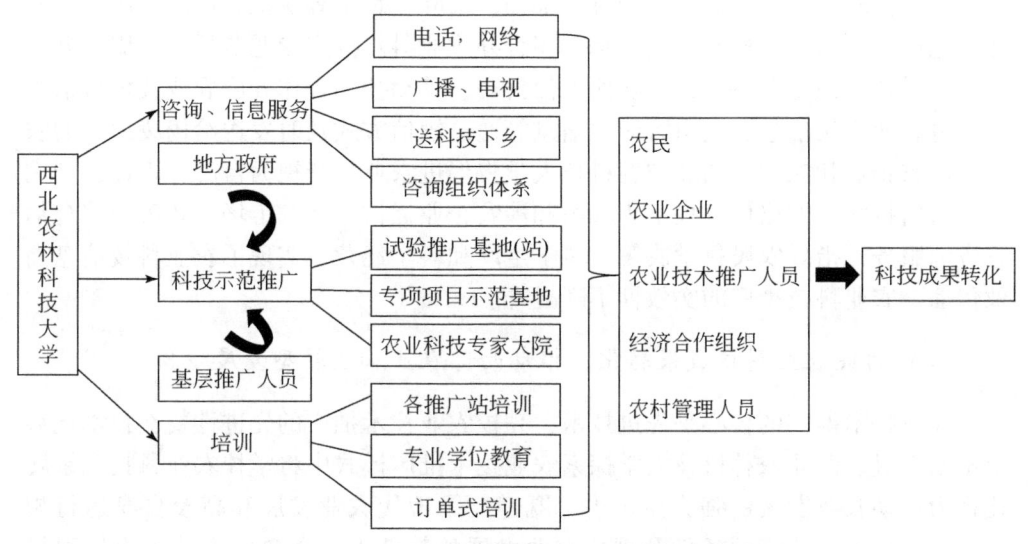

图 5.1　西北农林科技大学农业技术推广模式

5.1.3　西农主导农业技术推广的主要做法及"双赢"效果

西北农林科技大学在推进高校主导的农业技术推广过程中，探索出了一系列较为成功的具体做法，实现了高校与产业"双赢"发展。

5.1.3.1　西农主导农业技术推广的主要做法

西北农林科技大学将学校的教育、科研和社会服务三大功能紧密结合，组建了一支由 800 多人组成的农业技术推广队伍，增设了农业科技推广处，在国家相关法规允许范围内不断完善农业技术推广的本校政策，建立了产学研密切协作的新型管理体制和运行机制，在农业科技成果与"三农"对接方面进行了大胆尝试。

(1) 建立农业技术推广网络，指导农民科学决策、生产和经营

农业技术推广网络是农业科技传播的信息化平台，是农民生产和经营的重要依托。面向农业生产，西北农林科技大学不仅创办了陕西省农业技术推广网络，而且建立了农业科技专家远程技术培训与农业信息咨询服务系统，建设了小麦、苹果、猕猴桃、甜瓜、樱桃、油桃、葡萄、茶叶、蔬菜等一批农产品生产技术专业示范推广网站。学校与陕西农林卫视合办农业科技推广专题节目，每周举办一期农业科技知识专题讲座；与陕西电信公司、移动公司合作开展农业技术短信服务，将农业市场信息、病虫害防治信息等通过短信方式及时发送给杨凌地区的农村、涉农企业和农户。西北农林科技大学将促进农业生产视为自己的责任，利用现代通信技术、网络信息技术为农民和涉农企业提供科技、市场、政策等综合信息咨询服务，指导农民科学决策、科学生产和科学经营，实现了农业科技信息高效传播，农业科技推广的实效性不断提升。

(2) 力促农业科技成果转化，推动西部农业加快转型发展步伐

农业技术推广的核心是先进技术，高校农业技术推广的先进性要在技术优势上不断彰显。西北农林科技大学探索农业技术推广模式中将学校农业科技成果转化视为推动农业发展的强大生产力，既遵循了现代农业发展和高校自身运行规律，又结合了农业资源条件和现代农业发展的新特点，在政府支持和市场引导下，依托学校科技、人才、学科和信息资源，联合涉农企业和农村专业协会，大力推进学校现代农业科技成果转化普及。学校积极探索适应社会主义市场经济体制的现代农业技术推广新模式，逐渐以农业技术专家大院为平台，以建立农业教学、科研示范基地为核心，以科技下乡与校企合作为方式，以农业科技培训体系为支撑，形成了学校与产业密切联系、相互协作、相互促进的有机整体，开拓了高校科技成果进村入户的新通道。这一模式以农业科技成果转化、推广和普及为中心，为科技示范户、农业生产专业户、涉农企业、农村专业协会及时提供新技术、新信息和新产品服务，带动了农民开展农业规模化生产和产业化经营，促进了农业集约化发展和转型升级。在此基础上，西北农林科技大学形成了以杨凌示范区为基地、以陕西省为服务重点的高校农业技术推广体系，辐射带动西部现代农业发展，探索解决中国西部干旱和半干旱地区的"三农"问题，为全国农业技术推广模式创新树立了典范（刘有全，2007）。

(3) 创建农业教学科研示范基地，引领区域农业产业持续发展

西北农林科技大学建设的"农业科技专家大院"把教学工作、科研任务和当地农业生产、农村经济发展紧密地联结在一起，实现了产学研有机结合，使政府抓产业有一个"切入点"，农业专家走进千家万户有一个"落脚点"，广大农户学习先进农业技术有一个"示范点"，农业科技成果转化有一个平台，农业新品种、新技术有一个推广基地，农民与专家实现双赢也有一个新途径（张菊霞等，2007）。如果说"农业科技专家大院"是西北农林科技大学农业技术推广工作的综合体，那么"农业教学科研示范基地"则是西北农林科技大学农业技术推广工作的专项亮点。"农业教学科研示范基地"是西北农林科技大学农业技术推广体系中农业科研成果转化示范的重要场所，是农业科技推广创新体系的重要组成部分。2000年以来，西北农林科技大学在陕西省及西北地区创办各类示范基地50多个，示范基地已成为促进该校农业科技成果推广转化的最有效形式。目前，学校在农业区域产业核心地带建立了白水苹果、山阳核桃、西乡茶叶、眉县猕猴桃、阎良甜瓜、清涧红枣、长安樱桃、合阳旱作农业、渭河林业、安塞水土保持、火地塘林业、长武小流域综合治理等12个试验示范站（基地），为人才培养提供平台，为科研积累试验资料，为农业生产展示最新成果，引领和支撑区域产业持续发展。在发展过程中，西北农林科技大学逐步将"院"（农业科技专家大院）"站"（农业教学科研示范站/基地）协调，实现"院""站"合一，突出"农业教学科研示范站/基地"的科技成果转化示范功能。近年来，西北农林科技大学与宝鸡市政府共建了40个"农业科技专家大院"或"农业教学科研示范站/基地"，通过十余年的建设和发展形成了3种运作方式：一是产业龙头型教学科研示范基地，如秦川肉牛产业基地，通过专家技术入股等形式，形成了"专家+龙头企业+农户"的运作方式；二是科研开发型教学科研示范基地，如小麦育种产业基地，通过科技成果转化形成了"专家+技术推广单位+农户"的运作方式；三是技术推广型教学科研示范基地，如柿子产业基地，通过科技服务有偿化形成了"专家+中介服务组织+农户"的运作方式（张俊杰，2005）。农业教学科研示范基地先后为宝鸡市输送了80多位专家教授，为当地经济社会发展做出了巨大贡献。

(4) 举办产业技术农民培训班，提升新型农民增收致富的技能

西北农林科技大学在提升农业产业水平和增加农民收入的同时，十分注重农业技术推广过程中对农民的"教育"，培育现代新型农民。截至目前，西北农林

科技大学已创办了凤翔县苹果农民技术培训学校、太白县高山蔬菜农民技术培训学校等，培训农民 30 多万人次。2005 年，陕西省实施大学生村官培训计划，西北农林科技大学受陕西省委、省政府委托，举办了多期"陕西省新农村建设示范村党支部书记、村委会主任培训班"，先后有近 2000 名大学生村官来到学校接受培训。西北农林科技大学的"农民培训班"坚持公益性农业科技推广，是培育现代农民的孵化器，深受农民群众欢迎，树立了服务"三农"的良好形象。

（5）承担农业技术推广专项，提高农业科技成果转化应用水平

在实施农业技术推广中，西北农林科技大学积极承担和参与国家及地方重大农业技术推广专项。2000~2004 年，西北农林科技大学承担国家相关部委、陕西省相关部门的"948 计划""重大推广计划""星火计划""扶贫攻坚计划""国家科技支撑计划""天保工程""国债投资""基本建设""示范基地""资源保护""农村能源"及培训计划等各类推广项目 500 多项，到位经费 7000 多万元；共有 169 名专家、教授主持项目，约有 1000 余名科教人员参加；引进、示范、推广农林牧新品种 290 多个，示范推广各类农林水牧新技术、新成果 598 项，建立各类试验、示范园（田）10 多万公顷，累计辐射推广 333.3 多万公顷，累计举办技术培训与咨询 3680 期（次），培训技术干部 3.7 万人（次），培训农民 300 万余人（次），印发技术资料 220 万份；累计产生社会经济效益 190 多亿元，科技成果转化率由原来的 40%~45% 提高到现在的 50%~55%。近年来，西北农林科技大学承担了农业农村部和财政部联合支持的农业科研院校重大农业技术推广服务试点项目、陕西省重大科技创新项目"苹果绿色果品生产关键技术集成及产业化示范"，以及陕西省现代农业产业技术体系系列项目等。这些科技项目的实施对推动陕西农业结构调整，促进地方经济发展，增加农民收入做出了重要的贡献。

5.1.3.2 西农主导农业技术推广的"双赢"效果

西北农林科技大学主导农业技术推广既解决了农科教师不了解农业产业、农科成果远离实际和农科生实践经验少的问题，也以自身参与产业实践有力推动地方农业产业发展，较好实现了农业高校与农业产业互利共赢。

（1）发挥了农业教育的资源优势，实现了农业技术推广的内容精准

农业院校具有丰富的农业科技知识资源、农业新技术资源和农业人才资源，高校主导的农业技术推广能够便利地以农业人才资源为载体将农业科技知识资源

和农业新技术资源精准地传递到农户手中。农业院校的农业人才资源不仅指教师群体的专家教授,而且包括正在接受教育的庞大学生群体。农科大学生包含农科本科生、硕士生和博士生,拥有初步的农业科技知识和农业新技术,富有传播农业科技知识资源和农业新技术资源的激情。西北农林科技大学充分调动农科大学生投身农业技术推广的积极性,大大增强了农业科技知识资源和农业新技术资源传递到农户的精准程度,收到了事半功倍的效果。不仅如此,西北农林科技大学主导的农业技术推广除了把转化后的科研成果传授给农民,同时还给予他们相应的服务,将传授农民现代农业技术同教授农民使用农业现代技术有效融合,有力地提高了农业技术推广的效率和效果。

(2) 缩短了农业技术的传递路程,提高了农业科技成果的推广速度

西北农林科技大学主导的农业技术推广既是我国建立多元化农业技推广体系的一种重要形式,也是加强多元化农业技术推广力量发展的有力举措,是对政府主导型农业技术推广体系的改革和完善。西北农林科技大学针对西部农业综合生产能力暴露出来的问题,推动高校科技成果向现实生产力转化,积极与地方政府、涉农企业开展广泛的科技合作,在农村建基地,做示范,搞培训,送信息,把学校成果送到了农村千家万户,形成政府和企业提供项目、资金、产地,学校提供专家、成果的良性互动机制,促进了干旱、半干旱地区农业和农村经济社会发展(张新柱和杨军,2004)。西北农林科技大学的"农业科技专家大院"直接入村进户,实现了农业高校和农业生产单位的直接联合,使高校农业科技成果直接服务于农业生产,缩短了农业技术的传递路程,大大降低了农业技术推广成本,加快了农业科技成果转化的速度,高校农业科技成果转化率大幅提升。

(3) 拉近了产学研相联系的距离,紧密了产业链条间的转承关系

西北农林科技大学主导的农业技术推广模式将生产、教学和科研集中于农业技术推广试验站,使产业、教育和科学研究融为一体,最大限度地拉近了产学研彼此联系的距离,有利于农业科技向纵深方向发展。在"农业科技专家大院"或农业技术推广试验站,不同学科的学生现场学习和实习,不同门类的科研专家进行科研攻关和产业指导,使产业链的各个环节紧密相连,自然而有效地相互转承。西北农林科技大学将农业技术在农村就近示范与生产,便于最新科研成果和实用技术快速转化,有利于学校长远谋划教学的内容、重点和方法,确立科研项目和需要突破的关键技术,对产业的远景做出规划,促进产业发展与升级。

(4) 促进了农业科学研究的发展，提升了农业科研解决问题的能力

西北农林科技大学的专家直接深入农业生产第一线，在产业中心地带进行科学研究与示范，有利于及时发现农业生产中出现的新问题，针对问题及时立项解决，进而大大促进了科学研究发展，培养了众多解决实际问题的农科人才。由于专家常年工作在农业生产第一线，他们发现问题就会随即进行调查分析，及时召开包括大学教授、推广专家、地方技术人员、农业协会和示范户等参加的研讨会，形成共识，制订方案，立项研究，指导生产。西北农林科技大学将很多教学和科研放在农业生产第一线开展，不仅为教学、科研提供了实践性课题，促进了科学研究针对现实问题而开展，而且提升了农科师生处理生产实际问题的科研能力，及时解决了农业生产中出现的新问题（安成立等，2014）。

5.1.4 西农主导农业技术推广的模式经验

西北农林科技大学以推动地方产业发展为使命，建立"农业科技专家大院"，主导农业技术推广，不断提升农业技术推广水平，积累了探索高校农业技术推广模式的诸多经验，为我国高校完善农业技术推广提供了有益启示。

(1) 建立适应地方产业需求的"农业科技专家大院"

西北农林科技大学主导农业技术推广的实践显示，"农业科技专家大院"推动了地方农业产业结构优化升级，促进了地方农业集约化发展，引导了农民增收致富。之所以能够如此，一方面是因为"农业科技专家大院"以培育现代新型农民为出发点，积极开展农业科技培训工作。"农业科技专家大院"充分利用大学的优质资源，如学科优势、师资力量、科研平台、教学设备、示范基地等，为当地进行农业科技推广人员教育培训，重点培训基层农技人员、农业科技骨干、农民企业家和农村致富能手，以科技为动力促进"三农"事业发展。另一方面，"农业科技专家大院"高度尊重地方产业需求，及时分析当地农业技术发展中存在的问题，集中破解遇到的难题，不断总结当地农业技术推广的经验和教训，为进一步发展农业技术推广工作提供改善思路和科学体系。为使科研成果在地方产业中快速转化为生产力，西北农林科技大学的"农业科技专家大院"将科研建立在基地县的农业产业之上，以此为基础扩大专业技术的辐射范围，与省、市、县、乡建立多种形式的技术咨询、技术协作、技术开发和教学、科研生产联合体，与乡镇企业建立技术合作、技术开发、技术经营联合体，与地区农业管理部

门联合建立高产、优质、高效农业高技术开发区。

(2) 加强与政府及科研院所的农业科技服务合作

西北农林科技大学与地方政府及科研院所联合形成的"农业科技专家大院"模式得到了科学技术部的高度认同和推广，确实有许多值得借鉴的方面。该模式突破了传统的自上而下的纵向管理体制壁垒，实现了农业科技资源的横向配置，把农业科研与解决农业生产实际问题紧密结合，实现了农业科技供需有效对接。同时，该模式创新了农业技术服务的投资渠道，地方政府每年从农业基础设施建设经费中列支出专项经费，提供"农业科技专家大院"必要的办公运行费用；在明确投资主体与产权主体的前提下，鼓励专家通过技术入股、带资入股、利益提成等方式开展农业科技服务。"农业科技专家大院"建立了一套切实可行的利益联结机制和技术有偿服务新机制，促进了产业结构转换与升级，培养了一批新型农业技术科技人才，增加了农民收入，加快了新技术和新产品开发、转化、吸收及应用的速度（聂海和郝利，2007）。西北农林科技大学与地方政府及科研院所联合为农户提供技术服务，对我国农业技术推广体制创新具有积极的现实意义。

(3) 坚持财政持续支持高校农业技术推广创新发展

建构以高校为主导的农业技术推广模式是高校融入我国社会经济发展中心的战略选择，对于推进农科教育体制改革和提高农业综合生产能力有重大价值。纵观世界各国农业科技成果推广投资体制，政府都充当着主要力量，保持着相对稳定和持续投入。农业技术推广资金投入不足和推广体系不完善是很多国家农业技术推广的通病，制约着农业科研成果的快速有效转化。加快高校主导型农业技术推广体系建设，增强农业技术自主创新能力，是保障我国农业持续发展、农业科技及农村经济持续进步的迫切需要，也是当前我国农业科技体制改革的紧迫任务。从我国农业生产实际出发，高校主导型农业技术推广模式发展需要政府加大投资力度，建立以政府投入为主、多渠道投资并存的农业科技投入机制。从西北农林科技大学的农业试验站建设来看，地方政府扮演着投资主体的角色，发挥着试验站发展的支柱性财政作用。高校农业试验站具有社会服务性和非营利性特点，维持试验站正常运行需要地方政府根据农户的技术采纳程度和产业产值比例，供给充足的农业技术推广经费。

(4) 建设规模适度的高质量农业技术推广队伍

现代农业技术推广不仅是向农民提供技术信息、传授科学知识，同时也包含对农业技术推广人员的培训和知识更新（樊启洲和郭犹焕，2000）。随着经济发展、科技进步和广大农民社会需求的不断提高，农业产业和农业经营主体对农业技术推广人员提出了更高要求。农业技术推广人员是农业技术推广的关键，决定着农业技术推广的成败。建立一支数量足、素质高的农业技术推广人员队伍，对振兴农村经济、发展农业生产、促进农村社会全面进步具有十分重要的意义。农业高校人才济济，具有多学科、多专业的农科大学生和师资队伍，在农业技术推广的资源配置、创新团队建设方面优势明显。西北农林科技大学农业技术推广的成功很大程度上归功于学校拥有一批能够活跃在产业第一线的农业专家，建立了一支师生共同参与的庞大的高水平农业技术推广队伍。因此，继续实施好高校主导的农业技术推广体系，高校必须建立适合市场经济和农业发展要求的产业一线人才良性循环机制，出台政策激励高校科教人员积极投身农业技术创新与推广。

(5) 确立既重产量又重生态的农业技术推广目标

当前我国农村产业发展对科技需求越来越突出，农业科技逐渐成为农民增收的决定性因素。西北农林科技大学根据区域农业主导产业需要，结合农民经常性和多样性需求，依托高校科教优势，通过建立基地、进行示范、举办培训、提供信息，实现了科技与农村、专家与农民、技术与生产有效对接，打通了一条高校科技成果进村入户的便捷通道。我国科技成果转化慢，产业化程度低，以往农业技术推广目标更多定位于产量增长上。在推进农业产业发展过程中，西北农林科技大学立足农村，面向农民，充分考虑当前利益与长远利益，谋划产量与质量、生产与生态相统一的产业规划，制定农业技术推广可持续目标，把实现这一目标的农业技术集成在示范站，让农民看得见、摸得着、跟着做。

5.2 青海大学主导的农业技术推广模式

青海大学是继西北农林科技大学之后我国又一所实施高校主导地方农业技术推广的高校，其模式由教育部和青海省政府共同推动与促成。从1997年10月青海畜牧兽医学院并入青海大学开始，青海大学便开启了探索高校主导地方农业技术推广的征程，走出了一条与西北农林科技大学截然不同的农业技术推广之路。

5.2.1 青海大学概况

青海大学（Qinghai University）简称"青大"，位于青海省西宁市，是教育部与青海省政府"部省合建"高校，国家"世界一流学科建设高校"，国家"211 工程"重点建设大学，14 所国家"中西部高校综合实力提升工程"高校之一，"卓越医生教育培养计划""卓越工程师教育培养计划""卓越农林人才教育培养计划"改革试点高校，中西部高校联盟成员，中国高校传媒联盟理事单位，入选国家建设高水平大学公派研究生项目、新工科研究与实践项目、西部计算机教育提升计划、国家大学生创新性实验计划、国家级大学生创新创业训练计划、全国深化创新创业教育改革示范高校，中国政府奖学金来华留学生接收院校，清华大学、西北农林科技大学、中国地质大学、华东理工大学、北京化工大学等重点大学对口支援高校。青海大学前身为青海工学院，始建于 1958 年。1960 年 11 月，与青海农牧学院、青海医学院、青海财经学院合并为青海大学，"文化大革命"初期被撤销。1971 年恢复青海工农学院，设有工、农两大学科。1988 年恢复青海大学，1997 年 10 月青海畜牧兽医学院并入青海大学。2001 年 1 月，青海省农林科学院、青海省畜牧兽医科学院、青海财经职业学院整建制划归青海大学，2004 年青海医学院并入，组建成新的青海大学。其中，青海省农林科学院和青海省畜牧兽医科学院整建制划归青海大学，标志着青海大学探索高校主导地方农业技术推广的正式启程。青海大学农林科学院开展选育高产优质农作物和林木新品种、农林业应用技术、生物技术、植物保护、土壤肥料、旱作农业、野生植物开发利用、生态保护等方面的研究，形成春油菜育种与研究、脱毒马铃薯技术和种薯生产、蚕豌豆育种和研究、农田草害防治研究等优势学科。站在新的历史起点，青海大学秉承"志比昆仑，学竞江河"的校训，弘扬新青海精神，以立德树人为根本，以支撑创新驱动、服务经济社会发展为导向，努力把学校建设成为有特色、高水平的现代大学①。

人才培养方面，截至 2021 年 7 月，青海大学在校生有 2.5 万余人，其中研究生 2850 人（含博士研究生 206 人）、本专科生 22 000 余人。目前，学校有教职工 5356 人（含附属医院 3054 人），其中专任教师 1365 人，专任教师中有博士学位的有 526 人，占比达 39%。有硕士专业学位授权类别 9 个，共计 50 个专业

---

① https://www.qhu.edu.cn/xxgk/xxjj/index.htm.

领域；有博士后科研流动站 1 个；拥有本科专业 67 个、国家级特色专业建设点 6 个、国家级教学团队 4 个、国家级人才培养模式创新实验区 1 个、国家级实验教学示范中心 1 个、国家级精品双语示范课程 1 门、国家级精品视频公开课 3 门、国家级一流课程 7 门、国家级一流专业建设点 10 个。

学科建设方面，青海大学现有世界一流建设学科 1 个、国内一流建设学科 2 个、省内一流建设学科 1 个；国家二级重点学科 1 个、国家重点（培育）学科 1 个；省级一级重点学科 12 个，省级二级重点学科 5 个；有一级学科博士学位授权点 1 个，二级学科博士学位授权点 2 个，一级学科硕士学位授权点 17 个，交叉学科硕士学位授权点 1 个，二级学科硕士学位授权点共计 85 个。学校积极推进产学研深度融合，主动服务国家战略和区域经济社会发展，学科建设与国家和青海省着力推进的三江源生态保护、柴达木循环经济建设等相关的特色传统产业和新兴战略产业联系紧密。在三江源生态保护、高原农牧业、高原医学、藏医药学、盐湖化工、新能源新材料等方面形成了鲜明的学科优势和办学特色，培养了一大批应用型人才，为青海经济建设和社会发展做出了积极贡献。

科学研究方面，青海大学拥有国家重点实验室 1 个、国家重点实验室分室 3 个、国家地方联合工程实验室（研究中心）3 个、教育部重点实验室 3 个、教育部工程研究中心 2 个（其中培育中心 1 个）、教育部野外科学观测研究站 1 个、农业农村部实验室（中心）5 个、国家林业和草原局重点实验室 1 个、国育华渔 VR 世界实验室 1 个、省级高校重点实验室 18 个、省级科技重点实验室 23 个（其中分室 1 个）、国家大学科技园 1 个、国家级新农村发展研究院 1 个。近五年来，学校获批科研项目 1687 项；获国家科技进步奖二等奖 1 项、全国争先创优奖 2 项，国家教学成果奖二等奖 2 项、教育部科技进步奖一等奖 2 项、省部级以上奖项 45 项、青海省科学技术重大贡献奖 1 人次；在国内外各种刊物上发表学术论文 7969 篇，在国际顶尖学术期刊——Science、Nature 上发表学术论文 4 篇。

对外交流方面，青海大学坚持开放办学，不断加强对外交流与合作。先后与美国、英国、澳大利亚、新西兰、日本、韩国等 20 多个国家和地区的高校签署了交流合作备忘录，开展务实合作；加入了"丝绸之路农业教育科技创新联盟"，入选"高等学校学科创新引智计划（111 计划）"，启动了新一轮清华大学—奥克兰大学—青海大学"三兄弟"模式合作项目，持续推进国际交流与合作。

5.2.2 青海大学主导的农业技术推广模式概况

青海大学主导的农业技术推广模式由青海大学农林科学院、农牧学院和畜牧兽医科学院承担技术研究项目，围绕青海省特色优势产业、战略新兴产业和循环经济发展开展工作，推进以政府为引导，企业为主体，高校和科研机构为支撑，各类创新要素紧密互动、有效配置、特色鲜明、优势突出的区域创新体系建设，为青海省产业结构调整和经济发展方式转变提供系统的技术创新和人才培养服务。图5.2展示了青海大学农林科学院、农牧学院和畜牧兽医科学院通过示范基地与示范园的示范推广，建立科技合作关系。青海大学成立科技合作专家小组，安排专人负责校地双方的科技合作工作，通过签订合作协议，稳固学校与示范园区之间的关系，开拓合作领域，加快科技成果的研究、开发和示范推广，最终达到优势互补、互惠双赢、高质高效、共同发展的合作目的。与西北农林科技大学不同，青海大学农林科学院和畜牧兽医科学院虽然整建制并入青海大学，但对外仍是独立运行的实体机构，是省属事业单位，有单独预算和财政拨款，既可称青海大学农林科学院和青海大学畜牧兽医科学院，又可称青海省农林科学院和青海省畜牧兽医科学院。青海大学涉农学院始终坚持把提升农民科技素质作为发展现代农业的有力支撑，通过多渠道科技服务和培训行动，着力打破农业科技下乡"最后一公里"障碍，助推农业科技下乡进程，营造农民群众学科技、用科技、靠科技致富的良好氛围，加快了农业新技术、新成果的转化和推广应用步伐。

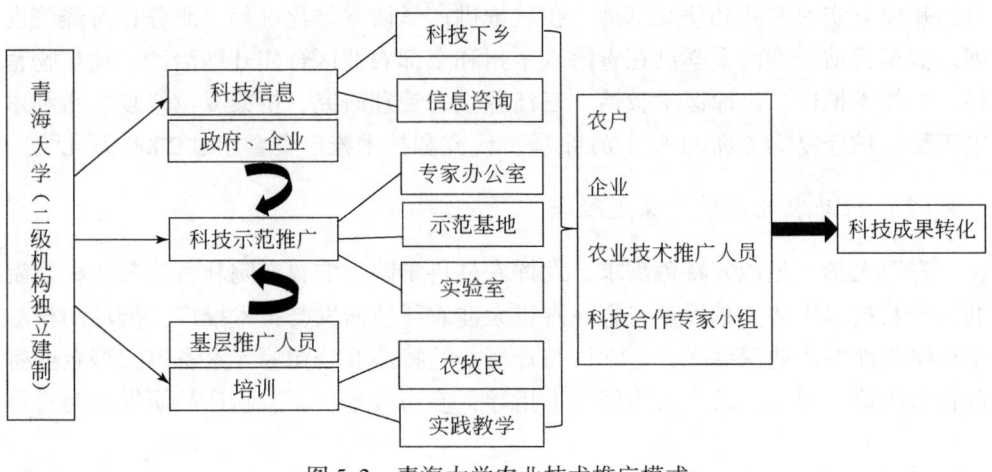

图 5.2 青海大学农业技术推广模式

5.2.3 青海大学主导农业技术推广的主要做法及双赢效果

青海大学在推进高校主导的农业技术推广过程中，坚持与青海省农林科学院和青海省畜牧兽医科学院既独立又联合的关系，围绕青海省的特色农业需求开展系列农业技术推广，实现了高校与产业互利共赢目标。

5.2.3.1 青海大学主导农业技术推广的主要做法

青海大学作为青海省唯一的一所省部共建和国家"211工程"重点建设大学，坚持立足地方，服务西部，充分发挥人才和学科优势，重视产学研结合，注重应用型人才培养，加强科技成果推广，主动融入地方经济建设和社会发展，探索出了富有地方特色的农业技术推广之路。

(1) 服务地方农业科技发展

2001年院校合并后，青海大学围绕青海省"四区两带一线"（即东部地区、环青海湖地区、柴达木地区和三江源地区，环黄河发展带和环湟水发展带，以及兰青—青藏铁路发展轴线）发展战略目标，积极推动和促进相关基础研究和应用技术发展，成为地方经济社会发展的重要"助推器"，推进农产品产业发展。青海大学以农林科学院、农牧学院和畜牧兽医科学院为依托，与海北、海西、海南、玉树等民族自治州签署了人才培养和科学研究协议，并在玉树、果洛等民族自治州建立实习实践和研究基地，积极推进产学研一体化进程，服务青海经济发展。截至目前，青海大学已在青海六个州和东部农业区合作开展治沙、动植物育种、新技术推广、高原医学救治、三江源生态治理研究、桥梁复位修复、水利水电工程监护修复等方面的项目70余项，研究和技术推广资金超过2000万元[①]。

(2) 推动农业产学研深度融合

青海大学立足地方特色需求，发挥农林科学院、农牧学院和畜牧兽医科学院的科研及技术优势，积极参与青海省重大涉农科技研发与技术推广，推动高校教学科研与涉农产业深度融合。学校与青海普兰特药业公司等5家省属大型企业签订合作协议，派出科研人员担任技术指导，参与技术革新、新产品研发；与青海

---

① http://www.moe.gov.cn/jyb_xwfb/s6192/s222/moe_1761/201105/t20110504.119259.htm.

省藏毯集团合作开展"藏毯去毛屑技术的研究",解决企业生产中的实际问题;与青海普兰特药业公司合作开展"青海省胡麻植物中 α-亚麻酸的分离和纯化"技术的研究开发和"高纯 α-亚麻酸系列产品的开发"等项目并进行试产;与清华大学联合成立三江源研究院,设立科研基金,主持"青藏高原三江源地区生态环境保护与可持续发展机制的研究""青藏高原牧草种质资源保护利用""发展生态农业治理沙漠化示范"等科研项目,为三江源地区的可持续发展提供科技支撑。青海大学还与海东市签订合作框架协议,选派 6 名专家教授担任科技副县长,具体负责 6 县农业科技园区建设和 4398 万元农业科技推广项目,建立和修订现代农业园区规划,组织申报科技项目,开展科技培训,为地方科技推广和经济发展做贡献,深受当地政府好评。

(3) 推动社会实践支农助农

在农业技术推广中,青海大学注重调动大学生力量,推动大学生以社会实践方式支农助农。响应共青团中央和全国农科院校联盟会共同发起的关于《全国大中专学生志愿者暑期文化科技卫生"三下乡"社会实践活动》的号召,青海大学根据农牧学院的专业特色,开展有针对性和有实效性的实践育人工作。农牧学院暑期"三下乡"社会实践活动围绕国家"脱贫攻坚战"重任,结合农科学生专业知识,理论联系实践,打造农牧学院"助力精准脱贫,聚力乡村振兴"的主题暑期社会实践活动。2019 年,农牧学院根据全国农学院协同发展联盟要求,组建 4 支共 26 人的"助力精准脱贫,聚力乡村振兴"主题实践团,分别前往宁夏回族自治区银川市贺兰县、云南省昆明市寻甸县、贵州省六盘水市水城县和甘肃省定西市陇西县等不同地区的定点脱贫村开展为期一周的暑期社会实践调研和科技支农支教服务。同时,农牧学院本科生每年都利用暑期跟随导师开展"农、林、牧、草"不同课题的实验,下农田,进牧区,一对一地帮助牧民解决生产实践问题。

(4) 强化农牧民的教育培训

乡村振兴战略背景下,青海大学充分发挥农业技术推广中自身在青海开展农牧民教育培训的主渠道作用,积极探索培育模式,创新培育方法,完善培育体系,不断提升培训成果,促使越来越多的农牧民改变固有观念,掌握新知识、新技能,成为农村牧区产业发展的带头人。在农牧民教育培训工作中,青海大学构建了省、市(州)、县农业农村行政主管部门三级联动、分工协作,以农业院校为主体,农牧业科研院所、大中专院校、农业技术推广服务机构、培训机构及其他社会力量为补充的"一主多元"、多层次、多形式、广覆盖的县、乡、村三级高素质农牧民教育培训体系。青海大学采取外聘、横联、内培养的思路,严格选聘科技型、专业型、实践型的专家任专兼职教师,加强师资力量建设,建立高素质农牧民培育师资库,实现了农牧系统人才资源共享。培训工作从最初试点探索,到示范引领带动、推进制度建设,取得了较明显的成效,为提升农牧民素质,实现农牧业增产增效、农牧民增收发挥了积极作用。青海大学开展的青海省农牧民教育培训工作按照乡村振兴战略要求及振兴乡村产业需要,围绕省部共建农畜产品示范省的目标任务,以满足农牧民知识技能需求为核心,结合农牧业科技三级平台技术服务和基层农业技术推广体系改革与建设补助项目,实现了由课堂教学向田间地头的实践性教学转变,达到了全过程跟踪培养。

(5) 构建农牧业科技创新平台

为推进农业技术推广,青海大学探索建立农科教、产学研紧密衔接的农牧业科技成果转化推广机制,加快构建农牧业科技成果快速转化通道。根据《青海省农牧业科技创新平台建设指导意见》和《青海省农牧业科技创新平台实施办法(试行)》,青海大学主导组建了青海省9个农牧业科技创新平台和27个县级产业技术推广平台及应用平台,覆盖了油菜、马铃薯、蔬菜、蚕豆、牛(奶、肉、绒)、羊(肉、绒、毛)、饲草料(工业饲料、牧草种子)、果品(枸杞、核桃、樱桃)和生猪等9大产业。其中,省级产业技术转化研发平台主要依托青海大学、青海省农业科学院等单位,由产业领军人物(产业技术首席专家)领衔组建,并分别确定了各重点产业对接县;县级产业技术推广平台主要依托基层农业技术推广体系与建设示范县项目,由县级首席专家、推广专家组、农业技术推广机构和农业技术推广员构成,每县设50~100名技术推广专家和农业技术推广员,建立科技示范基地10处以上,遴选科技示范户500~1000户。在农牧业科技创新平台框架下,青海大学抓紧编制各产业科技创新发展规划和主导品种、主推技术及集成规范名录,狠抓省级平台与县级推广平台的有效对接,促进主导品种、主推技术和推广任务的落实,切实提高良种良法的研究、推广和应用水平,努力提高农牧业科技应用水平。

5.2.3.2 学校主导农业技术推广的双赢效果

青海大学农牧业科技创新三级平台建设不仅是科技创新和技术推广服务的综合型平台,更是理念、制度、体制和机制创新的平台。该平台在横向上推动了各地农业科教部门的聚集发展,在纵向上注重与国家项目体系衔接和乡镇农业技术推广体系衔接，提高了农业科技创新和推广的活力与效率。青海大学主导的农业技术推广模式打通了"技术研发—推广—应用"的一体化通道，从源头上解决了科研、教学、推广相脱节的问题，促进了科技成果的转化应用。平台自成立以来，围绕技术指导、方案制定与审核、承接国家体系、信息收集、技术问题会诊、技术集成与攻关等内容开展工作，强化了农机农艺、良种良法、节肥节水等有机结合，促进了小麦、青稞、玉米生产从单一技术应用向综合技术应用、单项技术发挥作用向综合技术整体效应的转变。

(1) 农畜产品及其加工研发的成效显著

围绕农畜产品加工等地方优势产业，青海大学组织科研攻关，研发的"高产优质杂交油菜青杂1号"春油菜新品种已成为青海、甘肃等省主要的油菜种植品种，约占青海油菜种植面积的60%，累计推广面积达3000万亩，为农民增收累计超过12亿元。青海大学培育的菜用型"青薯168号"、食品加工型"青薯2号"、抗旱早熟型"青薯6号"及"青薯9号"等脱毒马铃薯新品种，在青海累计推广种植400万亩，占青海马铃薯种植面积的75%以上，增产鲜薯12亿千克，新增产值3.6亿元，目前产品远销广东等省份，部分品种还在西北其他省份推广种植，推广面积达1354万亩，群众把脱毒马铃薯称为"脱贫马铃薯"。学校育成青海省第一个牧草品种"青牧1号老芒麦"，驯化选育的"扁茎早熟禾""冷地早熟禾"和引进选育的"青引1号""青引2号"等燕麦品种先后通过国家品种审定登记，育成品种在青海推广种植12万亩，新增经济效益累计达5000万元。

(2) 青海省麦类先进技术推广作用明显

青海省麦类（小麦、青稞、玉米）产业科技创新平台依托青海大学的青海省农林科学院，设置小麦、青稞、玉米3个功能室，功能室内部以产业为主线，设置育种与种子、栽培与土肥、病虫草害防控、食品加工等四类24个岗位，9个省级产业技术转化基地。截至目前，青海大学通过和县级推广平台及科技成果应用平台有效对接，推广应用10多个小麦、青稞、玉米新品种和20多项实用先进生产技术，新品种、新技术年应用面积达到110余万亩，产值9.4亿元，农牧民增加收入6000多万元，已成为青海省小麦、青稞、玉米的主导品种和主推技术。青海大学农牧业科技创新三级平台工作的开展进一步加大了青海省小麦、青稞、玉米的科技创新力度，促进了产学研、农科教紧密结合的科技创新机制构建，切实提高了小麦、青稞、玉米良种良法的研究、推广和应用水平，对于小麦、青稞、玉米产业发展起到了积极促进作用。

(3) 高寒草地适应性管理研究进展突出

青海大学以青海省高寒草地适应性管理重点实验室为抓手，运用科技新成果指导青海省高寒草地管理。青海省高寒草地适应性管理重点实验室依托于青海大学，由青海大学和海北藏族自治州畜牧兽医科学研究所共同建设。实验室固定人员36人，由青海大学教授及海北藏族自治州畜牧兽医科学研究人员组成。实验室立足国际研究前沿和国家重大科技需求，集合高寒草地生态保护与畜牧业可持续发展中出现的新问题及国家和青海省经济、科技、社会发展需求，以"青藏高原退化草地恢复与重建""高寒草地放牧生态系统管理""高寒草地现代生态畜牧业"为主要研究方向，为青海省生态保护和畜牧业可持续发展提供理论与技术支撑。截至目前，该实验室已产出诸多研究成果，大多成果已用于指导改善青海高寒草地建设。青海省高寒草地适应性管理重点实验室不仅对青海大学整合科技资源、凝练研究方向、人才引进与培养提供了良好契机，而且有利于青海大学不断提高科研水平和科技创新能力，促进青海大学更好地为青海省经济社会发展发挥支撑作用。

5.2.4 青海大学主导农业技术推广的模式经验

青海大学从2001年院校合并探索高校农业技术推广模式至今，走过了二十余年的实践和建设历程，积累了诸多农业技术推广的经验做法，为我国高校主导地方农业技术推广提供了有益参考。

(1) 以农技信息咨询服务为基础

科技信息传输畅通与否，决定着农业技术推广工作效率的高低。随着农业产业结构调整加快，高投入、高产出、高收益农业和农业产业化发展，农业企业和专业户在决策、规划、市场分析、技术支持等方面都需要信息帮助和服务。农业技术推广工作的很大一部分内容就是对信息进行收集、加工、处理和传播。对此，青海大学充分发挥人才和信息优势，为农业企业和农牧民提供决策咨询服务，包括发展规划、区划、生产技术选择、生产决策、管理方法等，为农业生产提供优良品种及先进技术。在宏观决策服务方面，青海大学利用学校科研力量的综合优势，为涉农经营主体决策提供智力支持和服务。青海大学的农业信息服务一方面针对农业生产过程中的实际问题，为产前、产中及产后提供新成果、新技术、新方法和新品种等科技信息；另一方面通过农业技术推广人员掌握农业企业和农牧民提出的具体问题，了解其具体技术信息需求及其在应用新技术时遇到的困难，以便科研人员及时针对农业生产需要提供技术反馈信息。

（2）以优化农业技术人才结构为手段

农业技术推广人才是农业技术推广的主力，关系着农业技术推广的成败。青海大学在校内为农业技术推广培养了大批人才，包括农业技术人才、农业经营和管理人才等。2012年以来，青海大学从中国农业大学、西北农林科技大学等重点院校引进涉农专业研究生20余名，特聘为农业技术推广人才。青海大学通过建立特聘专家和首席专家等制度，设立院士工作站和专家工作站，实行项目合作和人才兼职等举措，推进农业技术推广工作。为充分发挥人才对产业转型升级的作用，青海大学将引才重点锁定在能够突破关键技术、带动新兴产业发展的科技领军人才和重点产业紧缺创新人才上，推动领军人才成为农业技术推广的领军专家。青海大学利用高校的教育职能和优势，定期到市、县、乡举办农业技术人员和农民技术培训，培养更多直接为农村和农业生产服务的农业技术人员，为学校开展农业技术推广打造技术传递的人才梯队。

（3）以提升农业技术人才素质为支撑

为保证农业技术推广效果，青海大学十分注重提升农业技术人才素质。通过与西北农林科技大学等省内外高校合作，青海大学建立了农业技术人才培训基地，重点开展农学专业知识培训，每年推选20名优秀农业技术人才参训。目前，已有66名农业技术人员通过成人考试考入青海大学农学专业。青海大学还依托"黄河彩篮""大樱桃种植""薄皮核桃"等农业种植示范人才实训基地，打造"企业+试验示范基地+农业技术人员+科技示范户+辐射带动户"的农业科技转化应用快捷链条模式，组织实施新型农民创业培训、农村科技致富能手培训等项目。目前，青海大学已集中培训农业技术人员300名，指导培训科技示范户500户，辐射带动周边4000农户。同时，青海大学以培育新型职业农民为抓手，助推新型经营主体升级，引领农牧业发展。学校开展"百名人才下基层活动"，累计选派农牧、林业等系统专业技术人才2000多名，通过现场技术指导、专题培训和农机推广等形式送学上门，提高基层实用人才专业素质和能力水平。

（4）以有效社会服务机制为激励

社会服务机制创新是高校开展社会服务的关键，也是全面提升高校社会服务能力的必由之路。农业高校应以地方需求和实际问题为导向，实施跨院系、多学科的人员选配，注重实效，强化反馈，做实做细做好服务工作，通过校地共建服务平台，建立服务地方发展的长效机制。青海大学利用院士、知名专家、教授领衔组建科技服务团队，青年教师组成科技服务团队，教师带领学生组成学生服务团，开展多层次、全方位的农业技术服务及指导，有力地促进了地方经济发展（邱靖等，2019）。鉴于高校开展社会服务的主要力量是教职员工，青海大学逐步建立和完善了教职员工社会服务的动力机制、激励机制和分配机制，制定了培养人才、发展科学、直接服务的激励政策，将他们为社会服务的业绩与评估、奖励结合起来，正确处理社会本位与教育本位的关系，以及人才培养、科学研究和社会服务三项职能的关系，突出高校社会服务功能，激发了教职员工为社会服务的积极性。

（5）以农业技术推广队伍建设为保障

农业技术推广队伍是高校农业技术推广的基本力量，是学校开展公益性农业技术推广服务的前提和保障。为加强农业技术推广队伍建设，青海大学建立了专兼职结合的农业技术推广服务专家团队，制定了推广团队的准入条件，通过公开招聘，吸纳有意愿、有热情、有能力的教师加入服务队伍。为保证农业技术推广队伍的有效性，青海大学调研了学校参与农村科技服务的教师规模、组成和成效，本着"循序渐进、由少到多、不断壮大"的原则，科学论证，确定了队伍建设规划，明确了队伍专、兼职人员数量与比例，保证了学校人才培养、科学研究和社会服务三项工作的稳步、平衡发展（王克其等，2017）。在此基础上，青海大学定期、不定期地对校内农业技术推广队伍进行培训，将校内农业技术推广队伍打造为全省农业技术推广的"领头雁"。

5.3 山西农业大学主导的农业技术推广模式

山西农业大学是继西北农林科技大学和青海大学之后我国又一所实施高校主导地方农业技术推广的高校，其模式由教育部和山西省政府共同推动与促成。从2019年10月山西农业大学和山西省农业科学院合署办公开始，尽管只有3年左右时间，但山西农业大学已在借鉴国内两所高校的基础上，取得了农业技术推广的重大进展。

5.3.1 山西农业大学概况

山西农业大学（Shanxi Agricultural University）简称山西农大，是山西省唯一的一所农业高校，首批获得硕士学位授予权、第七批获得博士学位授予权的高校之一，改革开放之初99所全国重点大学之一，首批"卓越农林人才教育培养计划"试点高校，教育部本科教学评估优秀高校，全国首批深化创新创业教育改革示范高校，山西省高等教育综合改革试点高校。学校始于1907年孔祥熙创办的私立铭贤学堂，后发展为私立铭贤农工专科学校、私立铭贤学院，与山西大学堂一起，开创了山西近代高等教育的先河；1951年改私立为公办，成立山西农学院；1979年更名为山西农业大学，成为改革开放初全国99所重点大学之一。2016年1月28日，山西省政协委员、山西农业大学副校长邢国明在山西省政协第十一届委员会第四次会议联组会议上阐述了关于推进山西农业大学与山西省农业科学院战略合并，成立山西农林科技大学的提案。2019年10月，山西省委省政府着眼山西省高等教育和农业科研改革发展大局，决定山西农业大学和山西省农业科学院合署办公，成立新山西农业大学。合署办公以来，学校推行"院办校""大部制"等一揽子重大改革措施，整合资源、优化布局，迈开了改革发展的新步伐。

人才培养方面，截至2021年4月，山西农业大学开设本科专业71个；拥有博士后科研流动站8个，一级学科博士学位授权点9个，二级学科博士学位授权点34个，专业博士学位授权点1个；拥有一级学科硕士学位授权点14个，二级学科硕士学位授权点60个，专业硕士学位授权点7个；拥有国家重点（培育）学科1个；学校全日制在校生2.6万余人，教职员工4413人。

对外交流方面，山西农业大学积极推进对外合作交流，与美国欧柏林大学有长达百余年的合作历史；与美、英、澳、俄、泰等国家和地区的100余所高校建立了合作关系；与美国加利福尼亚大学戴维斯分校、新西兰梅西大学和奥克兰理工大学等知名高校开展联合培养项目；有尼泊尔、伊朗、巴基斯坦等国家的学生来校攻读学位。

学科及教学建设方面，截至2021年4月，山西农业大学拥有国家重点（培育）学科1个（动物遗传育种与繁殖），省级重点学科9个（农业工程、作物学、园艺学、农业资源与环境、植物保护、畜牧学、兽医学、林学、草学）。植物学与动物学、农业科学两个学科进入ESI全球前1%。学校建有国家级特色专业建设点5个，国家级精品课程2门，国家级精品资源共享课程1门，国家级教学实验示范中心3个，国家级大学生校外实践教育基地1个，国家农科教人才合作培养基地1个；省级品牌、特色专业建设点16个，省级精品课程16门，省级精品资源共享课程14门，省级实验教学示范中心11个，省级虚拟仿真实验教学中心1个，省级人才培养模式创新实验区2个；先后获省部级以上教学成果奖100余项。

科学研究方面，学校设有农业农村部转基因生物产品成分监督检验测试中心，农业农村部农业科学观测实验站，国家电子计算机质量监督检验中心山西分中心；有省高校协同创新中心3个，省级重点实验室2个，省普通高等学校重点实验室1个，省教育厅创新基地1个，省级工程技术研究中心7个，省级高等学校人文社科重点研究基地1个，省级科技创新团队24个。

社会服务方面，山西农业大学积极推进"一村一品，一县一业"专项服务行动和"百团大战"专项服务行动。截至2016年9月，有近百支科技服务团队活跃在生产实践一线，21个项目列入了国务院农村综合改革试点"新型农业社会化服务体系"建设项目，34个项目列入山西省农业技术推广示范行动项目。2019年，山西农业大学获批建设晋中国家农业高新技术产业示范区，进一步整合院所资源，创新融合机制，积极服务晋中国家农业高新技术产业示范区（山西农谷）成为国内一流的现代农业创新高地、产业高地、开放高地、人才高地和农村改革先行区。学校秉承"把论文写在田间地头，把科技播撒三晋大地"的理念，面向11个市、90余个县区开展技术推广服务，在全省和周边10余个省份推广红枣防裂果、食用菌栽培、谷子生产机械化等80余个新品种、140余项先进实用技术，创造经济效益近200亿元。近年来，有近200多支科技服务团队活跃在全省农业生产第一线，推广新品种400多个，集成配套521项高产高效技术，累计建立核心示范田21万亩，辐射推广560万亩，培训涉农管理干部、技术人员、企业家等50万人次，创造直接经济效益累计超过13.12亿元。近年来，大力开展"6+30"乡村振兴示范村建设行动，探索不同区域、不同类项可复制可推广的乡村振兴路径。

科研成就方面，山西农业大学牢固树立"创新为上"的发展理念，打造一流创新生态，提升科技创新能力。目前，学校拥有国家高粱产业技术创新战略联盟、山西晋中（太谷）国家科技特派员创业培训基地、山西省食用菌产业国家级科技特派员创业链、黄土高原东部旱作节水技术国家地方联合工程实验室、退化土壤改良与新型肥料研发国家地方联合工程研究中心、园艺植物脱毒与繁育技术国家地方联合工程研究中心、黄土高原特色作物优质高效生产省部共建协同创新中心等国家级平台7个，国家功能杂粮技术创新中心、山西省重点实验室、

| 5 | 我国高校主导农业技术推广的新模式案例

"1331工程"创新平台等省部级平台130个,科学技术部、农业农村部和山西省科技创新团队24个。"十三五"以来,山西农业大学获得国家科技进步奖二等奖2项,省部级一等奖8项、二等奖39项;取得国家审(鉴)定品种39个、省级审(认)定品种252个,国家标准2项、地方标准339项,国家植物新品种权53项。主办《山西农业大学学报(自然科学版)》等8个专业刊物[①]。

5.3.2 山西农业大学主导的农业技术推广模式概况

山西农业大学主导的农业技术推广模式是在地方政府指导下,将农业科研机构、涉农企业、农业合作服务组织、示范基地、示范园等有机结合,开展以高校为主导的新型农业科技服务体系。在该体系中,各要素实现有效联动,高校、核心技术和产业发展相结合,政府、高校和涉农企业相结合,政府、高校和合作组织相结合,示范基地、示范园与农户相结合。图5.3展示了山西农业大学通过示范基地和示范园的示范推广,其模式主要具有以下特征:一是农民和技术人员培训与专家对接,与农民、农业和农村的现实结合;二是高校到生产一线、产业实验基地、地方农业组织和涉农企业中组织实践教学或网络教学;三是专家或高校科研人员到地方进行合作推广;四是实施"高校基地+示范基地+农户"或"高校+示范田+农户"或"高校+涉农企业+农户"的操作模式;五是以政府融资、项目融资和企业资本作为资金保障。

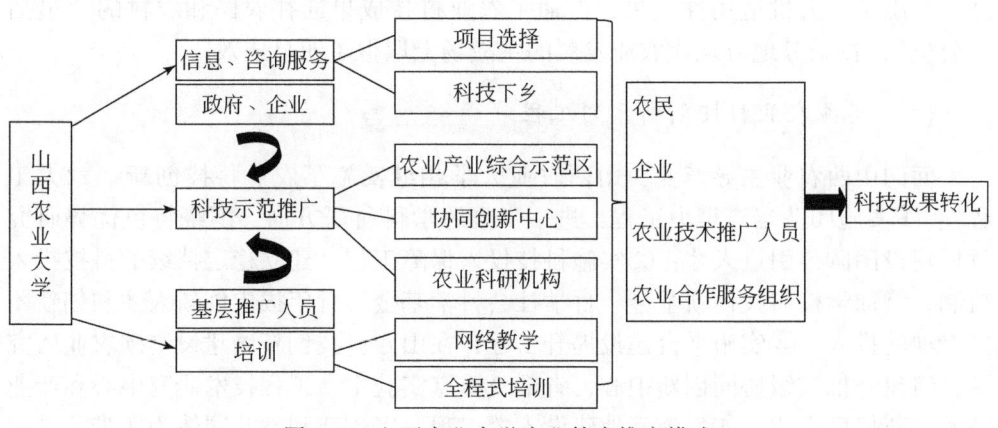

图5.3 山西农业大学农业技术推广模式

---

① https://www.sxau.edu.cn/xxgk2/xxjj.htm.

山西农业大学坚持为地方农业经济建设服务的办学宗旨，通过校地共建、校企联合、教授创业、学生实践、培训大学生村官等形式实现了农业科技成果的快速转化和推广（王宇雄，2009）。

5.3.3 山西农业大学主导农业技术推广的主要做法及双赢效果

山西农业大学与山西省农业科学院合署办公后，积极汲取西北农林科技大学和青海大学农业技术推广经验，围绕山西省农业产业需求，开展了山西省农业技术推广服务的全面规划和有序实施。

5.3.3.1 山西农业大学主导农业技术推广的主要做法

作为山西"农谷"的创新主体之一，山西农业大学对山西农业创新发挥着输送人才及科研成果的基础性作用。近年来，山西农业大学主动对接地方现代农业发展需求，坚持"围绕产业链，部署创新链"和"科技成果成在农大，熟在企业，首先用在山西"的思路，瞄准"山西急需，国内一流，制度先进，贡献突出"的目标，围绕有效保障"米袋子""菜篮子"和"肉盘子"的重大任务，以学术前沿为引领，以地方产业问题为导向，面向山西现代农业主导产业重大需求，立足重点学科和优势研究领域，有效汇聚校内外创新资源，大力推进协同创新，产出了一大批适用性成果，打通了农业科技成果通往农民和农村的"最后一公里"，在服务地方现代农业发展的主战场上取得了明显成效。

（1）实施农业科技创新系列工程

面向山西农业主导产业，山西农业大学相继实施了农业科技创新"六大工程"：①实施团队培育聚力工程，进一步凝练学科科研方向，围绕特色优势研究领域建设团队，引进人才；②实施科技投入保障工程，建立稳定持续的科技投入机制，增加学校科技创新基金、哲学社会科学基金、青年拔尖创新人才和创新团队专项的投入；③实施平台建设提升工程，在山西科技创新城建设富碳农业研究院，组建一批校级协同创新中心、省部级重点实验室、工程技术研究中心和产业技术创新战略联盟；④实施基地建设支撑工程，以创建利益共同体为纽带，进一步推进"政产学研用"深度合作；⑤实施国际合作互推工程，拓宽农业科技国际合作的领域，大力推进合作研究、人才交流、技术引进；⑥实施协同管理增效工程，通过创新科技管理机制体制，加大科研奖励力度，推进科研文化建设，营造浓厚的学术氛围。近年来，山西农业大学积极承担山西省产业链重大攻关项目，主持富碳农业产业链项目，包括食用菌、微藻燃油和设施蔬菜项目。围绕食用菌产业链，学校建立起了1个省级协同创新中心和1个产业技术创新战略联盟，培育出了"晋灵芝1号"和"晋猴头96号"两个新品种，完成相关技术标准15项，创建了山西省食用菌产业标准体系，在30多个县区进行成果转化，带动3万多户农民进行食用菌生产，为31家工厂化企业提供技术支撑（赵春明，2017）。

（2）改革农业技术推广体制机制

创新活力是创新工作有序进行的不竭动力和重要保障，体制机制改革能够为创新提供制度支持，有效激发创新活力。山西农业大学根据重大农业科研攻关任务需求，不断深化学科、人才、团队、中心、联盟等体制机制改革，激发创新活力。学校围绕"富碳农业"产业链，构建学科群，组建了山西省服务产业创新学科群——"循环富碳作物学科群"，在学科交叉融合中寻求创新点。学校实施"晋农学者"和"晋农新秀"计划，遴选青年科技工作者，签订科技攻关任务书，破格晋升博士生导师、硕士生导师，提升校内待遇，激发中青年教师队伍创新活力。学校组建跨学科创新团队，采取首席专家制，组建省级创新团队。例如，环境安全与动物健康生产技术团队，由兽医、育种、营养、生产、环保等方面的专家组成；谷子基因资源发掘团队与分子育种团队，由育种、机械化播种、中耕施肥、脱粒等方面的专家组成。在此基础上，与地方、企业的科技人员整合组团，形成校地、校企协同创新团队。山西农业大学牵头组织百余家省内外高校、科研院所和龙头企业，组建了"黄土高原食用菌提质增效协同创新中心""山西优势肉用家畜高效安全生产协同创新中心"和"黄土高原特色作物优质高效生产协同创新中心"3个省级协同创新中心，组建了老陈醋、食用菌、晋猪等产业技术创新战略联盟。生猪产业是山西省畜牧主导产业，是国家农业产业布局中的适度发展区，学校整合资源，凝练方向，培育出了国审品种"晋汾白猪"，2015年、2016年连续入选国家农业主导品种。

（3）创建国家级现代农业产业园

山西农业大学在农业技术推广中注重以点带面，充分发挥示范点对农业产业的带动作用。山西省万荣县位于汾河与黄河交汇处的黄河东岸，属暖温带大陆性季风气候，土壤富含有机质，生产水果具备得天独厚的自然条件，是适宜栽培优质苹果的生态区之一。山西农业大学以万荣县为苹果产业选点，创建国家现代农业产业园，通过打造现代农业人才链、推动三产融合发展、实施农业提档升级行动等举措，示范带动万荣县农业农村现代化水平整体上台阶。2018年，产业园主导产业——苹果种植25.2万亩，桃种植3.3万亩，产值达35.6亿元，占产业园总产值的71.4%，果农人均可支配收入达1.3万元，高于全县平均水平31.9%。为提高苹果产业质量，山西农业大学推进万荣县加强院县合作，促使中国农业大学、中国农业科学院、山东农业大学、西北农林科技大学、郑州果树研究所、山西省农业科学院等国内知名农业院校和科研院所先后加盟合作，为果业产业发展提供全程技术支持和现场指导。该产业园依托水果资源优势，建成各具特色的水果主题公园，举办了南景桃花、通化樱桃、贾村苹果等特色节会活动，高村乡闫景村入选山西省首批AAA级乡村旅游示范村，使农业与旅游业深度融合成为农业发展的鲜明特色。山西农业大学不断对该产业园开展农业提档升级行动，针对产业园主导产业推进果园标准化、品质优良化和装备机械化，重点支持老果园改造、新品种推广等12个项目，提升农业现代化水平。

（4）推行农业技术推广社会化服务

为调动各级农业技术推广组织及其工作人员的积极性，提高农业技术推广效果，山西农业大学大力推行农业技术推广服务社会化。一是培育服务组织，提供全程化服务。山西农业大学组建了一批规模在50人以上、组织化程度高、技术水平高、群众认可度高、自身收益较好的农业社会化服务组织，扶持购置果园机械135台（件），为果农提供浇水施肥、疏花疏果、病虫害防控、采摘销售等服务。二是签订服务合同，保障农民权益。山西农业大学指导农业技术推广服务组织与农户签订作业合同5万余亩，明确服务地块、服务价格、服务内容、作业时间和质量要求等，让农户的合法权益通过"白纸黑字"的合同得到保障。学校采取全时托管、分时托管、需时托管的方式开展果树管理服务，帮助农民降低投资成本1000余万元，有效解决了果业生产效益低下、劳动成本居高不下等问题，促进了农业产业健康可持续发展，带动了更多农户增收致富。三是集成先进技术，实现节本增效。山西农业大学通过农机农艺融合，积极开展有机肥替代化肥、病虫害绿色防控等绿色环保技术的推广应用，帮助农业经营主体减少了化肥和农药使用量，降低了生产成本。

5.3.3.2 山西农大主导农业技术推广的双赢效果

山西农业大学从2019年与山西省农业科学院合并以来，积极探索高校主导的农业技术推广模式，初步改变了农业高校与农业科研院所各自为政的农业技术推广格局，为山西农业产业发展注入了科技合力。

(1) 转变了引领现代农业发展的方式

高校农业技术推广模式是在遵循农业发展规律基础之上，通过农业科技服务机制创新，形成以大学为主体，以需求为导向，以农民为中心，以科技为支撑，服务运行社会化和市场化的农业技术推广模式。高校根据自身特点构建不同的农业技术推广途径，包括"专家+（中介）+农户""专家+企业+农户""专家+农技推广部门+农户""专家+协会+农户""专家+示范园区+农户"和"专家+科技市场+农户"等（艾菲，2014）。山西农业大学坚持校地共建、校企合作、校院一体原则，以农业示范基地建设为基础，面向山西主导产业建立专业化农业技术推广服务团队，着力提高校内农业科研人员的创新能力，集成、熟化、推广农业技术成果，带动了农业新技术推广应用，充分发挥了科学技术对现代农业的引领作用。

(2) 实施绿色蔬菜产业的示范推广

推广伊始，山西农业大学全局谋划，重点突破。针对山西农业的重要产业——蔬菜产业，山西农业大学进行了有机蔬菜绿色安全生产模式、绿色蔬菜安全生产模式、无公害蔬菜绿色防控模式三项农业技术示范推广。学校与临汾市洪洞县秦壁村蔬菜生产专业合作社合作建设了30亩绿色蔬菜示范基地，发展有机蔬菜生产示范基地、绿色蔬菜生产示范基地和无公害蔬菜生产示范基地各1个，并在临汾市3个区县指导建设蔬菜示范园，实现了农科教、产学研结合，辐射带动周边乡村蔬菜产业化的发展。在病虫害防治中，山西农业大学推广自主研发的植物源药肥，集调控、杀菌、营养三大功效为一体，在蔬菜、果树、苗木上使用后，真正做到了药肥合一。山西农业大学的绿色蔬菜产业示范推广项目在实现农业增收、社会稳定等方面发挥了重要作用，促进当地蔬菜生产的生态环境发生了根本性变化，有力推动了环境友好型、资源节约型的社会主义新农村建设。

(3) 扩展了农业技术推广收益的链条

农业技术推广中，山西农业大学注重打破传统推广视野局限，在延长农业技术的收益链条上下功夫。山西农业大学农学院在吕梁市汾阳市、晋中市太谷县、祁县开展大豆新品种——"晋大78号"推广与示范，主推高产稳产型大豆"晋大78号"品种，运用"三良"（即"良种、良方和良法"）"五精"（即"精选良种、精细整地、精确施肥、精量播种和精心管理技术"）高产配套技术实现了品种的区域化种植和规模化生产。学校借助太谷县"二月二"科技节，向农民宣传大豆高产配套技术，有计划地推广农业科技成果和先进适用技术，提高品种科技含量，增加科技推广项目的示范辐射带动作用。山西农业大学在示范基地种植推广大豆新品种"晋大78号"，不仅对调整种植结构、发展相关产业、加快农民致富、促进农村经济发展起到了积极推动作用，而且对优化膳食结构、满足人民日益增长的植物蛋白和油脂需要，提高人口素质具有重要意义，产生了重大的社会效益。山西农业大学主导构建的高校、示范基地和农户一体化的农业科技服务，提升和完善了山西省特色新品种的产业链技术服务体系，达到了农民增收、企业增效的良性循环，带动了区域经济良性发展。

(4) 形成了农业技术推广的协同合力

山西农业大学与山西省农业科学院合力探索高校—农企—合作社三位一体的农业科技服务体系，积极开展多项培训服务、专家工作平台、农业科技协同创新示范等服务，为山西农业发展注入了新活力。山西农业大学协同山西省农业科学院，联合部分企业、合作社共同建立示范基地，引进、筛选、展示新品种，共享生产、加工、销售等环节的技术和信息，建设了一批科技示范园。科技示范园的工作人员积极主动与当地农业管理和技术服务部门联系，配合他们完成技术培训与服务工作，在当地建设示范基地。山西农业大学建设的科技示范园获得科学技术部中小企业创新基金支持，对于加快学校科技园发展和拓宽科研经费渠道具有积极意义。

5.3.4 山西农业大学主导农业技术推广的模式经验

山西农业大学探索高校主导农业技术推广模式的时间虽然不长，但瞄准农业技术的产生源头、落地根基和推广机制等关键环节发力，短时间内便取得了明显成效，积累了诸多值得借鉴的农业技术推广经验。

(1) 夯实农业技术落地的根基

农业技术推广的目的是让农民掌握先进农业技术，农民素质的高低对于农业科技成果推广成效起着关键作用。山西农业大学充分发挥教育优势，着力培养基层农业科技人才。首先，注重培养基层农业技术推广人才，解决当前农业技术推广人员不足、素质不高的难题。其次，在农村选择"意见领袖"，即影响力较强的科技致富能人，培养乡土型、实用型、复合型的农业科技人才。最后，通过农业技术讲座、培训、现场指导、函授、夜大等多种教育形式,加大对农村劳动力的技术培训力度。在教育培训内容方面,山西农业大学不仅注重产前技术服务,而且实行产前、产中、产后全程服务。此外,针对农村社会经济持续发展问题,山西农业大学教育、引导农民保护自然资源和环境,合理规划利用土地,做好资源综合利用。

(2) 开发农业技术产生的源头

农业高校、农业科研院所为农业提供战略性、基础性、预期性知识储备和技术支撑,促进农业产业持续发展。农业高校和农业科研院所是农业技术推广体系中的技术来源,可以随时根据市场需求,与涉农企业合作进行技术研发,快速构建适应市场的生物技术推广渠道和网络。新技术稳定应用于农业生产后,农业高校和农业科研院所可以结合原有的国家级、省级、县级三级农业技术推广机构进行技术培训、技术推广和技术咨询(刘立华,2014)。为充分发挥农业高校、农业科研院所的技术源头作用,山西农业大学组建农业科技研究团队,组织攻关重大关键实用技术,解决农业发展中的技术难题。在此基础上,山西农业大学加强科技平台转化试验示范,加强校地协作项目建设和示范推广,培育特色产业集群和优势产业板块,加快转化新型科技成果应用步伐。

(3) 建立农业技术推广的激励机制

为促进农业技术走出高校这个"象牙塔",山西农业大学建立健全了农业技术推广的激励机制。学校把农业技术推广纳入教师职责范畴,将农业技术推广作为衡量教师工作绩效的指标之一,建立公正科学的评价机制,制订相应的激励政策,鼓励专家教授参与农业技术推广工作。一是将农业技术推广纳入学校农科教师的工作职责,并有一定的比例要求;二是制定具体奖励制度,对在农业技术推广工作中做出重大贡献的单位和个人给予重奖,在评奖、评优方面予以优先对待;三是实行补贴制,对从事农业技术推广的教师和专业推广人员给予工作及生活补贴;四是放宽职称晋升条件,在职称评审方面单列推广系列,评审条件与农业技术推广密切结合,使从事农业技术推广的教师获得晋升空间。

(4) 发挥推广中介的桥梁作用

鉴于时间和精力有限,山西农业大学充分发挥推广中介的作用,以增强农业技术推广效果。农业技术推广中介是指在高校主导的农业技术推广中参与农业技术推广活动的主体,包括现有农业主管部门的农业技术推广系统、县乡村基层政府和涉农企业的相关管理机构等。推广中介虽然具有独立进行技术咨询、技术培训、技术推广的功能（游文亭，2018），但与农业院校结合会发挥更大功效。山西农业大学利用现有农业主管部门农业技术推广系统、县乡村基层政府和涉农企业相关管理机构等推广中介长期对接基层的优势，将农业技术推广中的组织联络工作下放给他们，调动他们参与农业技术推广的积极性，使得高校能够专注于农业技术的研发、试验和推广，形成加快农业技术突破的强大合力，大大提高了农业技术推广的效率。

5.4 高校主导的农业技术推广模式对我国高校的启示

世界农业现代化发展对农业技术推广提出了更高需求，农业现代技术形成和应用的规律要求农业技术推广由技术外在主体主导向技术内在主体主导转变。因此，探索高效的农业技术推广形式，改善我国目前农业技术推广模式，建立适应新时期我国农业发展需求的农业技术推广体系，是我国农业科技领域研究和实践的重点。农科教一体化从管理体制上保证了农业教学、科研和推广的协调与统一，是农业技术推广发展的必然趋势。重构我国农业技术推广模式是顺应新农村建设、加速成果转化、促进经济发展的必然选择，而农业技术推广模式优化需要农业高校、政府、农业经济组织和农户等各构成要素协同努力。本章研究了西北农林科技大学、青海大学、山西农业大学农业技术推广模式，借鉴三校农业技术推广的先进经验，为重构我国农业技术推广模式提供参考，以期更好促进农业科技成果转化，提高我国农业生产技术水平，补齐我国农业发展"短板"，推动农村和农业经济结构转型，服务我国农业现代化建设和社会主义强国建设。

西北农林科技大学、青海大学和山西农业大学主导农业技术推广，具有共同的目标取向。一是三校都不同程度地突破了纵向管理体制的约束，实现了农业科技服务的上下结合；二是三校都以科技成果应用为导向，通过不同转化平台，加快了农业科技成果在农业生产和新农村建设中的应用、转化和推广，使农业高新技术迅速转化为现实生产力；三是三校都实现了点对点帮扶，专家、教授直接深入农业生产第一线，对农民进行面对面帮助，减少了服务的中间环节和服务媒介干扰，加快了农业科技信息传递与农业技术普及；四是三校都依托产、学、研与农、科、教紧密结合的服务方式，使农民在农业技术推广活动中直接受益，既提高了农民的科技素质和技能，又加快了科技成果转化速度，拓宽了科技成果推广范围，从而加强了农业高校的服务功能。对比西北农林科技大学、青海大学和山西农业大学三所高校的农业技术推广模式，多元化仍是农业技术推广模式的共同特征。具体表现在：一是农业技术推广组织多元化。高校牵头对农业技术推广组织整合，使科研、教育和生产有机结合，形成了多层次、多体系、专群结合的农业技术推广网络，既有利于发挥各主体的优势，又实现了优势互补。二是农业技术推广行为社会化。由政府领导、高校主导的农业技术推广体系进行农业技术推广服务，服务性质是无偿的，同时鼓励企业和农业经济合作组织参与农业技术推广，使农业技术推广成为一种社会公益性事业。三是农业技术推广内容多样化。随着社会主义市场经济不断发展，农业技术推广的内容拓展到农业经济的各个方面。三校农业技术推广充分利用先进的现代工具，配合先进的技术手段，构建起丰富多样、方便快捷的推广网络，定期搜集整理农民需求，将相关信息提供给农业技术推广专家，再将解决问题的途径、方法和相关信息反馈给农民，形成了良性循环。

西北农林科技大学、青海大学和山西农业大学三所高校在农业技术推广工作上探索了系列先进经验，为我国优化农业技术推广模式提供了良好借鉴。

（1）强化农业技术推广的职责意识

技术是农业技术推广的基础和发挥作用的先决条件，农业技术推广工作的核心职责是将技术推广给农民。没有推广先进适用技术的责任意识，农业技术推广工作只能做无用功。农业高校作为农业技术的重要源头，在农业技术推广中扮演着重要角色。农业高校主导农业技术推广，旨在使农业高校成为农业技术生产者和技术传播者的统一体。只有转变传统观念，不断强化农业技术推广的职责意识，农业高校才能最快地把农业科技成果应用到农业生产中，才能变农业技术可能的生产力为现实的生产力，真正提高农业生产的科技含量和农业生产水平，促进农村社会全面向前发展。一方面，农业高校要充分认识高校从事农业技术推广的可行性和必要性，增强传播农业技术的责任感和紧迫感；另一方面，我国政府和社会各界要认可农业高校进行农业技术推广的职责，看到农业高校进行农业技术推广将带来农业技术更快更新换代的前景，以政策、资金等实际行动支持高校教师积极投身到农业技术推广之中。

（2）促进农业技术成果的转化应用

农业技术推广不只是一种单纯的理论经验和科学技术传递，而是具有直接经济社会效益的技术应用活动。农业高校在积极探索顺应社会发展需要和科技创新需求的农业技术推广模式过程中，要像西北农林科技大学、青海大学和山西农业大学三所高校那样高度重视科技成果转化，利用各种渠道和途径加大农业技术推广力度，促进农业技术应用发展。农业高校要立足为当地农业、农村和农民服务，把大量的农业研究成果及时地应用到农业生产中，全面推动农业生产力提升。农业高校的科研人员要注意挖掘现有农业基础研究成果，把可能产生实际作用的基础研究成果开发为应用成果，通过技术开发的放大、熟化和综合后，选择具有足够先进性和适应性的成果进行试验，进而示范推广，全面促进高校科技成果向直接生产力转化。

(3) 建立面向产业的农业技术推广体系

农业科技成果只有面向产业才会有生命力，农业技术推广体系也只有面向产业才能取得实效，受到广大农业经营主体的欢迎。美国威斯康星大学教授范海斯曾说："教学、科研和服务都是高校的主要职能。作为州立大学，高校更重要的是必须考虑每一项社会职能的实际价值。换言之，高校的教学、科研和服务都应考虑到本州的实际需要，为社会、为本州的经济社会发展服务。"（刘在洲，2000）作为农业技术推广的重要主体，农业高校有义务为我们国家和地方的全面发展服务。完善现行农业技术推广体系，我国应面向产业建立农科教一体化的推广体系，形成教育、科研和推广"三位一体"的新型农业技术推广模式，将政府农业技术推广机构、科研机构和教育机构有机结合起来，使教学、科研与推广部门之间保持密切联系，在共同致力于产业发展中提高农业技术的效能。

(4) 建设农业技术推广的完善网络

农业技术成果必须经过一系列的放大实验和推广才能发挥其在农业生产中的作用，推进产学研和农科教的一体化需要完善的信息网络来了解农业生产对新技术的需求，提高新技术开发与需求的一致性。因此，农业高校一要构建完善的技术研究网络，形成产业需求新技术的开发联盟战略；二要建立完善的农业技术信息普及网络，加快农业技术知识传播速度，加大先进农业技术覆盖面，让更多的农民能够在农业生产中"看得见、学得会、做得来"农业新技术；三要完善农民培训网络，通过形式多样的培训方式提高经营主体的农业经营素质，形成一批种养能手和专业大户，使各项农业新技术能够不断蔓延，推动农业技术推广作用发挥。

(5) 打造农业技术推广的一流队伍

农业技术推广队伍是农业技术的推广力量，其技能和素质决定着农业技术推广的质量。为推动农业可持续发展，实现农业技术推广目标，农业技术推广机构要不断提升农业技术推广人员的技能与素质，加强人才队伍建设。农业高校原有的农业技术推广者以科研和发表论文为主，推广能力普遍不强。农业高校主导地方农业技术推广之后，要加大对农科教师农业技术推广的技能培训，使他们成为校园科学研究和人才培养之外的农业技术推广能手，适应现代化农业产业实践的需要。除了专门培训增长教师农业技术推广技能外，农业高校要定期、不定期地组织农科教师参加农业技术推广技能竞赛，夯实农科教师农业技术推广技能基础。为历练农科教师农业技术推广技能，农业高校要引导和组织农科教师到农业生产一线参加实践，在生产实践中认识农业问题、发现农业问题、解决农业问题，锻炼自己运用和指导农民运用新技术的能力。

(6) 健全农业技术推广的激励机制

激励是做事的动力，激励制度往往会自觉或不自觉地成为一个人的行动方向。激励机制对农业技术推广同样十分重要，健全的激励机制能大幅提高农业技术推广人员工作的积极性和自觉性。借鉴西北农林科技大学、青海大学和山西农业大学三校经验，农业高校的考核评估应把农业技术推广工作，如农业示范基地建设、农业科技成果对地方主导农业的示范带动作用、教师参与农业技术活动推广的业绩等纳入考核内容，从业绩评价导向与机制入手强化高校对服务农业技术推广的业绩认可与激励，调动广大教职员工服务新农村建设和乡村振兴的主动性和创造性。同时，国家和地方政府要建立农业技术推广的补偿机制。农业高校在推广农业技术过程中，人员、设备的投入降低了学校其他社会科研活动可用资源的比例，而且高校承担的很多试验性应用研究任务和实践应用型科学研究所需的大型仪器设备、实验室修缮等固定投入往往超出了学校及其研究人员的经费筹集能力，国家和地方政府应出资进行投资和建设，以保障高校服务乡村振兴的研究能力和积极性。

高校农业技术推广是一项社会公益事业，不只产生显著的经济效益，也产生着巨大的社会效益。因此，高校农业技术推广不但需要国家通过专项资金予以支持，而且需要地方政府配套建设。没有地方政府的支持和配合，高校农业科技人员很难发挥作用；没有行政力量的组织推动，高校推广的许多农业技术难以落到实处。高校农业技术推广工作仅靠高校自身的力量是远远不够的，应注重发挥地方科技力量的作用，建立高校专家与地方科技人员有效合作机制。面向农业强国目标，高校要遵循现代农业发展规律，在政府支持下，整合自身科技资源，发挥农业高新技术研发、试验、示范、推广和辐射功能，建立高校农业科技成果进村入户新通道，加速农业科技成果转化，发挥农业科技在社会主义新农村建设和乡村振兴中的支撑作用,促进传统农业向现代农业跨越。

5.5 本章小结

改革开放以来,我国建立了以政府为主导的自上而下的各级农业教育、农业科研和农业技术推广体系。农业教育、农业科研和农业技术推广工作分别由农业高校、农业科研院所和农业主管部门完成,这种各司其职的组织体系为我国农业和农村经济发展做出了历史性贡献。但是在社会主义市场经济体制改革和科技创新的新形势下,农业教育、农业科研和农业技术推广各自为政的弊端不断凸显,科研成果转化率和贡献率低,农业和农村许多现实问题得不到有效解决。农业高校和农业科研单位是农业技术的源泉,具有技术和人才的双重优势。当前,农业高校和农业科研单位从事农业技术推广的力度仍然不大,一方面是由于自身对农业技术推广工作缺乏足够的积极性,政府部门和社会组织也对其农业技术推广功能有所忽视,很多时候和很多方面仍按计划经济体制的分工进行推广,未能挖掘农业高校和农业科研院所农业技术推广的潜力,严重浪费了两者宝贵的人力资源和智力资源。另一方面,由于缺乏开展农业技术推广工作所需要的条件,农业高校和农业科研院所连接农业科研和农业生产的农业技术推广尚未形成一套有效的农业技术推广机制,使得农业技术推广工作成为农业高校和农业科研院所的薄弱环节。农业技术推广工作是一项公益性事业,农业高校主导农业技术推广是对我国现有农业技术推广体系的完善和改进,该模式对促进我国农业高校体制改革、农业科技成果转化、农村经济发展都有重要意义(刘立华,2014)。农业技术推广工作是农业科学研究的延续和再创新,农业高校和农业科研单位进行农业技术推广具有进一步完善农业科技创新的重要意义,教学和科研单位在推广农业技术中能及时解决技术使用过程中的问题并得到技术使用后的信息反馈。就农业高校而言,从事农业技术推广工作对教学工作具有巨大的促进和推动作用,能够强化农业高校的农业技术推广功能,为教师和学生直接参与科技成果扩散过程提供了直接保证,保障了农科人才的培养质量。在市场经济条件下,农业高校和农业科研院所如何调整相应的工作体系以适应市场机制要求,发挥自身在农业技术推广工作中的重要作用,促进农业发展和农村社会全面进步,更好地为经济建设服务,成为摆在我们面前的重要任务。

农业高校和农业科研院所参与并主导农业技术推广具有充足的条件、足够的能力和巨大的潜力。农业高校和农业科研院所拥有独一无二的农业技术和人才优势,能够向生产领域提供所需的各种技术,满足农业发展对农业技术和人才的需求。只有开发农业高校和农业科研院所的推广潜能，发挥其在农业技术推广中的重大作用，把其创造的科技成果应用到农业生产中，才能有效地加强我国农业技术推广工作、提升我国农业技术推广水平。西北农林科技大学、青海大学和山西农业大学的实践证明，农业高校从事农业技术推广工作富有成效，并表现出足够的优越性。一是发挥了农业高校的科技服务优势，实现了高校社会服务功能，促进了教、科、研紧密结合；二是推进了农业高校与政府、涉农企业及农民的有效对接，提高了农业科技成果转化效率；三是推动了农业高校的教学科研工作，丰富了实践教学内容，增强了师生解决实际问题的能力，提高了人才培养质量和科技创新水平。在服务结构上，农业高校建立了与政府、农业经济组织、农业大户的科技服务关系；在服务功能上，农业高校实现了教育、研发、服务集于一体；在服务运行上，农业高校实现了多主体、多路径并行发展；在服务方式上，农业高校实现了项目带动、典型示范、科教培训、教育网络联盟的有机结合；在服务效果上，农业高校在优化农业结构、实现农业现代化和促进农业持续发展方面发挥了重要作用。西北农林科技大学、青海大学和山西农业大学探索的高校主导型农业技术推广模式采用科研、教育和推广相互结合的方式进行高水平农业技术推广，开创了适用于新时期的新型农业技术推广范式，改变了传统的供给导向型农业技术推广模式。这种模式是农业高校遵循自身发展规律、农业发展规律和技术发展规律进行的有益探索，是我国农业技术推广体系的一种创新。建立高校主导的农业技术推广模式既是对我国现有以政府为主导的农业技术推广体系的改进，也是升级和重构我国农业技术推广体系的改革尝试。无论如何，农业高校都应根据农业发展新形势的要求，充分发挥高校综合优势，加速科技成果转化和农业技术推广，促进农业产业更快、更好地发展。

6 我国高校农业技术推广模式重构的逻辑与保障

在加快实现农业农村现代化背景下，我国农业科技含量不断增加，传统农民越来越难以驾驭日益升级的农业产业，只有经过系统培训的职业农民才能游刃有余。同样，在未来的农业和农村发展中，农业技术推广也将非一般农业技术推广人员所能为，只有具备一定科技基础的科技专家才能胜任（陈新忠，2014）。我国现有以政府为主导的农业技术推广体系日益暴露出不适应未来高科技农业发展的弊端，时代呼唤掌握高端农业科学技术的高校在农业技术推广体系中发挥主导作用。针对高校农业技术推广服务体系现状及问题，借鉴美国和国内部分地区高校主导农业技术推广模式的经验，我国应在未来努力构建高校农业技术推广模式，促进农业技术推广服务组织向专业化、推广人才向专家化方向转变，切实发挥出农业技术推广对先进农业科技应用于农业生产的助推作用，实现先进农业科技对加速农业和农村现代化发展的强大促进作用。

6.1 我国高校农业技术推广模式重构的基本框架

面向新时期乡村振兴战略，我国高校农业技术推广模式重构需要统筹谋划，遵循一定的指导思想和总体思路，明确各参与主体的功能任务，整体设计，建立起我国高校农业技术推广新模式的基本框架。

6.1.1 指导思想

构建科学高效的高校农业技术推广模式，需要明确建立农业技术推广新模式的指导思想。

第一，彰显综合效益。从本质上看，农业技术的推广过程是以技术扩散和传播为主要手段，不断提高农业和农村社会效益、经济效益及生态综合效益的过程。高校农业技术推广模式只有能够同时体现三种效益，追求推广综合效益最大化，才能体现其具有良好性能。因此，构建高校农业技术推广模式时，我国农业技术推广体系必须坚持综合效益至上思想，将效益观念充分融合在高校农业技术推广模式构建之中，使模式在运作过程中全面、充分地实现农业技术推广的整体效益。

第二，强化推广时效。随着经济全球化和科技的迅猛发展，技术的寿命和更新周期不断缩短。高校农业技术推广的目的是将高校农业技术成果传递和扩散到广大农村，而其能否把农业技术迅速地转化，缩短农业技术在源区的滞留时间，保证农业技术在转化过程中渠道通畅，则是农业技术推广模式运转效率能否提高的关键。因此，我国构建高校农业技术推广模式时应该将时效观念融入模式构建的全过程，体现"时间就是金钱，时间就是效益"的思想理念，使新构建的高校农业技术推广模式高效运转。

第三，加强组织协调。高校农业技术推广模式中存在着多种关系，如高校与政府之间的关系，高校与基层农业技术推广组织之间的关系，高校与农业科研单位之间的关系，高校与涉农企业、农村经济合作组织、示范户及农民之间的关系，农业技术与农业物资之间的关系，农业技术推广过程中的责、权、利之间的关系，推广组织内部人员之间的关系等。这些关系交织在一起，构成了错综复杂的矛盾统一体。如果不能正确协调好这些关系，将直接影响农业技术推广效益的提高。因此，我国在构建高校农业技术推广模式时必须加强组织协调，尽可能地运用一切措施，保证模式内部各要素之间关系协调，使要素之间能够相互促进，互相推动，促使模式整体顺利运转。

第四，面向产业需求。我国构建高校农业技术推广模式的目的是使农业技术在农业发展上发挥更大作用，加速我国农业现代化步伐。要达到这一目的，我国构建高校农业技术推广模式必须考虑所建模式是否符合农业生产实际，能否满足各种关系主体在农业技术推广过程中的需要，是否便于操作。因此，为了使农业技术能够顺利推广，高校农业技术推广模式一定要能够最大限度地与农业产业实际情况相适应，即推广的农业技术能够满足农业产业发展的要求，符合农民的需要，获得较好的经济效益和社会效益。模式的各个过程要能够协调运作，在实际运转过程中运行结构要合理，要便于调控、易于操作（聂海，2007）。

6.1.2 总体思路

农业高校推广农业技术是我国农业高校服务农业农村发展的一种重要形式，也是我国农业技术推广的有效形式。根据农业农村现代化发展新阶段和新时代的农业科技需求趋势，借鉴美国和国内农业高校农业技术推广经验，未来我国高校农业技术推广模式重构的总体思路是：坚持农业技术推广的基本理论和基本原则，遵循现代农业发展和高校自身运行规律，依托农业高校的科技研发、学科资源和教育优势，在政府宏观指导下，打破行政区划，以农业生态区域为单元，开发并立足地区主导产业，结合农业高校学科特色优势，以实现"农业强、农村美、农民富"的农业农村现代化为目标，建立以高校为主导的农业技术推广组织体系，健全以高校师生为主体的农业技术推广专业队伍体系，完善以高校科学研究为支撑的集综合开发、科研推广、信息咨询、教育培训为一体的全方位农业技术推广内容体系，构建涵盖涉农企业、农业合作社、农民等受施主体的农业技术推广目标对象系统等。高校主导农业技术推广不仅可以实现农业高新科技由高校研发并由高校示范推广，指导涉农企业、农业合作社、农民等快速应用于产业，依据应用效果和产业发展需要再推动农业高新科技新发展，还可以实现科技创新、人才培养和成果转化的产学研三位一体，畅通大学和农田，使大学科技成果能够及时传播应用到农田，发挥出科技在"农业强、农村美、农民富"中的重要作用，促使传统粗放型农业向现代集约型农业跨越转化，为乡村振兴战略提供强有力科技支撑。

(1) 建立以高校为主导的农业技术推广组织体系

组织是一切活动的载体和依托，是各种活动的举办者和实施者。农业技术推广组织伴随农业技术推广活动而产生，拥有一定的农业技术推广目标，执行农业技术推广职能，有完整的体制机制章程。根据组织形式分类，农业技术推广组织包括政府、农业高校、科研院所、涉农企业和农业合作社等（刘典，2018）。长期以来，各种组织在政府的主导下开展农业技术推广工作，均有一定的贡献。但随着农业农村现代化对更高水平科技的需求，政府、涉农企业、农业合作社等组织已无法满足农业农村对高水平科技的需求，传统的农业技术推广组织结构体系无法进一步引领农业向前发展。而农业高校拥有数量众多的高素质专业人才和条件设备，能够为农业、农村和农业技术推广服务输送大批的农业科技人才。同时，它又是农业科技创新的主体，是科研成果的主要源头，拥有大量的科技成果

| 6 | 我国高校农业技术推广模式重构的逻辑与保障

和技术，可以通过科学研究推动农业科技水平的提高与农业技术进步。随着学校功能不断扩展，农业高校不仅仅局限在教学科研上，它还积极发挥以技术辐射和信息服务为特征的社会化服务功能，依托丰富的人才、成果和研发能力，积极推动科研成果产业化，提高成果转化率，促进产学研三者相互促进的良性循环，实现农业科研、教育、推广的有机结合，这些都为农业高校成为农业技术推广组织体系的主导地位提供了充分条件（汤国辉等，2008）。农业科研院所作为专门从事科学研究的机构，规模上小于农业高校，但一定程度上能够为高校在农业技术推广组织体系中的主导地位起到一定的补充支持作用。

我国重构高校农业技术推广模式要注重体现农业高校在农业技术推广组织中的重要地位，建立以高校为主导的农业技术推广组织体系。具体而言，在农业技术推广组织体系中，政府作为国家行政管理机构和推动农业农村现代化的责任机构，承担推动农业技术推广的统筹职责，委托各类农业高校依托自身优势在全国范围开展农业技术推广服务；科研院所纳入农业高校推广体系并为农业高校提供优势科研技术支持；涉农企业、科技示范户、农业合作社、农民等作为农业技术推广接受主体，共同组成目标对象系统，接受农业高校的农业技术推广服务。高校主导的农业技术推广模式组织关系如图6.1所示。

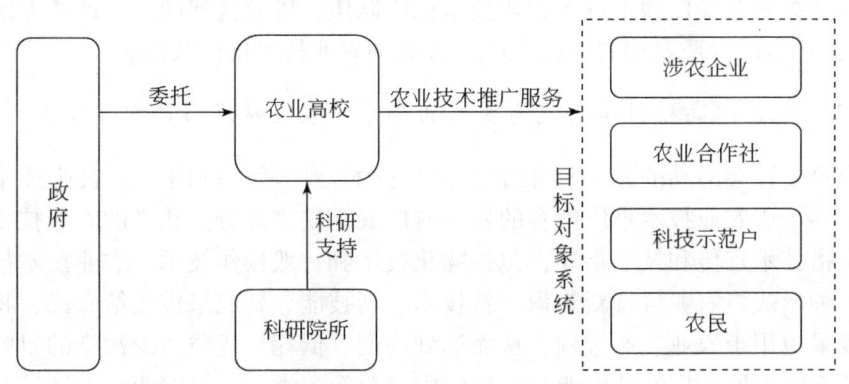

图6.1 高校农业技术推广新模式组织关系

（2）健全以高校师生为主体的农业技术推广专业队伍体系

人员是社会活动的行为主体，农业技术推广人员是农业推广活动的实施主体。农业技术推广活动要有强有力的推广队伍作保障，推广人员素质和业务能力直接关系到农业技术推广应用的效果。农业高校的农科教师和学生是农业技术的研发主体，在农业技术推广中具有无可比拟的作用和优势：①农业高校师生在科研的基础上进行农业技术推广，能够更精准、更迅速地保证农业技术在农业生产一线的应用。同时，以农业高校提供的相关实验平台，对农业科技进行实用化、产业化验证，从实验数据判断此种农业科技在实际农业中是否存在问题、是否能够满足农民需要、是否可以为农民带来更多农业经济效益，提高科研成果转化率，为农业技术推广建立了坚实的基础。②农业高校师生可以结合地方特色，依靠农业高校平台，围绕主导产业开展农业技能和经营能力培训，加大对专业大户、农村合作社带头人、农业企业经营者的教育力度，构建新型农民教育培训。③农业高校师生能够有效开展一线教学、科研和技术推广等多方面的综合分析工作，提供结合当地农业特征的农业基层服务经验和数据，形成大量统计分析报告和调研需求报告，为我国和地方政府农业技术改革与转型提出政策建议，有效缩短了农业技术成果转化时间，提高了农业技术推广效率（马超，2016）。因此，我国重构高校农业技术推广模式要健全以高校师生为主的农业技术推广专业队伍体系，以产业领衔专家为中心针对一种特色产业打造一支技术精湛的科研专家教授团队，并在其中设立一定数量的农业技术推广专家岗位，以专业学位研究生辅助，促进师生长期驻扎在地方产业工作站，从事产业农业技术推广。我国是农业大国，需要数万计的农业技术推广人员。政府要提供基层农业技术推广岗位，协助高校选拔农业推广硕士进入农业技术推广队伍，以此构建起一支产业专家领衔的高校师生+高素质基层农业技术推广人员的农业技术推广队伍。

（3）完善以高校科学研究为支撑的全方位农业技术推广内容体系

内容是社会活动的核心和根本，农业技术推广活动的内容是农业技术。目前，学界关于农业技术推广内容的界定有广义和狭义之分。狭义的农业技术推广内容是指技术宣传和技术指导，包括物化技术和一般操作技术。农业技术推广者通过多种形式将农业科技新知识、新技术、新技能、新成果传播给农民，将农业科技成果应用于农业生产过程，从而达到高产、低耗、优质、少污染的目的，促进农业不断发展。广义的农业技术推广内容分为三类：一是农业技术转移与扩散（包括相关知识与信息的传播和传递），主要是物化的农业技术和一般操作技术的转移与扩散；二是通过多种方式和途径教育、培养农民，提高农民的综合素质，进而提高农民的技术接受能力；三是改善农村生产条件，为技术的推广扩散创造有利条件（曾晨，2015）。随着农业农村现代化的发展，农村土地流转加快和农业新型经营主体涌现，依据地区特色挖掘培植主导产业进行农作物规模化种植和特色化发展已成未来农业发展的一大趋势，也是高校依据自身学科特色开展相应产业农业技术推广的主要着力点。乡村振兴战略背景下，农业高校农业技术推广内容不仅是依托现有农业技术将其推广和教育培训农民使用,而应有新的外延:从社会服务职能角度出发,针对相对贫弱地区,进行农业综合开发,挖掘地区特色,依托科学研究扶持培植地区主导产业,面向主导产业进行农业技术推广。为此,我国重构高校农业技术推广模式应完善以高校科学研究为支撑,覆盖产前、产中、产后,集综合开发、科研推广、信息咨询、教育培训为一体的全方位农业技术推广内容体系。这一内容体系包括:①面向农业发展不均衡,对相对贫弱地区进行农业综合开发;②结合地区主导产业和高校学科特色优势,对高校现有和未来研发的农业技术进行示范推广;③扩大农业技术推广应用范围,为使用技术的农业生产经营主体进行答疑解惑和信息咨询服务;④通过教育和培训服务农民成长,提高农民的技术接受能力。

(4) 构建涵盖涉农企业等农业经营主体的农业技术推广目标对象系统

目标对象是一切活动的旨归,农业技术推广活动的对象是农业经营者。在传统农业生产体制中,农业生产主体以小户的农民为主。随着农业现代化发展,以市场化为导向、以规模化为基础、以专业化为手段、以集约化为特征的新型农业经营主体兴起,包括涉农企业、农业合作社、农业大户(农场)等。当前,我国农业生产一直处于高投入、低产出的生产状态,如何提高生产效率、提升产品附加值成为新型农业经营主体急需解决的问题。现代化的农业技术,如产业升级、自动化、物联网技术的应用,是新型农业生产经营主体的重点追求,也是他们抢占市场有利地位的重要凭借(陈江涛,2018)。在农业技术推广体系中,涉农企业、农业合作社、农业大户成为农业技术推广的主要受众。我国重构高校农业技术推广模式应构建以高校为服务主体,涵盖涉农企业、农业合作社、农民等技术受施者的农业技术推广目标对象系统。高校既要直接面向一家一户的散户农民开展农业技术推广,更要针对新型农业经营主体需求,面向涉农企业、农业合作社、农业大户等开展针对性特色农业技术推广服务。在高校影响下,涉农企业、农业合作社、农业大户(农场)等也会自觉承担一定的农业技术推广责任,并投入到农业技术推广之中。

6.1.3 框架设计

根据上述指导思想和总体思路,本书构建和设计我国高校农业技术推广新模式的基本框架。该框架尝试构建政府支持下由高校主导的、服务地方发展的农业技术推广新模式,充分利用农业高校科学研究、学科资源和教育优势,激活农业技术对农业现代化和乡村振兴的重要作用。

该模式基本内涵是：在各级政府支持与委托下，以高校科学研究和社会服务职能为支撑，以高校科研人员为主体，面向贫弱地区进行农业综合开发，培植主导产业；面向农业产业成熟地区，围绕地区主导产业，依托高校重点实验室，建立产业工作站，发挥产业工作站教学、科研、试验、示范、培训、咨询、指导、推广、教育的功能，为实现"农业强、农村美、农民富"的农业农村现代化目标，进行有组织、有计划、且系统、专业的农业技术推广。该模式的目的在于带动地区农业产业发展和农村经济发展，助力乡村振兴，帮助农民脱贫致富；核心是以高校为主导，根据地区主导产业，建立高校实验室科研支撑的产业工作站；重点是开展农业产业相关的科学研究，着力解决地区农业产业发展存在的技术性难题和关键性问题；创新之处是形成高校主导的全方位农业技术推广体系，在政府支持下，使技术研发与推广有效结合，一定程度上解决农业技术研发和农业技术推广之间的各种阻隔问题，从而为探索建立现代农业技术与地方特色农业产业有效衔接的新范式打下坚实基础。

在该模式基本构架中，国家、地方政府的政策与法规、方案与思路是指挥棒，是支撑模式构架的软环境，决定着构架的方向。高校是模式规划与设计的总部，是农业技术创新和研究积累的根源，是农业综合开发和农业技术推广的主导。高校实验室是科技人才、设备、信息和资源的中心，是产业工作站农业科技推广的依托。模式运行的主要途径是依托高校产业工作站开展示范指导、信息咨询、教育培训等服务（杨兵，2018）。该模式具体框架如图 6.2 所示。

6.1.4 功能定位

高校农业技术推广模式中各主体均需履行各自职能，发挥相应功能，方能使得推广模式正常、高效运行。各级政府、高校、科研院所、涉农企业、农业合作社、科技示范户、农民等的最终目标均是实现"农业强、农村美、农民富"的农业农村现代化目标（邵飞，2008）。

（1）各级政府的功能与任务

我国高校农业技术推广模式重构中，政府是农业技术推广的委托方，政府委托各农业高校在全国范围内开展农业技术推广。中央政府委托教育部直属农业高校，在领衔的农业产业领域对各省农业高校相关产业工作站的农业技术研发和推广给予技术指导，力求基本覆盖我国各种农业产业。其中，大多数教育部直属农

| 6 | 我国高校农业技术推广模式重构的逻辑与保障

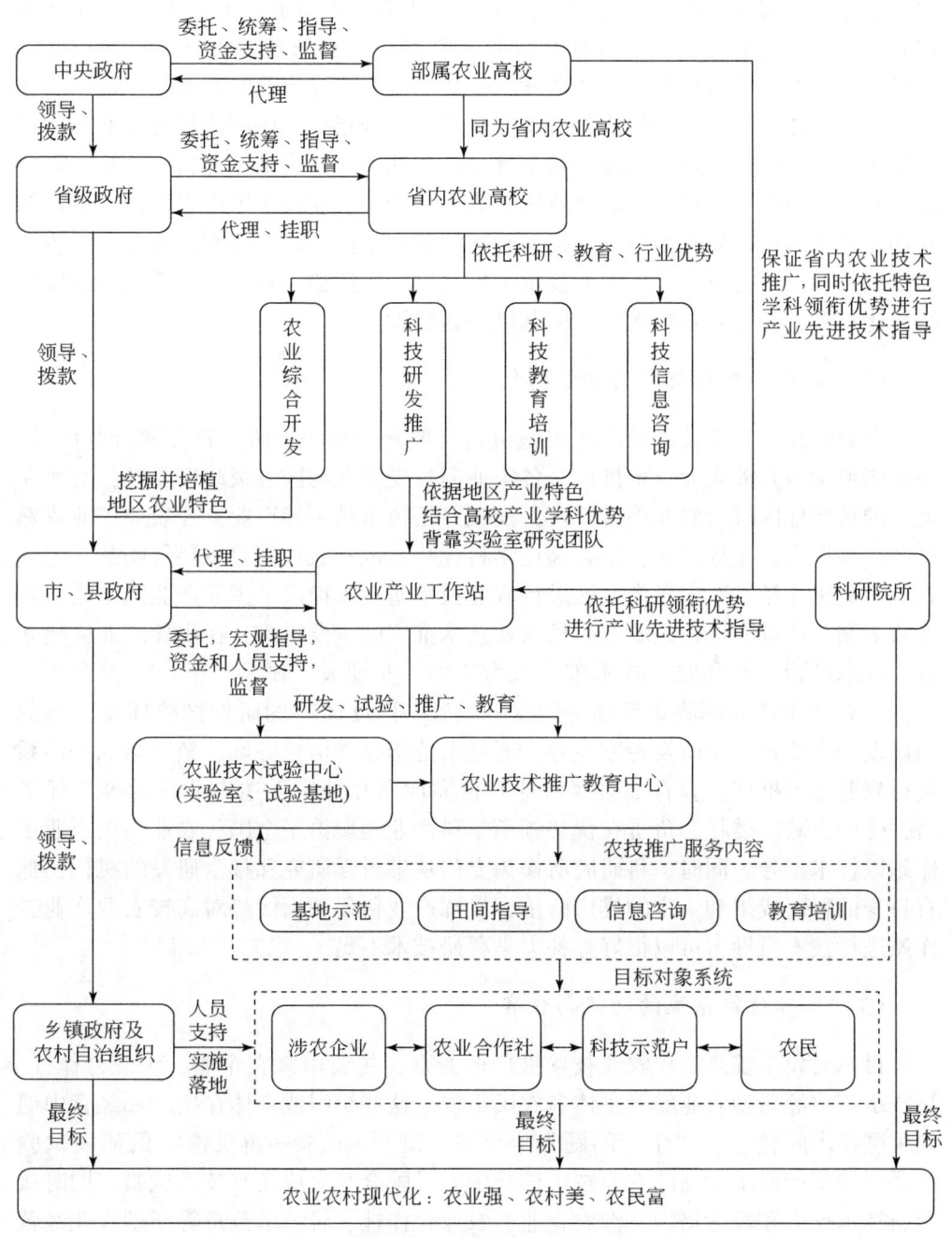

图 6.2 高校农业技术推广新模式的基本框架

业高校也是本省（自治区、直辖市）唯一或重要农业高校。省级政府委托辖区内农业高校（含教育部直属农业高校）在辖区内进行农业综合开发，并根据各市县主导产业，结合高校自身产业学科优势，进行主导产业的农业技术推广。此外，政府在法律政策、项目支持、条件保障、宏观指导、协调监督等方面发挥重要作用。新型高校农业技术推广属于社会公益性事业，也是一种新生事物，需要政府制定或修改完善相关法律及政策，为大学开展农业技术推广工作创造良好的外部宏观环境；需要各级财政支持，确保农业技术推广经费来源；需要组织协调和整合各种推广力量，形成农业技术推广合力，发挥整体效果；需要提高农民的组织化程度，加强农业技术推广的基础设施建设。

(2) 高校和科研院所的功能与任务

农业高校是农业技术推广的实施机构，要充分利用科研、教育和行业优势，在全国范围内开展农业技术推广。各农业高校受所在地区省级政府委托，对所在地区的贫弱地区进行农业综合开发，挖掘并培植市县主导产业；在农业产业成熟地区，根据市县主导产业，结合高校学科优势，依托农业实验室科研团队，建立农业产业工作站，对主导产业区进行农业技术研发和推广，主导产业区不受行政区域限制。产业工作站是农业高校农业技术推广的主要机构，在主导产业区建立农业技术试验中心和农业技术推广教育中心，集研发、试验、推广、教育为一身，建立"生产问题收集反馈—研发—试验—再反馈"的研发试验体系，将成功研发的农业技术由研发专家主导，通过示范指导、信息咨询、教育培训等体系进行农业技术推广。教育部直属农业高校完成所在地区上述农业技术推广任务后，受中央政府委托，负责在优势领衔学科产业领域给予全国各农业高校产业工作站以技术指导。同时，科研院所作为专门从事科学研究和技术研发的机构，拥有自身的科研成果和一定的推广队伍，发挥产业科研领衔优势对高校农业产业工作站进行技术指导，可以很好弥补大学科研技术不足。

(3) 目标对象系统的功能与任务

目标对象系统是高校农业技术推广的受众，主要由涉农企业、农业合作社、科技示范户等新型农业经营主体和农民组成。这些组织或个体在生产和经营中遇到关键技术问题通过"生产问题收集反馈—研发—试验—再反馈"的研发试验体系反馈至产业工作站的农业技术试验中心，配合其完成新兴技术试验，同时接受新技术推广和教育培训。涉农企业、农业合作社、科技示范户等新型农业经营主体技术接受和应用农业技术能力强于基层农民，并且熟悉当地农业发展情况和态势，接受高校农业技术推广后可以担当一定的协助责任，协助农业高校对农民进行农业技术指导和应用。

6.1.5 框架特点

我国重构的高校农业技术推广模式既不同于现有的政府农业技术推广模式，也与当前农业高校各自进行的农业技术推广模式有较大区别，具有纵向推广助力产业发展，实现农业技术研发与推广的有机融合，促进农业技术创新与推广公益化，突显了农业高校农业技术推广优势和潜能等特点。

(1) 以产业纵向发展为主导开展推广

我国高校农业技术推广新模式主要目标是综合开发和挖掘培植贫弱地区主导产业，同时服务于农业产业成熟地区的地方特色主导产业，解决制约地方特色主导产业发展的相关问题，积极推动地方农业产业发展，带动区域经济发展。该模式遵循产业分布自然规律，打破传统区域限制，实现跨区域的产业纵向发展服务模式。该模式旨在整合资源，根据区域产业发展需要，有效进行农业技术研发和推广，促进农业增收，带动区域农村经济发展，推动地方农业产业整体升级，最终助力地方乡村振兴。

(2) 实现农业技术研发与推广有机融合

高校集聚了农业技术的相关专家和科研人才，形成了技术研发创新团队。高校拥有各类实验室和实践基地，农业产业工作站依托于高校实验室。在政府支持下，产业领衔高校指导产业工作站获得农业生产实践的技术问题，根据农民和新型农业经营主体发展要求，在农业技术试验中心开展农业技术研究。高校试验取得的技术成果由专家领衔，通过农业产业工作站中的农业技术推广教育中心进行示范、推广，这样农业技术研发创新与推广有机融合，使农业技术成果转化和推广效益更加紧密衔接。

(3) 促进农业技术研发与推广公益化

高校农业技术推广具有公共产品属性，集聚了人才、信息、设备和资金等各方面资源。在政府支持下，高校农业技术推广具有独立的运行机制、经费保障、技术研发创新和推广能力。高校农业技术推广新模式中，农业产业工作站义务为农民和专业合作社等提供农业技术服务，使农业技术服务公益化。农业产业工站是非营利性的,是国家公益性农业技术推广的重要体现,其积累的研究成果、数据可以与地方共享。在各方支持下,高校农业技术推广新模式的服务和运行以公共资金为主,运作将不断制度化、常态化、公益化。

(4) 突显了农业高校的推广优势和潜能

高校具有技术、人才和信息优势,是一支重要的推广力量。但长期以来,高校农业技术推广活动仅仅处于自发探索阶段,服务规模较小,普及和覆盖面窄。新构建的高校农业技术推广模式充分发挥了高校的技术推广优势,是高校走向社会、参与经济建设的一种有效形式,也是改革政府主导型农业技术推广体系的一种探索。与传统农业技术推广模式相比,新模式主要有以下特点与优势:一是新模式是国家支持的一种农业技术推广及成果转化形式,是我国创新农业技术推广体系的一种重要方式。政府不仅鼓励高校参与农业技术推广,而且加强对高校农业技术推广的宏观管理,提供持续的项目和经费支持,为高校推广活动创造良好的外界环境和条件,促其发挥主导作用。新模式下高校参与推广的范围广,力度大,效果明显。二是在政府行政推动与市场机制共同作用下,高校农业技术推广以产业工作站为纽带,将高校与科研院所有机地结合起来,建立稳定的沟通渠道和有效的协作机制,实现了有效对接。三是高校充分发挥服务社会功能,积极开展农业技术推广服务,并在福利待遇、职称晋升、教育培训、考核考评、成果奖励、津贴发放等方面制定出一套符合农业技术推广人员特点的分配、激励和评价制度,引导农业高校科研人员更多面向农村和企业开展技术服务,为农村经济社会发展和新农村建设提供科技支持 (聂海,2007)。

6.2 我国高校农业技术推广模式的管理体制

我国重构高校农业技术推广模式是顺应我国农业和农村现代化要求,深化科教体制改革,促进高校融入农业和农村现代化主战场的必由之路。构建完善的高校农业技术推广模式,必须从国家、地方及高校等不同层面建立上下贯通、相互协调的管理体制。

6.2.1 建立国家统筹高校农业技术推广体系的组织领导机构

农业是外部性很强的特殊产业,是三大产业中的基础产业。作为国民经济的基础，农业为社会提供了粮、油、菜、肉、蛋等基本生活品，关系着国计民生，但价格限制决定了农业和农民在市场竞争中将一直处于劣势。随着工业化快速发展，农业越来越被边缘化。在能源和材料短缺、交通运输成本增大的竞争格局下，工商企业不断提高产品售价，将抬升的成本转嫁到没有抗衡能力的农业之上，由农业——这一社会的基石来承载。农业大多依靠植物吸收转化太阳能的方式生存，效率基本恒定，性质比较脆弱。农业的基础性作用和微弱竞争性决定了各级政府必须从整体出发对农业进行财政反哺，支农援农，推广农业技术，帮助农业向前发展。农业技术推广是一项全局性和战略性事业，也是一项社会公益性事业。在市场经济社会中，经济实体有自负盈亏的各类企业，有全额和部分拨款的事业单位，有全额财政拨款的政府单位，有靠自己经营的小商小贩。与各种经济实体相比，农业表现出与众不同的特性——非商品属性，和教育、医疗的属性相似，我们可将其与教育、医疗并列为三大公益性事业。教育主要由财政拨款进行供给，医疗被要求不能过度营利，农产品也被限制价格暴涨。农业产业发展必须以公益性的农业技术推广来扶助，这就决定了各级政府必须承担起对其支持和引导的责任（陈新忠，2014）。

国家要从解决现行政府主导型农业技术推广系统存在的弊端出发，大力支持和鼓励高校主导型农业技术推广模式发展。近年来，中共中央、国务院连续发布一号文件，对新发展阶段优先发展农业和农村、全面推进乡村振兴做出总体部署。2018年3月5日，国务院总理李克强在政府工作报告中指出，我国大力实施乡村振兴战略，坚持农业农村优先发展，按照产业兴旺、生态宜居、乡风文明、治理有效、生活富裕的总要求建立健全城乡融合发展体制机制和政策体系，统筹推进农村经济建设、政治建设、文化建设、社会建设、生态文明建设和党的建设，加快推进乡村治理体系和治理能力现代化，2050年乡村全面振兴，"农业强、农村美、农民富"全面实现。在全国范围内大力推进农业技术推广，实现科技对农业产业的赋能是促进农业强的有效途径。在农业、农村现代化和乡村振兴战略背景下，为领导统筹和推进管理高校农业技术推广体系，我国应建立全国农业技术推广领导机构，由国务院分管农业的副总理或国务委员担任机构负责人，发挥国务院农科教协调领导小组和国家乡村振兴局功能，强化农业农村部、教育部、科学技术部、国家发展和改革委员会与财政部等有关部委密切配合的国家农业技术推广协调机制，落实农业高校产业工作站开展农业技术推广的职责，划拨资金，监督实施，指导管理全国农业技术推广工作（聂海，2007）。

6.2.2 建立各地促进高校推进农业技术推广的组织管理体系

农业的地域特性制约着农业技术的普及度，决定了高校尤其是农业高校的技术研发方向及技术服务对象带有强烈的区域特色。我国是一个农业大国，从直隶农务学堂至今，我国高等农业教育已有120年左右的历史。百余年来，中国现代高等农业教育从无到有，从小到大，从一所到遍布全国各省（自治区、直辖市），对教育体系和国家农业建设发挥了重大作用，做出了重要贡献。目前全国各省（自治区、直辖市）均至少有一所农业高校，集农业人才培养、科学研究和社会服务于一身，社会影响和声望高，优势学科与本地区农业特色主导产业相一致，这使农业高校主导实施各地农业技术推广具备很多机构无法比拟的天然优势和独特条件（陈新忠等，2019）。

第一，设立省级（自治区、直辖市）农业技术推广领导机构，建立辖区内农业高校主导的农业技术推广体系。为了确保高校主导农业技术推广模式的实施，各地必须成立由高校所在区域的省级政府牵头的全省高校农业技术推广工作协调领导机构，由主管农业农村工作的副省长任负责人，由农业农村厅、科技厅、教育厅、农业农村工作领导小组办公室、财政厅等有关部门、农业高校及农业科研院所的负责人为成员，实行联席会议制度。其主要职责是组织、协调省内的部属农业高校、地方属农业高校与地方政府开展农业技术推广活动；以项目为纽带，整合全省农业高校、科研院所等各种农业技术推广资源优势，建立农业技术推广团队；研究制定全省农业技术示范推广的重点方向、内容和重大项目立项，落实专项资金；制定农业技术推广专项资金的使用与监督管理办法，项目实施的动态监测和绩效考核办法等重大事项。该小组的日常工作由省级农业技术推广中心办理，省级农业技术推广中心主任由高校农业技术推广负责人兼任，是全省（自治区、直辖市）农业技术推广方面教育、科研和推广的执行负责人。与此同时，各地要充分发挥现有省级决策咨询委员会农业专家组的作用，不断为高校主导农业技术推广模式创新实践提供科学指导，促进农业技术推广体制改革全面推进（聂海，2007）。

第二，设立基层政府农业技术推广管理协调机构，支持农业高校主导的农业技术推广落地实施。在农业规模化和产业化发展趋势下，各地以服务特色主导产业为核心构建高校农业技术推广模式。农业技术推广管理组织要突破传统农业技术推广组织的行政隶属关系，跳出每一乡镇都布点设站（所）的逻辑框架。作为国家各项事业平稳运行和推动发展的管理机构，各级基层政府承担着本地区农业技术推广的主要责任，既要建立政府内部农业技术推广管理机构，又要符合以特色主导产业为核心的跨行政区域农业技术推广模式实际。因此，在保障高校负责主导农业技术推广业务地位的同时，各级政府内部要建立相应管理机构，保障推广工作有效开展。市、县、镇（乡）政府建立的农业技术推广管理机构不再负责农业技术推广业务工作，主要负责组织地区内涉农企业、农业合作社、农业科技示范户、农民接受农业技术推广，致力于建设支持高校农业技术推广实施的环境，协调组建基层农业技术推广常驻队伍，协助农业产业工作站及其下属的各地方站（所）开展工作，帮助高校专家教授在本地区内行使农业技术推广职责。

6.2.3　建立高校主导的由内而外的组织管理系统

除强化国家和地方政府对高校农业技术推广活动的组织领导和协助支持之外，农业高校作为农业技术推广的主导者和实施者，要从建立健全农业技术研发创新、技术推广、人才培养"三位一体"管理体系入手，成立高校内部及深入各地的农业技术推广组织管理与协调领导机构。

第一，成立高校农业技术推广领导管理机构。首先，成立高校农业技术推广协调领导小组。高校农业技术推广协调领导小组组长由校长担任，副组长由主管推广和科研工作的副校长担任，成员由推广处（中心）、科研处、人事处等管理部门负责人及相关学院院长组成。主要负责高校农业技术推广工作的组织协调和领导工作，制定高校农业技术推广的团队建设方案、项目运作管理制度、推广成果奖励政策等重大事项。其次，成立农业技术推广管理办公室（处）。本着"精简高效，职责明确"的原则，农业高校要成立技术推广处（中心），或在现有主管科研的工作部门设立农业技术推广管理办公室，专门负责国家及地方委托的各类科技推广项目和学校自主设立的农业综合开发项目的实施、检查、监督、总结等日常管理工作。最后，成立农业技术推广专家工作小组。组长由主管农业技术推广工作的副校长担任，成员由各个学院从事农业技术推广和农民技术培训的专家组成。该小组主要负责农业技术推广项目的立项、论证和评审，以及农业技术推广项目实施过程中的技术指导和监督评价等工作（聂海，2007）。

第二，设立高校所辖各地农业产业工作站。农业高校根据自身特色学科优势，立足现有农业相关实验室，结合所在省份地区的特色主导产业，设立若干农业产业工作站。农业产业工作站是农业高校实施农业技术推广的基层执行机构，负责针对地区特色主导产业农业技术的研发创新、示范推广等具体工作。农业产业工作站依托一个或多个实验室，设置农业技术研发试验中心和农业技术推广教育中心。各实验室在研发试验中心建立试验基地，进行农业技术研发和试验；研发试验成功的技术成果，通过农业技术推广教育中心进行技术推广。农业技术推广教育中心主要负责建立示范基地，进行农业技术示范，组织科研专家教授在基层农业技术推广队伍的协助下进行农业技术现场指导，开展有关农业技术服务的信息咨询，对农业技术推广队伍和涉农企业、农业合作社、科技示范户的相关人员及农民开展农业技术教育培训。如果地方特色主导产业区覆盖范围较大，如覆盖多个市县，可在农业技术推广教育中心下设多个站所，在地方政府的配合下完成农业技术推广教育的相关工作。

6.3 完善高校农业技术推广模式的法律政策

在法治社会，全国的经济、政治、文化和社会生活的各个方面大都由法律调整、维护和促进，我国重构高校农业技术推广新模式也不例外。发达国家十分注重运用法律来维护农业技术推广的地位和权益，通过法律政策来推动农业技术推广的转变和发展。美国高校主导的农业技术推广体制就是运用法律法规形式固定下来的，并逐步使农业技术推广与农业教育、农业科研"三结合"体制制度化。发达国家农业技术推广的成功经验告诉我们，加强立法工作是保障高校农业科技推广模式健康发展的关键所在。本书所研究的高校主导型农业技术推广模式是一个新生事物，也是我国农业技术推广体制改革的重要取向，对于加强农业技术推广工作和加速农业技术发展具有深远意义，国家应从法规政策方面给予支持和推进。我国虽然制定了《中华人民共和国农业技术推广法》等有关保障农业技术推广事业稳步发展的法律法规，但均是鼓励高校参与农业技术推广，没有将高校农业技术推广置于国家农业技术推广体系的主导地位，高校农业技术推广的优势与潜能并未完全发挥出来。我国现代法律制度建设起步较晚，关于高校主导农业技术推广服务体系建设的法律政策亟须加强（邵飞，2008）。只有运用法律政策加以保障和促进，我国高校主导的农业技术推广新模式才能真正确立和深化发展。

6.3.1 完善强化高校农业技术推广主体地位的法律政策

高校主导农业技术推广服务体系建设的核心是强化高校农业技术推广的主体和主导地位，保障高校顺利健康开展农业技术推广工作。借鉴美国等发达国家经验，我国应在法律、法规与政策方面予以建设和完善。

第一，依法赋予高校在农业技术推广中的主体地位和相应权力，保障高校有依据有底气主导农业技术推广。要健全完善《中华人民共和国农业技术推广法》，明文指出政府农业技术推广机构对高校开展农业技术推广的支持和委托，明确确立高校在农业技术推广中的主体和主导地位，明确规定高校开展农业推广活动所应享有的社会条件和社会利益，将高校农业技术推广模式加以规范和制度化，并对不法组织和个人的非正当农业技术推广行为进行干预惩处，为高校主导开展农业技术推广工作创造良好的外部环境。

第二，依法加大高校农业技术推广业务资金的支持力度，确保高校做好农业技术推广专业工作。我国要在农业技术推广法律、法规和政策中明确规定高校农业技术推广业务资金的来源和额度，明文指出高校农业技术推广项目的经费划拨主体，使高校农业技术推广活动具有充足资金保障，为高质量开展农业技术推广打下良好物质基础。

第三，依法加强高校农业技术推广的工作条件建设，保证高校农业技术推广在现代化装备下开展。我国要在农业技术推广法律、法规和政策中明确规定高校农业技术推广工作条件建设的经费来源，明文指出高校农业技术推广条件建设的负责主体，使高校农业技术推广的设施能够得到改善，与其他现代服务业装备接轨，利用高标准的先进办公工具开展农业技术推广工作，为广大农民提供更加便捷的高水平服务。

6.3.2 完善保障高校农业技术推广健康发展的法律政策

建设高校主导的农业技术推广服务体系，除了推进高校成为农业技术推广的真正实施主体外，还要促进这一体系健康高效地运行。为保障高校农业技术推广服务体系健康发展，我国必须完善相关的法律、法规和政策。

第一，组织协调方面，要依法保障政府与高校、高校与其他农业生产经营组织之间有序高效运行。我国要修订《农业技术推广法》和相关法规及政策，明确规定各级政府与高校、高校与其他农业生产经营组织之间的关系，明文指出政府农业技术推广机构与高校农业技术推广体系之间的事务分配原则、方式、方法和比例，使政府农业技术推广机构能够依法协助高校农业技术推广体系开展农业技术推广活动，避免重复、混乱和低效。

第二，人员供给方面，要依法保障高校农业技术推广人员和基层农业技术推广人员的资格、地位和待遇。我国要健全《农业技术推广法》和相关法规及政策，明确规定基层农业技术推广人员与高校农业技术推广人员的来源渠道、上岗资格、岗位地位和工作待遇，明文指出基层农业技术推广人员与高校农业技术推广人员之间的权利和义务差异或界限，使基层农业技术推广人员与高校农业技术推广人员能够珍惜岗位，明确职责，胸怀使命，提高农业技术推广效度。

第三，考核评价方面，要依法保障各级政府对高校农业技术推广活动开展服务质量监测和监督。我国要完善《农业技术推广法》和相关法规及政策，明确规定各级政府对高校农业技术推广活动评价的实施主体、人员构成、评价方式和评价手段等，明文指出高校农业技术推广活动的成效标准，使高校农业技术推广人员和基层农业技术推广人员能够目标鲜明地依法行动，根据评价标准不断改进农业技术推广的方式方法，在评价体系激励下将农业技术推广活动开展得更加成效卓著（陈新忠，2014）。

第四，成果保护方面，要依法保障高校农业技术研发成果的知识产权。我国要完善《农业技术推广法》和相关法规及政策，进一步增加增强有关农业技术推广中的农业技术知识产权保护的部分。首先，依法加强对高校农业产业工作站或相关机构在农业生产中研发创新出的农业技术的知识产权保护和管理，维护农业技术市场秩序，保护高校农业技术人员经济利益，激发农业科研人员创新积极性，为农业技术创新发展创造良好环境，促进农业科技成果不断涌现，推动我国农业技术水平提升。其次，依法对关系国计民生的重大农业技术成果和经济效益不明显但有较好社会效益的农业技术成果实行国家采购制度，由国家给予农业科研人员适当补贴，农业技术由高校组织实施（聂海，2007）。

6.4 我国高校农业技术推广模式的运行保障

高校农业技术推广新模式高效运行既需要架构合理、政府支持和法律保障，又离不开自我管理体制和运行机制建设。科学的运行机制能最大限度地发挥农业高校技术研发创新和技术示范推广作用，推进现代农业发展。

6.4.1 建立高校农业技术推广新型运行机制

农业产业工作站是高校农业技术推广模式运行的关键环节，集研究、试验、示范、推广、咨询和培训于一体，以研究和推广为主要功能。在农业产业工作站里，高校科研人员一方面要推广新的农业技术成果，另一方面要开展科学技术研究，使其成为周边农村的技术辐射源，构筑起农业技术成果通往千家万户的传输通道。农业产业工作站围绕区域产业发展需要，将技术研发创新主体、技术推广主体与农业生产经营主体联结为一体，将产前、产中、产后各方面不同学科的技术人员联结在一起，形成开放、互动、合作的运行模式。为保证农业产业工作站各项农业技术推广任务良好运行，应着力建设以下运行机制。

（1）建立农业综合开发机制

农业综合开发是指高校充分利用学科优势和科教力量，通过对相对贫穷落后地区以农业为主的全方位开发，提高当地农民科技素质和文化水平，帮助当地农民摆脱贫困、走上富裕之路。高校针对贫弱地区开展农业综合开发，目标是实现贫弱地区的农业现代化发展，途径是挖掘培植当地特色主导产业。高校开展对贫弱地区农业综合开发，应着力做好两项工作：一是进行全面资源调查。高校要对当地的经济、社会、自然资源和矿产资源等进行全面调查，熟悉和掌握地区基本情况，为科学制定农业综合开发治理总体规划打下基础。二是确定地区开发的总体战略。在对当地农业生态系统、农村经济系统和农村社会系统全面调查分析的基础上，结合当地建设经验和当地实际情况，制定农业综合开发的总体战略及治理方略。三是挖掘培植特色主导产业。根据当地自然资源情况，高校应邀请农业专家对当地农业产业进行综合评估，利用学科优势发现当地适宜建立的特色主导产业，制订当地特色主导产业发展规划，建立农业产业工作站，开展后续农业技术推广工作（黄国清等，2010）。

（2）建立农业技术研发试验机制

农业技术研发试验中心是高校依托优势学科、结合当地生态资源和区域产业建立的综合性农业技术研发试验基地，可以根据高校学科发展和区域产业发展调整方向，隶属于农业产业工作站。农业技术研发试验中心可为深层次开展科学研究积累资料，为人才培养提供平台，为农业生产展示最新成果，引领和支撑区域产业经济持续发展。农业技术研发试验中心是高校农业技术推广的基础，其建设要做到两个结合：一是与学校教学、科研相结合。农业技术试验中心是涉及相关科学研究的试验基地，同时也是本科教学的实习基地，是研究生科研实践的基地，三者应有机融合在一起。二是与地方政府相结合。农业技术研发试验中心只有得到地方政府支持，与当地政府密切协作，才能发挥应有作用。农业技术研发试验中心的主要任务是开展长期科学研究和试验，记录、积累科技资料；引进、展示国内外最新品种、技术和成果，组装、集成农业先进实用技术；开展适合当地应用的技术研究，研究解决农业生产中出现的新问题；进行试验观摩教学，指导学生开展实践活动。

(3) 建立农业技术示范机制

高校依据区域特点、生态条件、产业发展特色和规模，结合农业产业发展规划和原产地产品保护，在农业产业工作站的农业技术推广教育中心下建设综合性、专业性的农业技术示范基地，建立新技术、新成果示范样板，为农民做出技术示范。农业技术示范基地为非永久性基地，可以根据产业发展、市场需求改变基地选址和任务。农业技术示范基地是高校农业技术推广模式的核心，示范基地建设过程中要坚持五个结合：一是与学校优势学科和核心技术相结合；二是与当地主导产业相结合；三是与学校农业技术推广专家团队相结合；四是与学校已有示范基地相结合；五是与龙头企业和农村经济合作组织相结合。农业技术示范基地通过技术成果转移和龙头企业带动，提高农产品深加工能力，延长产业链，提升农产品附加值和市场竞争力。在农业技术示范基地，农村经济合作组织带动农民快速学习和掌握农业先进实用新技术，扩大新成果、新技术的辐射和推广范围。农业技术示范基地发展到一定阶段时，应逐步向市场过渡，实行企业化管理、市场化运作的现代管理制度，解决示范基地的后示范问题，促进示范基地持续发展。

(4) 建立农业技术现场指导机制

高校农业技术推广模式应重视农业技术现场指导的推广方式，注重从教师和学生两个方面推动现场指导。其一，鼓励专家教授入户开展农业技术现场指导活动。按照产、学、研紧密结合的思路，农业高校专家教授应深入农村基层，到田间地头和专业大户之中有效解决农业技术与农户之间"最后一公里"的难题，提高农业技术成果转化速度，促进和引领当地产业快速发展。一是举办如"科技大集""教授（博士）服务乡村（企业）行"等类型丰富的现场培训活动，专家教授指导乡村骨干人员掌握先进科学技术，再由他们指导培训其他农民，以点带面地促进农业和农村经济发展，使农民的腰包鼓起来，真正实现全面乡村振兴；二是专家教授走入田间进行实地调研和指导，及时了解农业生产难题，以农民为主角，以田间为现场，把高校课堂设立在田间、站在地头，教授农民需要的农业技术，采用启发式、参与式和互动式的教学方式对农民进行实地技术指导，使农民更好更快地掌握新技术并将其应用到实际生产中（艾菲，2014）。其二，支持大学生"三下乡"开展农业技术推广社会实践活动。作为高校人才的重要组成部分，大学生同样应成为农业高校服务地方农业发展的重要力量。农业高校应充分利用农学、涉农和近农专业的大学生开展"三下乡"活动，发挥农科专业大学生的人才智力优势，将"三下乡"做成社会服务的品牌活动，让农科大学生紧密结合所学专业在广大农村传播先进科学理念、知识和技能，深入开展多种形式的助农活动，帮助农民以市场为导向走出一条切合实际、有地方特色、能够实现农业发展与自身增收的致富道路（付在秋等，2011）。

(5) 建立农业技术信息咨询服务机制

随着计算机网络技术的发展和普及，网络信息系统成为农业技术推广者向农民提供产前、产中、产后全程技术服务的有效方式。农业技术信息咨询服务机制是高校发挥自身信息传播源的优势，利用网络和现代通信技术信息传播速度快的特点而设计的一种利用网络信息技术向农民开展技术咨询的现代农业技术推广形式，是促进农业信息化建设、实现传统农业向现代农业转变的重要途径。高校要适应新世纪农业国际化需求，积极对农民开展广泛的技术咨询服务，服务内容要从产中技术拓展为农业、农村、农民需要的全过程，服务范围从小到农户、村、乡，大到县、市、省或全国。高校农业技术信息咨询服务的内容应包括市场供求预测、灾害诊断、资源开发利用、技术引进、结构调整及优化、农业人才培训等，可通过高校农业技术信息网站和农业技术"110"专家咨询热线等渠道传播技术信息、进行咨询服务。高校依托学校科教资源与信息资源优势，建立高校农业信息咨询网站，连接国内外科研、教学单位和地方政府信息网站，搜集、分析、整理、集成与发布各类农业科技信息，开展技术指导与服务，使农业技术人员、农民通过互联网查询就可以获取农业技术信息。同时，高校要建立"农技110"专家咨询热线，借鉴公安部门"110"经验，以方便、快捷的电话咨询为切入点，组织专家及时解答农民问题，或随叫随到地前往现场指导农民农业生产。基层农业技术推广人员、涉农企业、科技示范户、农民等通过拨打热线电话，就可以向专家咨询技术信息和生产中存在的技术问题。

(6) 建立农业技术教育培训机制

教育和培训是开发农村人力资源的基础性、关键性因素，通过教育和培训提高劳动者素质是农业技术推广的最佳选择。农业高校作为农业教育体系中的核心力量，在农村劳动力教育和培训方面具有很大优势。教育和培训是我国增强农民自我发展能力的基础性工程，不仅涉及一般性的农业技术培训和适应农民进城务工需要的技能培训，而且包括高新技术和市场经济基本知识培训，以及成为合格产业工人的基本素质培训。农业技术教育培训的目的是造就一大批既掌握现代农业技术和产业技能，又懂得市场经济知识的现代农民和合格产业工人。这种培训要着重突出针对性、目的性、系统性和实用性，通过与地方政府和各种社会力量合作，紧密结合农民生产经营实践和当地产业特色，努力培养乡土型、实用型、复合型农业技术人才队伍和后备产业工人队伍。高校农业技术推广建立农业技术教育培训机制，就是依托农业高校师资力量雄厚和教学设备先进的资源优势，结合农业技术示范基地建设和农业推广项目，开展形式多样、内容丰富的农业技术培训工作，提高农民科技文化水平和素质（聂海，2007）。农业技术教育培训的对象包括三个层次：第一层次为基层政府农业技术推广人员、管理干部等；第二层次为农村致富能手、科技示范户、涉农企业家、农业合作社负责人等；第三层次为项目实施区的广大农民。培训应坚持分类培训、支持服务产业、注重实效、多部门联合的原则，采取集中培训、现场培训、参观交流、媒体方式培训等形式多样的培训方式。培训内容结合区域资源优势、农业特色主导产业和基地建设任务，注重宏观理论与适用技术相结合、高新技术与常规技术相结合、综合技术与专业技术相结合、农民创造的乡土经验与推广专家总结的地方实用技术相结合。

（7）建立农村生活技术服务机制

为农民提供生活服务是农业技术推广开展的重要保障，也是农业技术推广活动的内容延伸。根据高校技术优势和当前实际，高校农业技术推广应建立农村生活技术服务机制，主要在农村社区规划、生活环境监测、生活品位提高等方面为农民生活提供技术服务。第一，开展农民生活社区规划服务。农业高校大多设有土地管理、园林规划等相关专业，具有指导农村发展的技术优势，应积极承揽新农村社区规划工作，自觉参与农民生活社区规划活动。高校在农业技术推广中要认清形势，瞄准需求，及时拓展服务范围，增强服务农民生活社区规划的知识和技能，将为农业、农村、农民的服务有效集成起来，在农村村镇格局和产业布局的未来设计上占领先地位。第二，开展农民生活环境监测服务。农业高校多设有农业资源利用与保护等相关专业，在控制和解决农民生活环境污染方面具有独特优势。高校在农业技术推广中要积极开展农民生活环境监测和指导，投入专项经费，大力扶植这一业务运行。第三，开展农民生活品位提高服务。高校要充分发挥自身文化教育优势，组织专门力量对农民生活进行适时指导和服务。高校在农业技术推广中要注重培养提高农技推广人员指导农民生活的技能，激励农业技术推广人员将农业技术推广与指导农民生活并重，增强农业技术推广人员指导农民生活的成效。

6.4.2 改善新型农业技术推广资金筹资机制

农业是承担着自然与市场双重风险的弱质产业，决定了农业技术推广本身很难有利可图。没有政府强有力的财政支持，农业技术广新模式就难以建立，农业的稳定发展也难以获得应有的科技支撑。美国的经验表明，国家财政资金投入是维持高校农业技术推广正常、有效运转的最基本保障。为使我国高校主导的农业技术推广工作持续发展，各级政府应提供资金支持，并推动建立高校农业技术推广经费以政府投资为主、社会力量为辅的多元化投资体系。

（1）政府加大农业技术推广活动项目的财政资金投入

计划经济条件下，农业技术推广活动被看作事业单位从事的一项整体工作；市场经济条件下，农业技术推广活动被分解为一个个具体的项目。推广单位落实每一个具体的推广项目，都需要一定的资金支持。现行体制下，国家及各地要想推动农业技术推广富有成效地深入开展，必须给予农业技术推广活动项目充足的财政资金支持。首先，各级政府要加大对高校农业技术推广活动项目的财政资金投入。目前，高校开展农业技术推广都不是专职行为，现有的高校农业技术推广仅是教师本职工作的延伸和扩展，因而普遍缺乏农业技术推广的专业设施、前期基础和专项经费支持。同时，由于面向的受众多、范围广，高校从事的每一项农业技术推广活动资金都不足。经历多次变迁，现有的政府公益性农业技术推广机构基础设施和设备普遍落后，高校农业技术推广机构获得的每一项农业技术推广活动经费都要贴补基础设备建设。因此，各级政府在对高校农业技术推广活动项目进行财政预算和投入时，一定要充分考虑农业技术推广项目面向的受众多少、范围大小和设备状况，足额保障农业技术推广活动顺利开展并取得实效。其次，各级政府要加大对新型农业生产经营主体从事的农业技术推广活动项目的财政资金投入。近年来，以涉农企业、农民专业合作社等为主的新型农业生产经营主体迅速兴起，围绕某一产业开展产前、产中和产后服务，成为农业技术推广不可或缺的一支新兴力量。在高校主导农业技术推广模式下，涉农企业、农业合作社等新型农业生产经营主体既作为农业技术推广的对象团体，同时在力所能及的范围内也承担着辅助高校向农民进行农业技术推广的责任。然而，与高校相比，新型农业生产经营主体进行农业技术推广的基础更加薄弱，资金更加缺乏，他们基本上是在组织农民利用一家一户筹集的经费开展农技推广工作。为保护和发展农村自发性农业技术推广机构及个人的农业技术推广力量，各级政府一定要加大对其从事的农业技术推广活动项目的财政资金投入力度，保证其在生产经营的过程中自觉主动地开展农业技术推广活动。

(2) 政府加大农业技术推广条件建设的财政资金投入

条件建设是农业技术推广的基础，是高校农业技术推广体系开展农业技术推广活动的依托。条件建设的优劣影响着农业技术推广的水平，决定着农业技术推广的效果。我国要深化建设高校主导型农业技术推广服务体系，增强农业技术推广活动的成效，必须加大对基层农业技术推广条件建设的财政支持力度。首先，各级政府要加大对高校农业技术推广条件建设的财政资金投入。我国现有农业技术推广组织普遍存在着办公条件简陋、推广设施落后的问题，即使与农村新兴的、经营性的农业专业合作社相比，技术设施也相差很远。条件建设滞后制约着农业技术推广组织的农业技术推广作用发挥，阻碍了农业技术推广组织的农业技术推广作用成效，影响着农业技术推广组织的形象和地位。我国要建立高校主导的农业技术推广模式，就要改善改进现有的农业技术推广条件。各级政府要加大高校农业技术推广条件建设的财政投入力度，将高校各级农业技术推广组织建设成办公条件和推广设施最为先进的农业技术推广组织，以便其在硬件支撑下充分发挥农业技术推广领头雁的作用。其次，各级政府要加大对新型农业生产经营主体农业技术推广条件建设的财政资金投入。涉农企业、农民专业合作社等新型农业生产经营主体进行农业技术推广，专业设施基础甚为薄弱。直接与农民接触，面向生产一线，拥有生产经验，是新型农业生产经营主体进行农业技术推广的最大优势。与高校农业技术推广组织相比，新型农业经营主体势单力薄，开展农业技术推广很少得到外部资助。为利用和发展新型农业经营主体的农业技术推广力量，各级政府要加大对其从事农业技术推广的条件建设的财政资金投入力度，保障其有条件开展农业技术推广。

(3) 政府加大农业技术推广人员待遇的财政资金投入

人才是农业技术推广的根本力量，是农业技术推广取得成效的基本保障。能否吸引人才和留住人才关乎农业技术推广的成败，影响着农业技术推广的持续发展。在吸引人才和留住人才过程中，人员待遇至关重要。高校主导的农业技术推广体系以专家教授为主导，拥有一支包括基层农业技术推广人员的庞大推广队伍。为使高校农业技术推广服务体系人才充足，我国政府必须加大对农业技术推广人员待遇的财政资金支持力度。首先，各级政府要加大对基层农业技术推广人员的财政资金投入。目前，我国基层农业技术推广人员待遇普遍较低，与同地、同职、同级、同龄的其他事业单位人员待遇相比差距甚大。由于人员待遇低，农业技术推广岗位没有吸引力，大学本科及以上学历的毕业生不愿到相关岗位就职；即使就职，这些高学历毕业生用不了多长时间就会自动离职，另寻他路。这种状况极大制约了基层农业技术推广人员的农业技术推广素质水平，妨碍了农业技术推广的健康发展。为此，各级政府要加大对基层农业技术推广人员财政投入力度，以高工资、高福利吸引高素质、高学历的高校毕业生加入队伍，留住农业技术推广人才，保障基层农业技术推广人员以高素质协助高校高水平进行农业技术推广。其次，各级政府要加大对高校农业技术推广人员的财政资金投入。高校普遍缺乏专门的农业技术推广人才，同时缺少对专门农业技术推广人才的资金支持。高校的农业技术推广人员大都为专家教授兼职，学校一般没有过多的预算用于支持开展农业技术推广。为支持建立高校主导的农业技术推广体系，高校主管部门、各级政府一方面要拨付专项资金给高校和高校各级农业技术推广组织，支持推广人员的推广行为；另一方面要设立专项资金用于高校农业技术推广人员的下乡补助。最后，各级政府要加大对新型农业经营主体农业技术推广机构及其农业技术推广人员的财政资金投入。涉农企业、农业合作社等新型农业经营主体主要借助外部指导，依靠自身力量进行农业技术推广。随着规模逐步扩大，以农民专业合作社为代表的新型农业经营主体开展农技推广愈来愈感到力不从心，急需相关管理人才和技术人才介入与加盟。与高校相比，新型农业经营主体及其农业技术推广机构吸引人才的优势更小，更加缺乏招徕人才和留住人才的资金。基于此，各级政府要加大对新型农业生产经营主体农业技术推广机构及其农业技术推广人员的财政支持力度，通过专项资金、政府补贴的形式保证新型农业经营主体的农业技术推广机构获得农业技术推广资金，保证新型农业经营主体从事农业技术推广的人员获得较高收入和待遇，促进新型农业生产经营主体积极开展农业技术推广（陈新忠，2014）。

(4) 政府推动形成社会力量参与高校农业技术推广融资的体制

借鉴美国多渠道多元化筹资经验，我国政府应推动设立"高校农业技术推广基金会"，把社会广泛筹资作为农业技术推广基金的重要来源。为吸引投资，高校农业技术推广可引入市场机制，对于产业化程度高、效益明显的项目，以企业投入为主，积极鼓励社会资金入股、专家入股及以个人集资等形式筹措资金；也可通过技术转让、技术开发、技术服务和技术承包等形式开展有偿服务，获取一部分服务费用。高校农业技术推广基金主要用于公益性农业技术推广，支持农民培训，推广新的农牧良种，对涉农企业、农业合作社等新型农业生产经营主体的农业技术推广机构给予补贴、奖励等。成立高校农业技术推广基金管理委员会，成员由国家有关出资部委和省级政府有关厅局及高校有关领导和部分专家组成，主要负责组织重大农业技术推广项目审定，对资助的农业技术推广项目实施监督和绩效考核。基金管理委员会下设办公室，基本职能是制定与发布基金项目指南、组织协调项目实施和管理、对外联络和宣传、考核和监督，并向管理委员会报告工作（聂海，2007）。

6.4.3 改进新型农业技术推广人才流动机制

人才流动是社会机构获得人才的重要条件，也是社会机构遴选人才的必然渠道。只有促使人才充分流动，社会机构才能找到符合要求的优秀人才。深化建设高校主导农业技术推广服务体系，我国政府必须促进基层农业技术推广队伍获得需要的优秀人才，将不符合要求的在岗人员逐步淘汰。为此，我国亟须在农业技术推广服务体系建立统一的人才准入机制、人才待遇机制和人才晋升机制，以保证建立一支高素质、高水平的基层农业技术推广队伍，协助高校各级农业技术推广组织完成农业技术推广工作。

（1）建立基层农业技术推广队伍人才准入机制

农业技术推广工作并非人人可为，而是要具备一定农业技术能力和农业技术推广才华的人员才能胜任。中华人民共和国成立之初，我国农业技术水平较低，对农业技术推广要求不高，许多没有经过专门教育和训练的人员也进入到农业技术推广队伍，从事简单的农业技术推广工作。时至今日，不少地方仍然延续以往用人传统，将非专业人员安排进农业技术推广队伍，严重影响了农业技术推广的水平和效率。借鉴发达国家经验，我国应对农业技术推广建立专门的准入机制。第一，实行农业技术推广专门教育制度。为保证农业技术推广人员具备专门的知识和技能，我国要实行农业技术推广专门教育制度，对所有进入农业技术推广队伍从事农业技术推广工作的人员全部进行专门化教育。只有通过专门化的专业教育和考核，才能确保进入农业技术推广队伍、从事农业技术推广工作的人员全部具有专业知识和技能。第二，实行农业技术推广资格证书制度。为保证农业技术推广人员的专业知识和技能均能达到入职的标准，我国要实行农业技术推广资格证书制度，对所有进入农业技术推广队伍从事农业技术推广工作的人员进行考试，合格者方可颁发。通过颁发资格证书和检验资格证书，可以确保进入农业技术推广队伍从事农业技术推广工作的人员全部达到一定的专业知识水平和专业技能水平。第三，实行农业技术推广岗前培训制度。为促使农业技术推广人员熟悉地方实际情况、增强实践动手能力，要实行农业技术推广岗前培训制度，对所有招录进入农业技术推广队伍即将从事农业技术推广工作的人员全部进行专门化培训。农业技术推广系统要对已经进入农业技术推广队伍从事农业技术推广工作的人员进行岗前再培训：一要进行职业思想教育，通过典型介绍和前景分析，帮助农业技术推广人员树立热爱职业、献身职业的崇高情怀和理想；二要进行区域农业发展教育，通过区域农业现状介绍和未来发展分析，帮助农业技术推广人员熟悉地方农业发展状况和趋势；三要进行农业技术推广实训，通过专家介绍和实地演习，帮助农业技术推广人员了解地方农业技术推广的程序和方法。

(2) 建立基层农业技术推广队伍人才待遇机制

市场经济条件下，待遇是组织机构留住人才的重要砝码。待遇优厚，组织机构可以网罗天下英才；待遇寒碜，组织机构将会失去众多人才。作为一项公益性事业，农业技术推广本身很难为需要的人才提供丰厚的待遇。为此，我国高校主导的农业技术推广体系要建立基层农业技术推广队伍人才待遇机制，吸引优秀人才持续加入农业技术推广队伍，为我国农业现代化技术水平提升搭建"资金—人事"一体化平台。第一，实行农业技术推广人员"技术公务员"制度。所谓"技术公务员"制度是指国家对待已经获得农业技术推广人员资格条件并实际全职从事农业技术推广的人员，要给予政府事业单位人员或国家公务员的身份，使其享受政府拨付的不低于同地、同职、同级事业单位人员或公务员的工资待遇，使其拥有与其他事业单位人员或公务员一样的向上流动机会。第二，实行农业技术推广人员"下乡津贴"制度。农业技术推广人员的主要工作在农村生产和生活一线，基本上整天与农民打交道。目前，我国农村生产生活的基础设施较城市要薄弱，生产生活条件仍然普遍较差，很多大学毕业生不愿意长期待在农村工作。为鼓励农业技术推广人员长期蹲点农村，坚守岗位，积极认真地开展本职工作，政府要对农业技术推广人员实行"下乡津贴"补助，补助金额不低于同地、同职、同级事业单位人员或公务员的下乡补贴。政府从经济上予以补偿，能够使农业技术推广人员在市场经济条件下得到生活的改善，从而激发他们坚守为农服务的理想，主动开展科技兴农服务。第三，实行农业技术推广人员"岗位进修"制度。除了身份上的认可和物质上的满足外，大多农业技术推广人员仍然追求事业上的发展，追求不断提升自己的专业素质和专业技能。政府和农业技术推广单位要为各类农业技术推广人员提供入职后的多样化岗位进修。在进修次数和时间间隔上，国家要规定农业技术推广人员三年至少进修一次，一次进修不少于一周时间；在进修形式和时间长短上，政府和农业技术推广单位要为农业技术推广人员提供短期（1周~3个月）、中期（3~6个月）和长期（半年以上）的国内外培训；在进修内容和制度设计上，要充分利用农业高校和科研院所的优质资源，鼓励农技推广人员三年进行1次为期3~6个月的带薪进修，到农业高校和科研院所单位学习先进实用技术的培育、试验和推广技能。

（3）建立基层农业技术推广队伍人才晋升机制

晋升空间是有事业心的求职者普遍关注的方面和内容，晋升机制影响着入职者的选择和在职者的去留。如果一个单位给予求职者的晋升空间较大，晋升机会较多，晋升机制科学合理，他们将非常乐意选择并会坚持在该单位长期发展；相反，如果一个单位给予求职者的晋升空间不大，晋升机会不多，晋升机制僵化死板，他们将拒绝选择，即使选择了也很难在该单位坚持较长时间。为此，我国高校主导的农业技术推广体系要建立基层农业技术推广队伍人才晋升机制，吸引优秀人才加入农业技术推广队伍，并促使其在农业技术推广服务体系内长期发展。第一，实行农业技术推广人员"职称晋升"制度。对农业技术推广人员进行职称评聘，高校要组织由政府、用人单位和社会成员共同组成的评聘委员会，结合农业技术推广人员的科研水平、工作量和成效等予以评定。本着激励人员高质量投入工作的原则，高校、政府和用人单位要切实保证在农业技术推广人员的职称评聘中做到公开和公正，使农业技术推广人员看到通过自身努力可以获得技术职务晋升的希望。第二，实行农业技术推广人员"干部选拔"制度。政府要规定基层农业技术推广人员等同于国家公务员，有权参与干部选拔，并且在同等条件下，服务基层3~5年以上的、拥有中级以上技术职务职称者比其他"政、事、企"单位人员优先考虑和录用。第三，实行农业技术推广人员"定期轮岗"制度。农业技术推广人员长期在某一地区工作虽有许多好处，但也容易在熟悉环境后滋生懒惰情绪和厌烦心理。为盘活农业技术推广队伍，提高农业技术推广队伍的运行效率，高校要建立为期五年的系统内"定期轮岗"机制。在职级和待遇不变的前提下，高校要鼓励部分农业技术推广人员在同一特色主导产业区内轮岗流动。同时，高校要鼓励部分农业技术推广人员同一特色主导产业区内不同农业技术推广单位间的轮岗流动，如基层农业技术推广队伍与高校农业产业工作站之间、基层农业技术推广队伍与涉农企业农业技术推广部门或农业专业合作社农业技术推广部门之间轮岗流动（陈新忠，2014）。

6.4.4　优化高校新型农业技术推广评价机制

农业技术推广环境的变化和农民需求的多样化，要求农业技术推广部门不断提升农业技术推广人员的推广积极性和推广能力。人才评价是人才使用的基础，人才评价中最重要的是保证评价的公正性，评价标准符合客观实际，才能发挥人才积极性。但多年来，农业技术推广人员绩效考核方式和绩效考核制度存在一定的不足，不能充分调动农业技术推广人员推广的积极性。未来高校农业技术推广模式将引入大量高校专家教授，农业技术推广人员队伍将更加复杂，因此需要优化农业技术推广人员考核评价机制（庞伟峰，2014）。

（1）优化基层农业技术推广人员评价机制

农业基层农业技术推广人员是农业技术推广的基石，必须以合适的评价机制稳定和发展基层农业技术推广队伍。首先，完善农业技术推广人员考核制度，严格责任制度，定期或不定期对其工作状况进行考核。从"德、技、知、绩、勤"等方面对其进行综合考核，重点考核农业技术推广人员进村入户为农服务的到位率和满意率，进一步加强高校、农民和地方政府三方共同考核制度的建设，努力树立农业技术推广人员的良好形象。其次，构建更加合理的绩效考评指标体系，数量与质量要有机结合。农业技术推广评价不能仅仅把眼光放在完成推广任务上，在完成推广任务的前提下，更应该考虑农民获得的收益及素质的提升，即农业技术推广质量。构建定性与定量相结合的指标体系，改善农业技术推广人员量化难的问题，将农业技术推广人员的工作量、推广的实践能力及自身素质作为主要考核指标。让服务对象满意是基层农业技术推广人员推广工作更高层次的目标，要坚持让服务对象满意的原则，将服务对象对农业技术推广人员满意度的评价作为重要考核内容（庞伟峰，2014）。

（2）优化高校农业技术推广人员评价机制

高校调动科教人员从事农业技术推广的积极性要重点从分配制度、激励评价机制等方面不断改革和创新，从福利待遇、职称晋升、教育培训、考核考评、成果奖励、津贴发放等方面制定一套符合农业技术推广性质、适合农业技术推广及成果转化人员特点的激励评价政策。高校要制定《高校农业技术推广模式建设管理办法》《农业技术推广人员管理、考核和奖惩办法》《推广教授评审办法》《农业技术推广成果奖励办法》等一系列管理办法，调动科教人员开展农业技术推广的自觉性，保证高校农业技术推广高效运转和健康发展。通过对项目实施情况检查、考核、评比，对出色完成推广任务，经济效益和社会效益特别显著的项目组，高校要给予重奖；根据贡献大小，给予农业技术推广的师生相应社会荣誉，积极地宣传他们的事迹，提高他们的社会地位，树立典型，倡导崇尚科技、尊重推广人员的社会风尚。对在农业技术推广工作中做出突出贡献的科教人员，高校要在职称评定方面予以优先晋升。高校要从政策上提高专门从事农业技术推广人员的社会、经济地位，与主要从事科研教学的人员一视同仁。此外，高校要建立科学合理的项目绩效考核与评价机制。由于农业科技推广项目是以非商品技术与商品性技术的有机结合为内容，兼具社会效益和经济效益的特点，必须从提升农产品科技含量和产业竞争力、农民增收、农民素质提高等多方面综合考虑，将项目组的工作量和进村入户推广技术的实绩作为主要考核指标，特别是要将带动农民的增收状况及项目区农民的评价和认知程度作为项目绩效评价的重点内容，以建立科学合理的项目绩效评价指标体系，实行动态监督管理。依据项目计划实施进度，高校要定期、不定期对项目实施状况进行督促、检查和评价，对评价为不合格或未完成任务的项目，限期进行整改；对于造成重大损失的项目，采取撤销、终止合同，追缴项目经费，并对首席专家实行责任追究制，首席专家5年内不能再做项目首席专家，参与项目的成员也要相应追究其责任（聂海，2007）。

6.4.5 完善高校新型农业技术推广激励机制

激励是组织管理中一个有力手段，是对评价结果的合理运用，有效的激励措施能激发组织成员的创造性，发挥他们的潜能。激励是组织者为了使组织成员的行为与其目标相容，并充分发挥每个成员的潜能而执行的一种制度框架，通过一系列具体的组织行为规范和根据成员的生存与发展需求而设计的奖罚制度来运转。这些制度可以是纪律、法规，也可以是某种政策、条例等。对于农业技术推广来说，农业技术推广面对的是特殊的产业和特殊的市场，为此，农业技术推广和创新的激励机制建立关键在于创造一个良好的适宜吸收、凝聚、激励、培养和管理农业技术推广人才的政策及制度环境，充分调动高校农业技术推广人员的积极性，使人尽其才，才尽其用。由于高校农业技术推广模式的推广人员由多方面人员组成，因此必须建立科学合理的激励机制，充分调动各类人员的积极性（聂海，2007）。根据马斯洛的需求层次理论，人的需求由低到高排列，既有较低层次的物质需求，又有较高层次的精神需求，各层次的需求相互依赖和重叠。

人在不同时间、地点表现出来的各种需求的迫切程度是不同的，其中最迫切的需求才是激励人行动的主要原因和动力。人的需求的满足可以由低层次向高层次转化。因此对农业技术推广人员的激励应包括物质激励和精神激励两个方面，两者辩证统一、缺一不可。

（1）物质激励

农业技术推广人员从事的是一种创造性劳动，劳动过程很难监控，所以在设计他们的报酬制度时，应重点考虑他们的劳动成果，而不是劳动过程，把个人收益与贡献挂起钩来。同时，报酬要体现农业技术推广人员人力资本的价值，使其人力资本的投资能得到补偿和回报。因此，推广人员的物质报酬激励应该是多层面的，是多种物质激励形式的有效组合。

第一，个人及团队奖励。奖励的影响是长远的，激励作用具有持久性。高校要对在农业技术推广中取得重大突破的推广人员，适时予以重奖。奖励的对象以首席专家为主，兼顾工作团队。奖励的形式可以是奖金，也可以是实物，还可以是权益，如股份等。奖金的一部分发放给个人，一部分可作为科研经费奖励，由推广人员自主支配。

第二，推广成果奖励。1996年，国家设立"科技成果推广奖"。但在实践中，高校只重视三大成果奖励（即国家自然科学奖、国家科学技术进步奖和国家技术发明奖），并将其作为高校人员业绩评价的重要指标。三大成果奖励皆可获得高额现金奖励，而推广奖被拒之门外，严重挫伤了高校农业技术推广人员的积极性。为激励高校农业技术推广人员献身农业技术推广事业，教育主管部门、地方政府和高校应提高科技成果推广奖的地位与奖励强度，把获得科技成果推广奖的数量、等级和取得的经济效益作为对单位及个人全面评估、科研立项和经费投入的主要依据，激励单位和个人参与科技成果推广。

第三，技术入股。应鼓励高校农业技术推广人员、农业技术成果及学校的无形资产参股企业，实现产学研相结合，促进企业发展，并从成果和技术转化中获取经济收益。

第四，技术、成果转让。高校农业技术推广人员可把技术、成果以一定的资金转让给企业，使科研成果转化为生产力，产生经济效益。

第五，分配制度改革。高校要加大分配制度改革力度，打破平均主义，岗位津贴向农业产业一线科教人员倾斜，实现"一流人才、一流业绩、一流报酬"，发挥津贴对农业技术推广人员的激励导向作用。

（2）精神激励

精神激励是根本性激励，可以调动人的内在行动激情。对农业技术推广人员的精神激励有很多方面，包括工作制度激励、管理方式激励、岗位晋升激励等。

第一，灵活自由的工作制度激励。农业高校农业技术推广人员从事农业技术推广工作中喜欢独立、自由和富有张力的工作安排，固定的办公场所和工作时间对他们及农技推广工作没有太大的意义。因此，农业技术推广工作制度设计应体现农业技术推广人员的个人意愿和特性，避免僵硬的工作规则。高校应允许农业技术推广人员在完成规定工作任务或工作时长的前提下，自行选择每天工作开始及结束的时间；允许农业技术推广人员在家里或其他合适的地方完成自己的工作，而不一定局限于规定的办公地点。灵活自由的工作制度使农业技术推广人员能够更有效地安排工作与闲暇，从而达到时间合理配置。

第二，以人为本的管理方式激励。高校农业技术推广体系需对农业技术推广人员实行特殊的宽松管理，尊重其人格，激励其献身与创新精神，而不应使其处于规章制度束缚之下被动工作，导致其知识创新激情消失。高校农业技术推广体系应建立一种善于倾听而不是充满说教的组织氛围，使信息能够有效地通过多渠道沟通，使农业技术推广人员能够积极地参与决策，而非被动地接受指令。在知识经济时代，分散化管理已成为一种必然。高校农业技术推广体系谋求决策科学性的关键是求得农业技术推广人员对决策的理解，定期与农业技术推广人员进行事业评价与探讨，吸取他们的意见和建议。让农业技术推广人员参与决策过程和日常管理，是学校给予他们的最大尊重，没有什么能比这种方式更能提高他们的工作士气。

第三，实现自我的岗位晋升激励。岗位晋升激励的本质是激发人的能动性，促进个人实现自我价值。岗位晋升激励的举措很多，扬长避短便是共性特点。高校应根据农业技术推广者的农技推广能力和水平，将其安排到可以胜任的岗位，让有管理才能的人走行政职务升迁之路，有技术专长的人走技术职务升迁之路，鼓励大家从事自己喜欢的工作，充分发挥自己的专长。高校要避免让只适合搞技术的人硬着头皮搞管理，既耽误了管理工作，又浪费了技术人才。鉴于农业技术推广工作的特殊性，高校应出台优惠政策，激励农业技术推广人员在工作岗位上实现自我价值。

第四，昂扬向上的和谐环境激励。农业技术推广人员尽管工作独立性较强，但大部分时间同样是在职业群体中度过的，因此高校要为他们创造一个和谐向上的群体环境。日常工作中，高校对农业技术推广人员要以正面表扬、奖励、鼓励、授予荣誉为主，促使农业技术推广人员之间保持适当竞争、内部沟通、知识交流、技术切磋等。高校农业技术推广管理者要学会对农业技术推广人员理解、信任、支持和帮助，为他们营造公平竞争的环境。如果周围既有相互体谅、支持、帮助的同事，又有能理解、信任和鼓励自己的领导，这种群体环境本身就是对农业技术推广人员的无形激励。

第五，互相关心的情感关系激励。情感激励是一种人情味很浓的管理方法，最大特点在于关心、关爱、关注农业技术推广人员，使他们处处感受到自己受到重视和尊重。高校农业技术推广人员文化层次相对较高，对于尊重的需要更为强烈，情感激励对推广人员具有非常广泛的应用价值。当前高校管理重规章制度建设、轻情感激励的弊端比较突出，影响了教职员工干事创业的自愿、自觉和自为性。高校对推广人员实施情感激励需要做出踏踏实实的具体工作，经常与推广人员沟通、交流，及时了解他们工作、生活的各个方面情况，把推广人员的生活福利和需要时刻放在心上，努力创造条件加以解决（姚晓霞，2006）。

6.4.6 健全高校新型农业技术推广监督机制

监督是在各种规章制度健全的情况下对工作执行者、执行过程和结果的一种检验，目的是使执行结果达到预期目标。政府委托农业高校在全国范围内开展农业技术推广，各级政府要对高校农业技术推广活动进行监督。

（1）健全各级政府和高校内部监督制度

为保障高校农业技术推广工作科学发展，政府和高校内部均需建立健全相应的监督职能。首先，中央政府要监督各级地方政府的农业技术推广责任落实情况，各级地方政府对自己辖区内农业技术推广情况实施监督，同时中央政府要监督自己委托的教育部直属农业高校在产业领衔领域对其他农业高校相应产业的农业产业工作站的技术推广指导情况。其次，省级政府要监督所委托的农业高校在本区域内的农业技术推广行为，市县级政府监督高校所建立的农业产业工作站及其下属站所的农业技术推广行为。最后，高校内部要建立相应的农业技术推广监督机构，负责监督高校在特色主导产业区内建立的农业产业工作站的农业技术推广行为。

（2）建立农业技术推广目标对象信息反馈机制

服务对象监督高校农业技术推广，可以有效提升高校农业技术推广整体水平。高校建立信息反馈机制，能够快速地将农业技术推广的各类信息传送到农业技术推广的目标对象手中，利用网络传媒平台和数字信息化技术，让农业技术推广的目标对象通过智能手机等载体便捷地与农业技术推广人员建立沟通渠道。这样可以一定程度上减轻农业技术推广人员的工作量，提升其农业技术推广工作质量。在这一过程中，高校农业技术推广体系实现了农业技术推广目标对象对农业技术推广者农业技术推广行为进行监督，对违规行为进行揭发检举（高璇，2018）。

6.5 本章小结

面对农业农村现代化和乡村振兴战略不断增长的农业技术需求，我国现有政府主导的农业技术推广体系已暴露出日益明显的不适应性，掌握先进农业科学技术的高校在农业技术推广体系中将发挥出越来越大的作用。针对我国高校农业技术推广服务体系现状及问题，借鉴美国和国内部分地区高校主导型农业技术推广模式的经验，我国应在未来努力构建高校农业技术推广新模式，建立高校主导的农业技术推广服务体系。

我国重构高校农业技术推广模式要统筹谋划，坚持农业技术推广的基本理论和基本原则，遵循现代农业发展和高校自身运行规律，依托农业高校的科技研发、学科资源和教育优势，以彰显综合效益、强化推广时效、加强组织协调和面向产业需求为指导思想，以实现"农业强、农村美、农民富"为目标，建立以高校为主导的农业技术推广组织体系，健全以高校师生为主体的农业技术推广专业队伍体系，完善以高校科学研究为支撑的集综合开发、科研推广、信息咨询、教育培训为一体的全方位农业技术推广内容体系，构建涵盖涉农企业等农业经营主体的农业技术推广目标对象系统，在政府宏观指导下开发地区农业主导产业。该模式构架中，国家和地方政府的政策与法规、方案与思路是指挥棒，是支撑模式构架的软环境，决定着构架的方向。高校是模式规划与设计的总部，是农业技术创新和研究积累的根源，是农业综合开发和农业技术推广的主导者。高校实验室是科技人才、设备、信息和资源的中心，是产业工作站农业技术推广的依托。模式运行的主要途径是依托高校产业工作站开展示范指导、信息咨询、教育培训等服务。该模式具有以产业纵向发展为主导开展推广，实现农业技术研发与推广的有机融合，促进农业技术研发与推广公益化，突显了农业高校的推广优势和潜能等特点。

为建立、健全和完善高校农业技术推广新模式，保障高校农业技术推广体系在农业农村现代化进程中发挥最大化作用，我国亟须从管理体制、运行机制和法律政策上予以促进。首先，我国要建立国家统筹高校农业技术推广体系的组织领导机构，建立各地促进高校推进农业技术推广的组织管理体系，建立高校主导的农业技术推广由内而外组织管理系统，进而从国家、地方及高校等不同层面构建起上下贯通、相互协调的管理体制。其次，我国要完善强化高校农业技术推广主体地位的法律政策和保障高校农业技术推广健康发展的法律政策，建立有助于高校农业技术推广新模式运行的法律政策体系。我国要立法赋予高校农业技术推广的主体地位和相应权力，保障高校有依据负责任地主导农业技术推广工作；立法加强高校农业技术推广的工作条件建设，保证高校能在现代化装备下从事农业技术推广；立法加大对高校农业技术推广活动或项目的财政支持力度，使高校有资金做好农业技术推广工作。最后，我国要建立高校农业技术推广新型运行机制，改善新型农业技术推广资金筹资机制，改进新型农业技术推广人才流动机制，优化高校新型农业技术推广评价机制，完善高校新型农业技术推广激励机制，健全高校新型农业技术推广监督机制，从而构建起我国高校农业技术推广新模式的运行保障。我国要建立高校农业技术推广运行新机制，保证高校农业技术推广中的农业综合开发、农业技术研发试验、农业技术示范、农业技术现场指导、农业技术信息咨询服务、农业技术教育培训、农村生活技术服务等环节良好运行；改善农业技术推广资金筹资机制，逐步建立起高校农业技术推广经费以政府投资为主、社会力量为辅的多元化投资体系；改进农业技术推广人才流动机制，保证农业技术推广队伍的人才准入、人才待遇和人才晋升，打造高素质的高校农业技术推广队伍；优化农业技术推广评价机制，建立以产业绩效为中心的高校农业技术推广评价指标体系，调动高校农业技术推广人才积极性；完善农业技术推广激励机制，对高校农业技术推广人员实施个人及团体重奖、推广成果奖励、技术入股、技术成果转让、分配制度改革等物质激励和灵活自由的工作制度激励、以人为本的管理方式激励、实现自我的岗位晋升激励、昂扬向上的和谐环境激励、互相关心的情感关系激励等精神激励；健全农业技术推广监督机制，强化政府对高校农业技术推广体系的监管，加强高校内部监督，建立推广对象信息反馈机制，确保高校农业技术推广模式有效运行。

参 考 文 献

艾菲.2014.高等学校农业技术推广的模式研究.山西农经,159(1):75-77.

埃哈尔·费埃德伯格.2005.权力与规则:组织行动的动力.张月等,译.上海:上海人民出版社.

安成立,刘占德,刘漫道,等.2014.以大学为依托的农技推广模式的探索与实践——以西北农林科技大学为例.安徽农学通报,(20):1-6.

薄建国,王嘉毅.2012.高等学校去行政化:内部权力结构的重构.现代教育管理,(5):21-25.

蔡志华.2009.农业高校教学、科研、推广一体化问题研究.长沙:湖南农业大学硕士学位论文.

陈华宁,刘伟.2004.美国的农业教育、科研推广体系.世界农业,(10):49-51.

陈江涛.2018.新型农业经营主体视角下我国大学农业技术推广供需对接机制研究.广州:华南农业大学硕士学位论文.

陈萌山.2000.适应新形势确立农技推广工作新思路.中国农技推广,(5):3-5.

陈生斗,王福祥,程映国.2014.美国农业推广的特点与思考.中国农技推广,(12):3-6.

陈新忠,陈焕春,等.2019.新常态下中国高等农业教育发展战略研究.北京:高等教育出版社.

陈新忠,李名家.2013.农业技术推广人才的演进历程与成才规律.华中农业大学学报(社会科学版),(2):95-103.

陈新忠.2013.高等教育分流打通流向农村渠道的思考与建议.中国高教研究,(3):36-41.

陈新忠.2014.多元化农业技术推广服务体系建设研究.北京:科学出版社.

陈英丽.2020.农业技术推广在农业种植业发展中的价值研究.农业与技术,(8):158-159.

辞海编辑委员会.1999.辞海.上海:上海辞书出版社.

崔春晓,李建民,邹松岐.2012.美国农业科技推广体系的组织框架、运行机制及对中国的启示.农村经济与科技,23(8):120-123.

崔英德,蔡立彬,李大光,等.1999.产学研联合科教模式的产生与发展.广州化工,(4):79-80.

戴姣.2014.中美农业高校服务农业模式比较研究.长沙:湖南农业大学硕士学位论文.

邓秀新.2012-3-9.粮食"八连增"背后,"三农"新问题引起关注.成都日报,4.

邓永卓,谢静.2021.新媒体与农技推广的结合应用.天津农林科技,(3):33-37.

丁琳琳.2021-1-26.打通农业科技创新的"最后一公里".光明日报,11.

董永.2009.国外农业技术推广模式及对我国的启示.山东省农业管理干部学院学报,(6):39-40.

董泽芳,邹泽沛.2019.常春藤大学一流本科人才培养模式的特点与启示.高等教育研究,(10):103-109.

参 考 文 献

窦长刚.2021.加强农业技术推广 促进农民增收.广东蚕业,(5):138-139.
杜鹃,姜媛媛,徐世艳,等.2017.浅析我国农业科研院所的科技人才队伍建设.农业与技术,(23):158-159.
杜青林.2003-3-10.推进农业和农村经济改革与发展.学习时报,(12).
段莉.2010.典型国家建设农业科技创新体系的经验借鉴.科技管理研究,(4):23-28.
樊启洲,郭犹焕.2000.关于农业推广教育改革的思考.华中农业大学学报(社会科学版),(3):92-94.
费孝通.1981.民族与社会.北京:人民出版社.
冯之浚,刘燕华,周长益,等.2008.我国循环经济生态工业园发展模式研究.中国软科学,(4):1-10.
弗里蒙特·E.卡斯特,詹姆斯·E.罗森茨韦克.1985.组织与管理:系统方法与权变方法.李注流,译.北京:中国社会科学出版社.
付在秋,罗慧,周维维,等.2011.农业高校与科研机构农业科技推广新模式的思考.广东农业科学,(22):185-188.
傅维利,李英华.1996.合作教育及其在当代美国的发展.比较教育研究,(1):27-30.
盖玉杰.2006.美国农业推广体制对我国的启示,中国林业经济,(5):29-31.
高启杰.2012.理解农业推广:基于历史和发展的视角.农村经济,(10):3-6.
高启杰.2013.美国合作推广服务改革的动向、原因与启示.中国农村经济,(3):80-88.
高翔,张俊杰,胡俊鹏.2002.建立大学农业科技推广创新体系的思考.西北农林科技大学学报(社会科学版),(4):74-76.
高璇.2018.扬州市乡镇农业技术推广服务中心人才队伍评价研究.保定:河北农业大学硕士学位论文.
顾虹.2007.国内外农业推广体系发展现状.安徽农学通报,(1):28-29.
郭嘉.2011.明天我们靠什么种田.https://www.chinanews.com/cj/2011/01-26/2811565.shtml[2011-01-26].
郭敏.2017.美国基层农业推广人员管理及对我国的启示.中国农技推广,33(1):19-21.
郭鹏,杨文斌.2006.农业科技专家大院信息服务模式分析与评价.情报杂志,(6):121-122.
郭霞,刘志民,董维春.2005.我国农村科技服务体系的组织、制度与政策演变.生产力研究,(10):40-42.
国家统计局城市社会经济调查司.2010.中国城市统计年鉴(2010).北京:中国统计出版社.
国鲁来.2003.农业技术创新诱致的组织制度创新——农民专业协会在农业公共技术创新体系建设中的作用.中国农村观察,(5):24-31.
韩长赋.2011.在全国农业农村人才工作会议上的讲话.http://www.moa.gov.cn/nybgb/2018/201801/201801/t20180129_6135905.htm[2017-12-29].
韩长赋.2012.在全国农业科技教育工作会议上的讲话.https://wenku.baidu.com/view/

fd10993431126edb6f1a101a.html [2012-06-29].

郝文美.2014.农业技术推广在农业科技进步中的作用.中国农业信息,(1):208.

何传启.2012.中国现代化报告2012——农业现代化研究.北京:北京大学出版社.

何得桂.2012.农业科技推广服务创新的"农林科大模式".中国科技论坛,(11):155-158.

何杰,傅维利,李英华.1995.合作教育的内在精神及其在中国高等教育中的应用前景.辽宁高等教育研究,(4):62-66.

贺宇.2021.农业技术推广在农业科技进步中的重要性.农业工程技术,(3):86-87.

侯俊东,吕军,尹伟峰.2012.农户经营行为对农村生态环境影响研究.中国人口·资源与环境,(3):21-26.

侯立宏.2012.美国北卡罗来纳州合作推广服务的特色与启示.中国软科学,(1):83-89.

胡昌送,李明惠,卢晓春.2006.美国产学研结合发展历程与主要模式.中国职业技术教育,(23):56-58.

黄法.2020.以高校为依托的农业科技推广体系探讨.南方农业,(26):139-140.

黄国清,宋心果,邱波.2010.中国大学农业科技推广的典型模式分析.南方农村,(1):90-94.

黄家章.2012.我国新型农业科技传播体系研究.北京:中国农业科学技术出版社.

黄乔丹.2018.我国精准脱贫法治化研究.大连:东北财经大学硕士学位论文.

黄天柱.2007.我国农业科技推广体系创新研究.杨凌:西北农林科技大学博士学位论文.

黄维.2007.产学研合作:提升区域科技创新能力的必由之路,(S1):91-93.

贾启建,康杰,苏玉.2010.国外以大学为依托的农业技术推广的实践及启示.安徽农业科学,(11):5911-5913.

蒋和平,刘学瑜.2014.我国农业科技创新体系研究评述.中国农业科技导报,(4):1-9.

教育部.2007.教育部关于加快研究型大学建设,增强高等学校自主创新能力的若干意见.http://www.moe.gov.cn/s78/A16/s7062/201410/t20141021_178441.html [2007-07-10].

教育部.2011.青海大学发挥人才学科优势积极服务地方经济社会发展.http://www.moe.gov.cn/jyb_xwfb/s6192/s222/moe_1761/201105/t20110504_119259.html [2011-05-05].

景壮壮.2021.农村一二三产业融合发展测度及驱动因素研究.大连:辽宁师范大学硕士学位论文.

兰建英.2009."赠地学院"的创建对美国农业经济发展的影响及其启示,农村经济,(10):126-129.

雷新华,李冬梅,连丽霞.2007.美国赠地学院对我国高等农业教育的启示.高等农业教育,(9):81-85.

李平心.1959a.论生产力性质.学术月刊,(6):14-20.

李平心.1959b.再论生产力性质:关于生产力的二重性质的初步分析.学术月刊,(9):55-63.

李素敏.2004.美国赠地学院发展研究.保定:河北大学出版社.

参考文献

李伟.2017.我国循环经济发展模式研究.北京：中国经济出版社.
李小云.2018.农村一二三产业融合发展是实现产业兴旺的重要路径.农村·农业·农民（理论版），（11）：42-44.
梁洪杰.2021.乡村农业技术推广中存在的问题及对策.现代农业科技，（13）：249-250.
林梅.2009.国外农业科技推广模式的分析和借鉴.中国农村小康科技，（1）：65-67.
刘春桃，王丽萍.2018.美国的农业教育—科研—推广体制的演进、特点、作用.中国农业教育，（6）：61-65.
刘纯阳，王奎武，杨金海.2006.农业高校为新农村建设服务的一种新模式——来自湖南农业大学"双百工程"的启示.中国农村科技，（9）：58-59.
刘典.2018.一主多元农技推广体系下"西农模式"评价及优化研究.杨凌：西北农林科技大学硕士学位论文.
刘国光.1998.中国经济体制改革的模式研究.广州：广东经济出版社.
刘剑.2017-09-12.中国农业大学：助力打好扶贫攻坚战.光明日报，3.
刘可.2016.协同三角形简析美国"三位一体"农业推广模式对我国的启示.四川劳动保障，（S1）：145-146.
刘力.2006.美国产学研合作模式及成功经验.教育发展研究，（7）：16-22.
刘立华.2014.地方农业院校科技成果推广模式与优化对策.现代农业科技，（10）：285-286，289.
刘少君.2006.湖南新型农村科技服务体系发展模式研究.长沙：湖南大学硕士学位论文.
刘晓光，董维春，郭霞.2014.美国赠地院校迈向世界一流农业大学的路径分析——基于2011-ARWU数据.南京农业大学学报（社会科学版），（3）：113-122.
刘晓光，吴梦娇，朱冰莹.2016.涉农高校学生参与农业技术推广的影响因素研究——基于南京农业大学的调查.中国农业教育，（3）：53-61.
刘有全.2007.大学农业科技推广模式的探索和实践.农业科技管理，（3）：81-83.
刘在洲.2000.以"服务农业，服务农村，服务农民"为己任——地方农业高校办学特色研究.高等教育研究，（1）：88-94.
刘志杨.2002.美国农业新经济.青岛：青岛出版社.
马超.2016.农业高校教师在公益性农技推广中的社会责任研究.长沙：湖南农业大学硕士学位论文.
马德婷.2018.农业高校粮食作物农业技术推广对策的研究.沈阳：沈阳农业大学硕士学位论文.
马卿，崔和瑞.2008.国外农业科技成果推广模式的比较及借鉴.农业科技管理，（2）：84-87.
马晓河.2016.推进农村一二三产业融合发展的几点思考.农村经营管理，（3）：28-29.
美国科学院.2021.未来农业发展的五大方向.https://mp.weixin.qq.com/s/XrkG1ocmlFbO29wdi64zcQ［2021-08-14］.

莫广刚, 周雪松. 2021. 基于全面推进乡村振兴背景下农业技术推广队伍建设的思考. 农学学报, (7)：112-118.

穆养民, 刘天军, 胡俊鹏. 2005. 大学主导型农业科技推广模式的实证分析——基于西北农林科技大学农业科技推广的调查. 中国农业科技导报, (4)：77-80.

聂海, 郝利. 2007. 以大学为依托的农业科技推广新模式分析——农业科技专家大院的调查与思考. 中国农业科技导报, (1)：64-68.

聂海. 2006. 建立以大学为依托的农业科技推广体系的思考. 中国农业大学学报（社会科学版）, (3)：30-34, 39.

聂海. 2007. 大学农业科技推广模式研究. 杨凌：西北农林科技大学博士学位论文.

宁启文. 2012. 加快构建公益性农技推广体系推动现代农业实现跨越式发展——访全国人大常委、农业与农村委员会副主任委员尹成杰. http：//www. moa. gov. cn/ztzl/nyjj_1/2011nian/201203/t20120310_2505403. htm［2012-03-08］.

农业农村部. 2012. 青海省积极搭建农牧业科技创新台. http：//www. moa. gov. cn/ztzl/cjn/gddt/201211/t20121128_3074467. htm［2012-11-28］.

农业农村部. 2012. 提升农业技术推广能力，大力发展农业社会服务. http：//www. moa. gov. cn/ztzl/yhwj/zywj/201202/t20120207_2476379. htm［2012-02-07］.

农业农村部. 2020. 新时代　新模式　新农人——青海创新培育模式打造高素质农牧民队伍. http：//www. moa. gov. cn/xw/qg/202008/t20200812_6350246. htm［2020-08-12］.

农业农村部科技教育司, 全国农业技术推广服务中心. 2019. 2018年中国农业技术推广发展报告. 北京：中国农业出版社.

潘玉娇. 2018. 南农大：双线共推成就推广新模式. http：//epaper. jsenews. com/mp1/pc/c/201803/23/c459730. html［2018-03-23］.

庞伟峰. 2014. 基层农技推广区域站农技推广人员绩效考评指标体系研究. 保定：河北农业大学硕士学位论文.

彭凌凤. 2017. 农业科技推广模式的创新探索——新农村发展研究院服务农业科技推广的模式比较. 农村经济, (2)：104-109.

秦海林. 2007. 中国民营经济发展模式研究：一个制度理论的解读. 长春：吉林大学博士学位论文.

邱靖, 马瑜, 胡先奇, 等. 2019. 地方农林院校促进农业现代化的经验与启示. 云南农业大学学报（社会科学版）, (1)：116-121.

邱祥运. 2017. 河源市农业技术人才培养现状及对策研究. 广州：仲恺农业工程学院硕士学位论文.

任晋阳. 1998. 农业推广学. 北京：北京农业大学出版社.

尚智丛. 2016. 关于当代中国科技人才成长规律的几点认识. 今日科苑, (11)：18-20.

邵飞. 2008. 我国大学科技推广体系与基层农村科技推广体系对接研究. 杨凌：西北农林科技大学硕士学位论文.

参 考 文 献

汤国辉．2001．我校"科技大篷车"送科技下乡活动的启示．研究与发展管理，(4)：46-51．

汤国辉，蔡薇，郭忠兴．2008．农业院校专家负责制农技推广服务模式的探索．科技管理研究，(7)：86-89．

汤国辉，黄启威．2021．高校、科研院所参与农业技术推广创新服务的融合体系构建研究．中国农业教育，(2)：55-62．

汤建．2019．我国大学院系治理现代化：学理认识、现实困境与实践路径．高等教育管理，(3)：44-50．

田永常，杜远生，张云姝，等．2018．地质类高校科技人才评价体系研究．科研管理，(S1)：52-56．

王春法．1994a．美国的农业推广工作（上）．世界农业，(3)：53-55．

王春法．1994b．美国的农业推广工作（下）．世界农业，(4)：55-57．

王慧军．2002．农业推广学．北京：中国农业出版社．

王慧军．2003．国外农业推广组织特色及借鉴意义研究．华北农学报，(F09)：9-13．

王慧敏．2019．《西北土地法令》与美国高等教育政策的起源．苏州大学学报（教育科学版），(4)：97-106．

王克其，陈巍，陈荣荣，等．2017．大学公益性农技推广服务存在的问题与建议——以南京农业大学为例．高等农业教育，(6)：114-117．

王帅，陈殿元，王楠，等．2018．浅析城校融合农业技术推广及实践教学双赢模式构建的科学涵义．吉林农业科技学院学报，(1)：67-69．

王思明．1999．中美农业发展比较研究．北京：中国农业科技出版社．

王岩，续润华．1998．美国的"赠地学院"是如何为当地经济建设和社会发展服务的．河北师范大学学报，(3)：10-13．

王泳欣，吕建秋．2018．国内大学农业技术推广模式研究．农业科技管理，(5)：51-55．

王泳欣，吕建秋．2019．大学农业技术推广模式SWOT分析．农业科技管理，(2)：53-56，60．

王泳欣，吕建秋，李翠芬，等．2021．依托现代农业产业园的大学农业技术推广新模式探索．农业科技管理，(1)：61-65．

王宇雄．2009．农业高校服务新农村建设模式研究——以山西农业大学为例．山西高等学校社会科学学报，(1)：62-65．

武英耀，张改清．2003．美国合作农业推广体制及其对我国的启示．山西农业大学学报（社会科学版），(4)：371-374．

习近平．2019．习近平关于"三农"工作论述摘编．北京：中央文献出版社．

夏侯维．2020．乡村振兴目标下江西农业技术人才培养研究．南昌：江西农业大学硕士学位论文．

信乃诠，许世卫．2006．国内外农业科技体制调研报告．北京：中国农业出版社．

熊鹂，徐琳杰，焦悦，等．2018．美国农业科技创新和推广体系建设的启示．中国农业科技导报，(10)：15-20.

徐浩贻. 2005. 发达国家产学研合作教育的发展与启示. 湖南工程学院学报（社会科学版），(3)：89-91.

徐文华，陆耘，卢珊. 2014. 农业科研院所深入农村创新科技服务模式探析——以盐城市农科院为例. 江西农业学报，(8)：134-138.

徐文华，周汝琴. 2013. 培育壮大新型经营主体创新现代农业科技服务体系. 江苏农业科学，(6)：413-415.

许越先，许世卫. 2000. 建立农业科技创新体系 提升农业科技创新能力. 中国农业科技导报，(4)：68-71.

续润华. 2007.《退伍士兵权利法案》对战后美国社会变革的影响. 河南师范大学学报（哲学社会科学版），(2)：103-106.

薛青. 2018. 美国农业教育在农业经济发展中的作用与启示. 农村经济与科技，(23)：264-265.

杨兵. 2018. 以试验站为依托的大学农业科技推广模式研究. 成都：四川农业大学硕士学位论文.

杨敬华，蒋和平. 2005. 农业专家大院与农民进行科技对接的运行模式分析. 经济问题，(7)：45-47.

杨明. 2001. 可持续发展的矿业开发模式研究. 长沙：中南大学博士学位论文.

杨倩. 2014. 美国农业院校"教育、科研、推广体系"研究. 长春：东北师范大学硕士学位论文.

杨伟鸣，程良友. 2011. "明天谁来种田"引出话题：鱼米香的美丽与隐忧. http://www.hb.xinhuanet.eom/newscenter/2011-07/09/content-23197948.htm [2011-07-09].

杨笑，刘艳军，李姗姗，等. 2013. 美国大学农业科技服务模式及其启示. 中外企业家，(12)：265-266.

杨直民. 1990. 中国近代农业技术体系的形成与发展. 古今农业，(2)：1-9.

姚晓霞. 2006. 高等院校农业科技推广人员激励模式初探. 中国农学通报，(7)：631-634.

游文亭. 2018. 供给侧改革背景下山西农业科技自主创新模式研究. 江西农业学报，(12)：134-139，145.

余群英. 2007. 高职产学合作教育人才培养模式的变迁与解析. 高教探索，(5)：100-103.

袁伟民，陈曦，高玉兰，等. 2011. 基于耗散结构理论的政府农业推广体系优化分析. 生态经济，(10)：101-103.

苑鹏，李人庆. 2005. 影响农业技术变迁和农民接受新技术的制度性障碍分析. http://rdi.cass.cn/show_news.asp?id=6171 [2005-09-06].

翟雪凌，范秀荣. 2000. 我国当前农业推广体制存在弊端及改革思路. 中国农技推广，(3)：4-5.

张寒，李正风. 2012. 对Bayh-Dole法案及相关研究的再思考. 自然辩证法研究，(8)：59-63.

参 考 文 献

张法瑞，杨直民 . 2012. 中国农业现代化进程中的科学和教育因素 . 农业考古，（1）：329-338.

张菊霞，王彦夏，金星 . 2007. 杨凌以大学为依托的农业科技推广模式 . 农业科技管理，（2）：38-40.

张俊杰 . 2005. 农业科技专家大院科技推广模式的探索 . 西北农林科技大学学报（社会科学版），（4）：1-4.

张新柱，杨军 . 2004. 杨凌农业科技示范模式研究 . 西北农林科技大学学报（社会科学版），（2）：15-19.

张燕 . 2015. 借鉴美国模式促进我国农业推广 . 中国农业信息，（22）：24-26.

张正新，韩明玉，吴万兴，等 . 2011. 美国农业推广模式对我国农业高校的启示与借鉴 . 高等农业教育，（10）：88-91.

章世明 . 2011. 中美农业推广模式比较研究——中国"政府主导型"与美国"三位一体"型模式的比较 . 南京：南京农业大学硕士学位论文 .

赵春明 . 2017. 地方农业院校围绕产业链部署创新链的实践与探索——以山西农业大学为例 . 中国农业教育，（1）：1-5, 15.

赵红亚 . 2008. 美国农业合作推广服务计划探析 . 河北师范大学学报（教育科学版），（11）：97-101.

知钟书 . 2013. 美国农业技术推广的经验分析 . 基层农技推广，（8）：44-48.

中国科学院现代化研究中心 . 2012. 中科院《中国现代化报告2012：农业现代化研究》发布会文字实录 . http://www.china.com.cn/zhibo/2012-05/13/content_25338904.htm［2012-05-13］.

钟俊 . 2005. 荷农业科技推广概况及对我国的启示 . 边疆经济与文化，（8）：30-32.

周衍平，陈会英 . 1998. 中国农户采用新技术内在需求机制的形成与培育——农业踏板原理及其应用 . 农业经济问题，（8）：9-12.

竺可桢 . 1979. 竺可桢文集 . 北京：科学出版社 .

宗禾 . 1999. 农技推广体系在改革中发展——建国以来农技推广体系建设回顾 . 中国农技推广，（1）：10-11.

祖智波，莫鸣，张黔珍 . 2008. 高等院校农业科技推广模式的创新——湖南农业大学"双百"工程的实践 . 高等农业教育，（5）：27-30.

曾晨 . 2015. 农业高职院校农技推广研究 . 南京：南京农业大学硕士学位论文 .

曾建国，唐金生 . 2006. 斯坦福研究园与新竹科技园发展模式之比较 . 南华大学学报（社会科学版），（1）：42-44.

C. 亚历山大 . 2002. 建筑的永恒之道 . 赵冰，译 . 北京：知识产权出版社 .

Alfred Marshall. 1890. Principles of economics：An introductory volume. http://www.doc88.com/p-647586466707.html［2014-06-30］.

Burton E S, Robert P B, Andrew J S. 1997. Improving Agricultural Extension：A Reference Manual. Rome：FAO, 176-184.

Continental C. 1936. Journals of the Continental Congress, 1774-1789. American Journal of Ophthalmology, 40 (4): 415-426.

Greene J P. 1975. Colonies to Nation: 1763-1789. New York: McGraw-Hill.

Mellor J W. 1968. The Economics of Agricultural Development. Cornell: Cornell University Press.

Taylor H C. 1922. The Educational Significance of the Early Federal Land Ordinances. New York: Createspace Independent Publishing Platform.

Yujiro Hayami. 1988. Japanese Agriculture Under Siege: The Political Economy of Agricultural Policies. New York: St. Martin's Press.

后　　记

农业院校与农科院所合并发展的政策建议

习近平总书记指出，"农业出路在现代化，农业现代化关键在科技进步""要通过政府规划推动，加上市场运行，整合配置科技资源，起到'四两拨千斤'和倍增效应的作用"。当前，我国农业院校与农科院所对农业科技发挥了重要支撑作用，但两者没有形成强劲合力。农业院校和农业科研院所分署发展，与世界农业深度综合又高度精尖的业态趋势相悖，不利于农业产业现代化和农业科技人才培养。为顺应农业产业发展形势，陕西、青海和山西先后将农业院校和农业科研院所合署办公，进行了有益探索。面向未来农业和农业科技，我国亟需将农业院校与农业科研院所合并发展，以促进我国农业科技和农业现代化水平大幅提升。

一、农业院校与农业科研院所各自为政面临的严峻问题

（一）分散了农业产业发展的科技资源

由于历史原因，我国形成了农业院校和农业科研院所分设并行的两个农业科技体系，基本上每省（自治区、直辖市）均有。近年来，随着高校对教师科研要求的提高，农业院校的科研功能日益强化，科研水平显著增长。基于需要，农业院校和农业科研院所分别拥有自己的办公场所、实验室、实验器材、试验基地等，不少省（自治区、直辖市）农科院系统自上而下的试验场地面积庞大。为了生存，农业院校和农业科研院所通过竞争获取来自政府或企业的科技项目、资

助基金相关任务。面对有限资源，农业院校和农业科研院所在优秀人才的评选及招聘、重点工程实验室和研发中心的设立、重大研究或推广专项的主持等方面的竞争日益激烈。农业科技资源分散，减弱了农业科技研究和开发的效果，制约了我国农业现代化的步伐。

（二）分化了农业产业发展的促进力量

目前，我国农业院校与农业科研院所都在为农业产业提供人才、科技和服务力量，是农业现代化的重要支撑。然而，农业院校与科研院所在服务农业产业中目标各异，力量分散。农业院校以人才培养为核心目标，服务农业产业旨在让学生得到实习机会，同时也使教师获得一些科研数据和服务经历；农业科研院所以科技研究为核心目标，服务农业产业旨在推动自己从事的科技研究进展，使自己获得科技成果和科研奖励。据项目组调研，农业院校教师科技服务以促进教育本职工作作为根本目的者达 91% 以上，农业科研院所人员科技服务以促进本职工作为根本目的者亦达 90% 以上，并且在现有评价体系下两者都将发表 SCI 论文和获得国家基金项目作为重要工作目标。身为农业科技的来源地和指导者，农业院校与农业科研院所不仅没有将促进农业产业发展和农业现代化作为自己的第一要务和核心职责，而且没有形成推动农业产业发展和农业现代化进步的应有合力。

（三）妨害了农业科技人才的能力培养

在农业院校和科研院所各自为政的国情之下，农业科技人才培养大多脱离了农业产业实际。首先，农业院校隶属于教育部门，主要按照教育规范来培养具备理论知识和实验室基本操作技能的人才。因为对接产业不属于职能范畴，农业院校教师自愿服务农业产业较少，农科学生从事农业产业实践的机会也少，农业科技能力普遍较弱。其次，农业科研院所日趋仿效农业院校使用和评价人才，农业科技人才的产业问题解决能力和产业指导能力弱化。科研院所虽然面向产业做项目，但更多停留在项目本身的研究性而非产业性上。为了追求农业院校般的科研声誉，不少农业科研院所对于从农业院校招聘进的毕业生不但不锻炼其产业实践能力，反而继续发挥其从事实验室科研和论文工作专长，只将产业实践作为辅助或象征性任务，使农科人才面向产业的二次成长夭折。最后，农业院校和农业科研院所较少带领学生或青年科研工作者长期深入产业实践，农业科技人才的实践能力普遍低下。由于自己关注和研究的问题大多不是来自产业一线，农业科技人

| 后　　记 |

才大多不敢前往产业一线指导生产或解决实际问题。

（四）滞后于国际农业发展的业态需求

与传统农业不同，国际农业发展中一二三产业高度融合，亟需全科技链支撑促进新业态发展。长期以来，我国农业发展处于种植、加工、销售服务等环节相割裂状态，农业科研及其机构分段设置，农业延伸的增值空间得不到有效开发。一二三产业融合的现代农业产业链包括产前（育种、肥料、农机农具）、产中（种植、养殖）、产后（农产品加工、流通）和终端（商户/消费者）等链条，涵盖支撑农业发展的相关农业服务业及由农业衍生出来的相关产业融合业态。近年来，分子育种、无土栽培、激光平地、自动控制、传感技术、温室技术等广泛应用于现代农业，正在彻底改变农业业态。面对深度综合又高度尖端的国际农业趋势，我国农业院校、农业科研院所及政府农业技术推广队伍急需整合形成一支支撑国家农业现代化发展的公益性支柱力量。

二、农业院校与农业科研院所合并发展的国内外经验

（一）美国百余年相关一体化发展的经验

19世纪60年代以来，为改造与国内工业化不相匹配的传统农业，美国通过《莫里尔法案》《哈奇法案》《史密斯—利弗法》等系列法案，确立起各州以农业院校或大学农学院为主导的农业教育、科研和推广一体化的农业科技支撑体系。农学院院长兼大学所在州的农业推广站站长，农学院教师肩负一定比例农业推广职责，本州农业推广人员由农学院遴选和管理。各州农业推广经费主要由联邦、州和县分担，县农业推广机构为州推广站的派出机构。美国农业研究局所属的国家农业重点实验室基本依托大学而建，人员参与大学工作，经费由农业部支付。美国的这一体制延续至今，成为世界农业科技成果推广应用率最高、农业高度发达的国家。

（二）荷兰二十余年相关合并发展的实践

1997年，为适应和促进农业产业新发展，荷兰政府将瓦格宁根农业大学与

农业、自然管理和渔业部管辖的所有农业研究院所合并，成立荷兰瓦格宁根大学和研究中心（简称 WUR），集"基础研究、战略研究和应用研究"为一体，致力于推广农业科研成果，为全球高产优质农业服务。其中，原瓦格宁根大学专业人员主要从事基础研究，原农业部所属研究院所专业人员主要从事战略研究，原农业部所属研究试验站专业人员主要从事应用研究。新成立的 WUR 打破了原来各自为政的体制，形成了与产业发展齐头并进的教育、科研和应用融合体系，不仅使荷兰农业研究领先国际，农业科学近年稳居世界高校第一，而且使其农产品、食品加工和花卉产业竞争力全球领先。

（三）中国部分省份相关合并的有益探索

1999 年，陕西省农业科学院与原西北农业大学、西北林学院、中国科学院水土保持研究所、西北植物研究所等数家单位合并组建西北农林科技大学，迈出了我国农业院校与农业科研院所实质性合并发展的第一步。2000 年，青海省农林科学院整建制划归青海大学，实行大学领导下的二级研究院管理体制，又名青海大学农林科学院，同时保留青海省农林科学院牌子。2019 年，山西农业大学和山西省农业科学院合署为一个单位，名称为"山西农业大学"，同时保留山西省农业科学院的牌子，一个党委、一套班子。三省的改革探索避免了同质建设造成的农业科研资源配置低效与浪费，实现了基础研究、人才培养、成果运用和服务"三农"的有机融合，在人才培养、科研合作、成果应用等方面走出了一条新路子，推进科教融合和产学研协同发展。

三、农业院校与农业科研院所合并发展的预期效益

（一）实现了资源整合与优势互补

农业院校与农业科研院所合并后，各省（自治区、直辖市）农业科技资源形成了一个整体，可以避免多方投资和多头建设造成的资源分散。因为农业院校与农业科研院所功能发挥和工作重点有所侧重，两者合并后能够实现优势互补，有利于打造强大农业科技共同体。

(二) 助推我国农业科学全球领先

目前,农业科学位居世界顶端的美国和荷兰都是大学与农业科研院合并的样板。近年来,我国多所涉农大学的农业科学已跻身世界前列,农业科研院所的农业科学研究也势头强劲。农业院校与农业科研院所合并后,我国农业科学力量整合,面向农业产业发展,将与美国、荷兰等国角逐全球领先地位。

(三) 加快我国一流农业人才培养

当前,无论农业院校还是农业科研院所,都比较注重培养具有实验室科研能力的农业人才。农业院校与农业科研院所合并后,我国农业院校将面向农业产业,在改造传统产业、解决产业问题、引领产业发展中培养具有国际视野的一流农业人才。

(四) 促进我国农业产业赶超世界

近年来,我国农业科研和农业产业虽然都取得长足进步,但农业科研和农业产业"两张皮"现象突出。农业院校与农业科研院所合并后,双方将围绕农业产业开展人才培养、科学研究和社会服务,科研的产业针对性将大大增强,科研成果转化和推广将更加有力,我国农业现代化水平将整体大幅提升,农业产业化程度亦有望比肩发达国家。

四、农业院校与农业科研院所合并发展的改革建议

补齐我国农业现代化"短板",提供人才和科技等基础支撑的农业院校与农业科研院所合并势在必行。

(一) 确立面向产业的发展目标

农业院校与农业科研院所合并的目的是整合力量,促进农业产业发展。政府要制定农业院校与农业科研院所合并后的产业促进规划,确立农业院校与农业科研院所合并后的产业促进目标,明确农业院校与农业科研院所合并后的产业服务

职责，保障农业院校与农业科研院所合并后以农业产业为中心开展人才培养、科学研究和社会服务，视其为自己的核心职责。

（二）建立合署办公的管理体制

将各省（自治区、直辖市）的农业院校与农业科研院所合署为一个单位，名称为"某某农业大学"，一个党委、一套班子，保留某某省农业科学院的牌子。农业院校与农业科研院所可以实质性融合，按照人才培养、科学研究和社会服务的职能重构二级机构体系，也可以基本保持原单位建制，在功能和职能上进行分工与整合。合并后的农业大学与政府农业管理部门密切结合，逐渐担负起全省（自治区、直辖市）公益性农业技术指导和推广工作，工作经费由国家、省和市县政府财政分担。

（三）健全促进产业的激励机制

支持合并后的农业大学设立农业推广岗位，设置推广研究员职称；要求农科教师普遍承担教学、科研和推广三项职责，每人选择三项职责的不同比例与单位签订协议。科研资助方面，政府和企业主要对农科教师旨在解决农业产业实际问题的科研项目资助立项。推广服务方面，政府建立农科教师基层服务的财政津贴制度，每月发放。评价体系方面，政府督促农业大学健全以产业促进为中心的考评制度，奖优罚劣。

（四）保障产教研融合系统活动

政府要出台保障农业院校与农业科研院所合并后发展的系列政策，建立健全相关法律；赋予合并后的农业大学参与地方农业产业发展的权利，协调农业大学与地方农业部门对农业的指导关系。政府要明晰农业大学和涉农企业与农业产业的关系，引导农业大学和涉农企业开展全方位合作。财政要支持各省（自治区、直辖市）的农业大学建立一个智慧农业示范园，作为教学和科研基地；建设配套设施，支持农科教师、学生长期深入农业产业一线。

本书是笔者对行业大学与产业强国关系思考的结晶，是笔者20余年来一直关注和研究农村、农业与农民问题的系列研究成果之一。本书的出版得到国家自然科学基金项目"供给视角下典型行业特色高校创新型人才培养模式研究"（项

后　记

目批准号：72041005）资助，得到我的博士研究生刘红和硕士研究生王庆鲁、王圆晴、郭广霞、朱晓燕、康诚轩的协助，在此一并表示诚挚的谢意！

陈新忠

2021 年 10 月 10 日